U0391363

湘江向北

湖南文艺出版社
PUBLISHING & MEDIA　HUNAN LITERATURE AND ART PUBLISHING HOUSE

黄亮斌　著

图书在版编目（CIP）数据

湘江向北 / 黄亮斌著. -- 长沙：湖南文艺出版社，
2022.5
ISBN 978-7-5726-0660-1

Ⅰ. ①湘… Ⅱ. ①黄… Ⅲ. ①湘江—流域—水污染防
治 Ⅳ. ①X522.06

中国版本图书馆CIP数据核字（2022）第067320号

湘江向北
XIANGJIANG XIANGBEI

作　　者：黄亮斌
出 版 人：陈新文
责任编辑：徐小芳　　向朝晖
装帧设计：半山设计
内文排版：刘晓霞
出版发行：湖南文艺出版社
　　　　　（长沙市雨花区东二环一段508号　邮编：410014）
印　　刷：长沙超峰印刷有限公司
开　　本：710 mm×1000 mm　1/16
印　　张：25.25
字　　数：306千字
版　　次：2022年5月第1版
印　　次：2022年5月第1次印刷
书　　号：ISBN 978-7-5726-0660-1
定　　价：98.00元
　　　　　（如有印装质量问题，请直接与本社出版科联系调换）

目 录

序言 / 1

湘江向北 / 1

三十六湾 / 87

水口山 / 139

清水塘 / 201

竹埠港 / 269

锡矿山 / 329

湘江治理大事记 / 387

序言

　　我在去年出版了自己的散文集《圭塘河岸》后，并未打算再写作关于江河的书，一来是我认为圭塘河虽然只是湘江的一条支流，但它也足以承载我对人与自然关系的思考，如果我没有更加深邃的思想和一支生花妙笔，就算我笔下写的是黄河、长江，也未必于人类有益；二则要读懂一条河流其实很难，对漫长的历史进行钩沉，认真研习其复杂曲折的社会经济和自然环境的发展历程，严肃地与它进行探赜索隐的深情对话，需要耗费大量的精力和体力，我对此有些望而生畏。

　　但是《圭塘河岸》出版后受到各方好评，于是人们希望我写一条更典型、更有代表性的河流，写写曾经被称为"全国重金属污染最严重河流"的湘江，讲述由浊变清、蝶变重生的湖南母亲河，表达人类对于河流应有的恭谨和敬畏。这个提议燃起了我内心的某种创作激情，而且 2009 年我受命写作的《湘江宣言》碑文就立在长沙著名风景区橘子洲头，在这里，它是毛泽东主席《沁园春·长沙》诗词碑刻之外独特的文化存在。《湘江宣言》这篇刚好四百字的碑文，表达了我对河流的全部情感，抒发了我对构筑人与自然和谐关系的向往与憧憬，呼吁政府、企业和公民对环境责任的自觉担当，即使现在看来，这些思想理念也一点都不过时，我深信，很长时间内这块碑还将与湘江同在，与湖南同在。这样一来，我偶然写成的这篇《湘江宣言》，对我形成一种极其强烈的心理暗示和意志砥砺，唤醒了我对这条河流的责任意识，我虽然拙于言辞，但还是深感自己责任重大、使命光荣，把近代百年风云变幻的湘江自然河流史写下来，留下工业时代的这一截面，庶几可能以史为鉴，用文明之光烛照现在和未来之路。

及至我从 2021 年夏天开始，沿着湘江干流进行采访时，我更加意识到这件事的重要性和紧迫性，尤其是人类善于遗忘，哪怕是几年前刚刚发生的非常重大的事情，也会在时间流逝中迅速消解，甚至是一些重大事件的决策者和亲历者，短短几年后也会记忆消退，因此我必须抓紧时间，把这段历史很好地记录下来。好在百年湘江风云激荡，本身演绎着丰富多彩的动人故事，而过去三十多年，我的主要工作就是保护湘江，有些事情我自己就有着深刻的记忆，有些事情我凭借模糊的记忆也能找到事件的当事人，帮助我一起回忆，我的工作得到几乎所有人的支持，好几位参与湘江治理政策制订和执行的同事对书稿进行了严格认真的审读，河流两岸的摄影家向我提供了各个时期的珍贵照片，我知道，这种无私的、积极的支持，源自每个人内心深处对这条母亲河的挚爱。

请原谅我无法事无巨细地记录这条河流的每一件琐事，尽述人与河流之间相依相存、温暖如春的关系与情感。而且我也深悉，即便我竭尽全力去亲近湘江，也只能摄取她一抹秀色，感触到她静谧中的激荡。相对于湘江的坚定与不舍，相对于湘江的沧桑与不息，我所有的探索与解读，也只能是沧海一粟，只能说我这样一个眼高手低的人，虔诚地翻阅着这部与家国休戚相关的史诗，唯有敬畏、深情和礼赞，我的内心犹如不竭的湘江，涌动着，澎湃着，吟诵着。所幸顺着地理和时间的两根轴线，我的叙说变得简单与清晰，而且我很快找到了湖南"百年老矿"这个突破口，开启并拓展着我对湘江故事的讲述。湖南是中国有名的有色金属之乡，湖南现代工业滥觞于此，湘江的污染与生态破坏发端于此，一部现代湘江史，大体就是一部现代湖南社会经济史，一部现代湖南自然生态史。

河流是打开中国历史和思想宝库的钥匙，人们在很大程度上可以通过河流这一媒介来讲述这个国家的政治史和经济史。"吾道南来，原是濂溪一脉；大江东去，无非湘水余波"，我期待通过自己对湘江百年历史的讲述，向世人揭橥其超出湘江和湖南本身的意义：工业文明何以最终走向现代生态文明，人与自然关系的种种密码，都可以从这条不歇流淌的河流找到答案，这既是河流的走向，也是文明的流向！惟有大河不息，才会有大美生命的创造力和文化文明的形成与繁盛。

湘江向北

——

湘江流域五大重点治理区域示意图

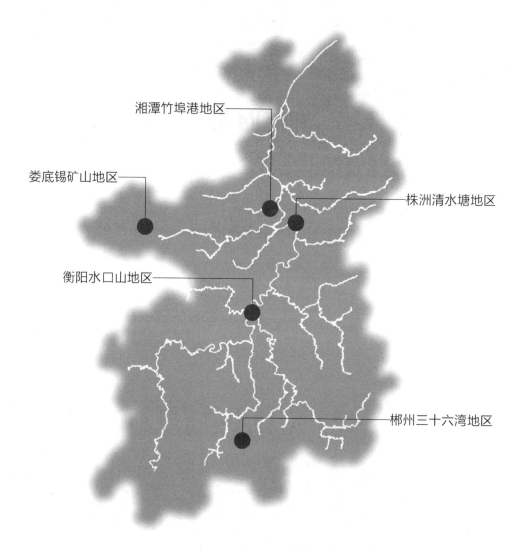

湘潭竹埠港地区

娄底锡矿山地区

株洲清水塘地区

衡阳水口山地区

郴州三十六湾地区

湘江，长江流域洞庭湖水系，是湖南省最大河流。湘江干流全长948公里，流域面积94721平方公里

这是最坏的时代，这是最好的时代；这是财富暴增、江河蒙垢的时代，这是呼唤自然、孕育文明的时代。

——题记

在多数河流都"一江春水向东流"的中国，有一条散发特殊气质的河流却执拗向北，那便是湘江。湘江是湖南的母亲河，千百年来她庇佑着沿江两岸血脉相连的人民，孕育着璀璨夺目的湖湘文化，承载着力挽近代中国命运之重任。它是湖南经济最发达、人口最聚集、城市最集中的河流，湖南简称为"湘"即取意于此。湘江，年均径流量在长江各支流中名列第二，河长近千公里，在长江支流中位列第七，足见它在中国江湖中的地位与作用。不过于我来说，她在短短百年间以曾经"漫江碧透""鱼翔浅底"之身，沦落为"中国重金属污染最严重的河流"，以及往后的激浊扬清，昭示了人与自然和谐共生的历史真谛，诠释着河流对于人类的伟大意义。

激浊

在我一生中最早受到的自然地理教育中，湘江的源头是广西壮族自治区兴安县白石乡的海洋山，北流至兴安县分水塘与灵渠汇合，称湘江。2010 年我首次与湖南新闻界的几个记者朋友造访兴安县，我们在湘籍著名书画家黄永玉手书的"湘江源"前合影留念，现在每每翻看这张照片，我都有岁月匆匆、恍如隔世的感觉，那时散发青春光泽的脸庞转眼间就长满了皱纹；2011 年湖南省人大组织"保护母亲河·

妙盛湘江行"湘江全程漂流大型环保公益活动,作为这次活动的参与者,我们乘着皮艇从湘江源头顺流而下,河水打湿了我的衣裳,浸润着我的心脾。灵渠巧夺天工的铧嘴分水构造,我一直都记忆犹新。兴安县同样让我难以忘怀的是,灵渠不远处1934年底的湘江战役旧址。湘江战役是红军长征途中最惨烈的战斗,由于国民党决计将红军消灭在湘江以东,采取四道防线从天上到地下围追堵截,使得红军战士血染湘江,以致时人有过"十年不饮湘江水,三年不食湘江鱼"的惊悚与叹息,革命的火种差一点就此熄灭。绝处逢生的中国工农红军通过此后不久的通道转兵和遵义会议,改变长征行进方向,重新确立革命路线,才有了中国人民的新生。这也使我一直深悉湘江对于中国革命的重要意义。

2013年一则《湘江源头,为何误传千年》的报道颠覆了我先前对湘江源头的认知,这条新闻称:湖南省第一次水利普查成果表明,湘江源头在湖南省蓝山县紫良瑶族乡,具体发源地在位于该乡蓝山国家森林公园的野狗岭,这一新发现已得到国务院水利普查办和水利部的权威认定。三年后"绿色卫士下三湘"环保公益活动在蓝山县举办,我来到蓝山县对新确定的源头进行探访,家住蓝山县紫良瑶族乡竹林村的60多岁老人李业贵讲述了自己保护湘江源的故事。自2001年从板塘库区移民搬迁后,他与老伴两人便成为湘江源头的忠实守护者,日日夜夜在湘江源头核心保护区域协助巡防。不过,随后我到源头野狗岭一带访问时,对那里依靠炒作"湘江源"大肆进行的过度开发深感失望,源头地带被开挖出大片的隙地,多处客栈等旅游设施在建设当中,在我看来,当时所谓的开发就是破坏,这也说明,在中国倡导

"共抓大保护，不搞大开发"绝对有着十分深刻明晰的现实意义。接下来几年，蓝山县陆陆续续传来各种破坏生态环境的消息，如非法开矿、广东跨境过来的固体废物非法转移等等。后来的情况好了很多，2018年6月29日，时任湖南省委书记的杜家毫在这里双手捧起源头活水连喝三大口的新闻照片广为传播，此时全国上下正响应习近平总书记于两个月前在岳阳提出的"守护好一江碧水"倡议，而湘江正是从岳阳经洞庭湖汇入长江。

关于湘江源头，不管我们持先前的广西海洋山正源说，还是后来的蓝山野狗岭说，潇水和湘水都会在永州境内萍洲书院汇合，湘江流到这里，河面已经有了足够的气度，妩媚了许多，也宽阔了许多，她在这里从容地深呼吸，与两岸青山做过一次长谈后，决定在这里孕育湘江干流上首个文化道场。萍洲书院始建于1739年，那时正是清朝乾隆盛世，因此书院建得十分气派。我在多年前的一次大水过后到访过这里，洲滩上倒伏的粗大树木还没有来得及清理，树枝上挂满洪水冲刷过来的淤泥和杂草，但我对那里甘甜清冽的江水记忆十分深刻，很自然地想起柳宗元"非是白苹洲畔客，还将远意问潇湘"之类的诗句。公元805年宋永贞革新失败后，作为革新派头面人物之一的柳宗元被贬为永州司马，并在这里写下著名的"永州八记"。在宋朝画家宋迪的"潇湘八景图"中，此处的"潇湘夜雨"位列潇湘八景之首，湘江的诗情画意和源远流长的文脉在源头已经铸就。

河流是每个国家天然的通道，它们为旅行者铺平道路、清除障碍、供水止渴、行船载舟，而且引领旅人欣赏最富有情趣的景色，踏访动植物王国的胜地。但我对萍岛的访问，已经不是单纯的旅游，而是因为一段时间内石期河一带备受锰矿开采的困扰。这条从广西发源经东安县石期市镇汇入湘江的河流，沿河一带两岸都是锰矿，采矿高峰时遍地都是各种民采的矿点，创下 1300 多户采矿点同时开挖的历史纪录。在 1983 年永州本地作家的唐柏荣《石期河，我心中的河》一文中，石期河是这样一副模样：

> 石期河没有了——水不再清净了，黄澄澄的，因而鱼儿也没有了，红蓼、绿蒲、树林、菜园，还有那欢乐的洗衣女崽们都没有了。石期河已经被埋葬了！上游大堆大堆的锰矿渣土倾泻到河里，掩埋了昔日的一河金水……我仰望苍天，悲愤至极，热泪从双颊滚落下来。

2014 年我带队组织了一次采访，那时石期河已经完全是另一番模样。永州市对遍地都是的锰矿采点实施了"休克疗法"，即使是东安县大庙口镇马桥矿区这样湘桂交界的偏远地方，其被关闭的窿口都被水泥封住并写上"此洞封闭，打开坐牢"的字样，东安县委、县政府实施了由各级领导对封闭窿口分片包干的负责制。这则标语虽然与现代法治精神略显悖违，但对于多数中国乡村来说，只有"坐牢"才能真正对各种违法行为起到威慑作用。我对湘江源头永州的关注，当然不只是锰矿开采，很长时间内，造纸、皮革和小化工污染都严重影响这里的江河环境，1985 年冷水滩造纸厂和零陵造纸厂化学需氧量每年排放分别为 2 万吨和 1.6 万吨，分列湖南所有企业的一、二位，挥发酚排放量分别高达 12.5 吨和 19 吨，酚类化合物对人及哺乳动物有致

6

癌作用。始建于 1958 年的冷水滩造纸厂位于潇水、湘江交汇处，这里原本是山水一色、波平浪阔的盛景之地，并始得"潇湘夜雨"之称，此时却活生生地被满河的造纸黑液、白水污染，不仅败人胃口，而且污染至深，直到 1985 年完成纸厂黑液、白水治理，情况才稍有改观。但改制为永州市湘江纸业有限责任公司后，其经营和环保问题都为人诟病，2015 年被列入湘江保护与治理"一号重点工程"停产关闭项目，在 2020 年 8 月组织进行的设备拆除过程中，因管控不到位，导致废油罐内重油废渣通过雨水管道流入湘江，从企业排口到下游高溪市镇形成长长的一段油污带，造成江面污染，同时直接影响河流的美景。风乍起，吹皱一川涟漪，原本是河流最美景色，然而油污却是消除涟漪的最强影子杀手，在微风轻拂的日子里，少许油污，便将平滑如镜的水面上泛起的阵阵涟漪收起，剩给我们一片无风无浪无趣的江湖。

湘江在永州市境内汇集了紫水、石期河、潇水、应水、白水等河流，流经东安县、零陵区和冷水滩区，最后由祁阳市唐家岭流向常宁市。永州境内，祁阳是较大的一个县，湘江在湖南境内干流总长 670 公里，祁阳占到六分之一，在湘江干流 64 县中算是过境河段最长的。秦始皇统一中国后就在祁阳设县，祁阳县隶属于长沙郡，是我国最早建制的行政县之一。祁阳文化底蕴深厚，因地处祁山之南而得名，明代旅行家徐霞客在其游记中写道：祁阳县城甘泉寺泉，水"味极淡冽，极似惠泉水"。而我之最爱，还是境内的浯溪石刻。唐代著名诗人元结的《大唐中兴颂》为同时代著名书法家颜真卿书写后，刻在浯溪临江的石壁上，文与碑珠联璧合，从此开辟了长达两百多年的浯溪石刻高峰期。浯溪石刻在成型后历经一千多年风吹雨打，有些字已经模糊磨灭。新时期它遭遇的磨蚀和毁损超过以往历史的总和，1950—1960年祁阳县城附近建设橡胶厂、氮肥厂、中南药械厂、祁阳铁厂，废水直排湘江或者经祁水排入湘江，具有强烈腐蚀性的废水直接漫到石壁上，留下一道一道的污渍；大气污染同样具有很强的腐蚀性，因其挥发性的特性，对石刻加害的范围和程度远甚于废水。后来祁阳县又形成水泥建材、冶金冶炼、食品加工等五大支柱产业，但一度疏于环境管理，未经环评批复擅自生产。未正常运行环保设施的情况司空见惯，及至2015年环保部华南督查中心对此进行专项督查，对一批重点环境案件进行现场交办，撤换了时任环保局局长，对相关人员进行责任追究，综合整治的效果逐步显现，此地的环境质量才大为改观。2019年我再次到访时，已经不见浯溪石刻上的污渍，但既往的毁损已经无可挽回。最初的工业，就这样不仅毁损了石刻这种最持久的文化保存形态，而且破坏了湘江的浓浓诗意，弱化了大自然的神性和生动。

湘江流出祁阳后，进入湘江干流工业重镇常宁市。常宁市水口山作为近代湖南工业起源地，1896年就设立水口山矿务局，除一厂在长沙、二厂在衡阳市外，这里建有三厂（炼铅）、四厂（炼锌）、五厂（柏坊铜矿）、六厂（炼铍）以及康家湾铅锌矿，虽经历年演替成就了"百年铅都"的美名，但自此以后，一直都是湖南最突出的污染企业，下属任意一个分厂都是全省上榜的重污染企业；水口山镇还聚集了其他多个重污染企业，松柏氮肥厂、松柏化肥厂、衡阳焦炭厂都被列入湖南省重点排污企业名录，境内砷、铅、氟化物、酚直接或间接排入湘江，湘江干流所有断面中，只有此处的松柏断面与下游株洲市霞湾断面昼夜不息地向湘江的肌体排毒。水口山镇东北两公里处，有湘江支流舂陵江的汇入，舂陵江与潇水同样发源于南岭山脉中段北侧、九嶷山东麓的永州蓝山县，不过潇水源头在紫良瑶族乡野狗岭，而舂陵江的源头则在大麻乡的人形山。舂陵江经蓝山、嘉禾、新田、桂阳、耒阳，从常宁水口山汇入湘江，其中桂阳虽然历史比不上相邻的临武和祁阳，但也是在东晋时代就已经立县，桂阳还是典型的资源和工业大县，县境内铅锌银矿和铜矿极为丰富，2017 年株洲冶炼厂退出株洲清水塘时，首选的搬迁方案就是迁址到桂阳，不过桂阳本身已经有多家冶炼企业和年产 20 万吨以上炼铅产能，环境容量极为有限，科学论证后，首选方案作罢。桂阳很早就存在极大的环境压力，20 世纪 80 年代湖南公布的 166 家日排废水 5000 吨以上，污染物浓度高、毒性强的污染严重企业中，县境内的黄沙坪铅锌矿、宝山铜矿和雷坪有色矿就位列其中，其中黄沙坪铅锌矿还有伴生矿，矿山坑道废水中除了铅、锌、铜、镉外，还有放射性物质，而且水量较大，排放废水列入 1985 年湖南省第二期限期治理项目后，重金属和放射性物质去除率在 90% 以上，辐射性污染才基本消除。雷坪矿区地处桂阳县境东北部，紧邻欧阳海灌区，自唐代以来就开始采矿，历史遗留废渣数十万吨，20 世纪 80 年代初期矿区土法炼砷企业 200 多家，直到 2016 年，矿区周边都是一片焦黑，寸草不生，矿区内有 11 家采矿企业，总生产规模在每天 1700 吨以上，废水排放每天 8000 吨，该区域受地形、地势影响，很长时间都没有配套建设尾矿库，选矿废水和尾砂直接排入欧阳海灌区，在矿区"夹皮沟"下水口排污口，污水所携带尾砂、碎石在入库处形成大约 4000 平方米的淤泥带。桂阳县还曾经是湖南 18 个重点乡镇企业县之一，各种小采矿遍地开花，其中舂陵江支流大冲河上游的长冲铁矿最早开采于 1979 年，1994 年引进机械水冲洗砂设备后，大规模乱采滥挖愈演愈烈，整个大冲河一片狼藉，废石横陈，河道和稻田被尾砂覆盖。纵观全球工业发展历程，采矿业对生态环境的破坏超过其他行业，美国科学家希拉里·弗伦奇在《消失的边界——全球化时代如何保护我们的地球》一书中深刻指出：采矿业不仅破坏了宝贵的生态系统，而且对当地居民的生活造成损害，采矿业所产生的有毒副产品毒化了人们赖以生存的水资源，同时采矿业本身也对森林和田地造成了破坏，而恰恰是森林和土地为人类提供了给养。

湘江的所有支流，呈东岸长、西岸短的不对称羽毛状，从东边注入的河流中较长的有舂陵江、耒水、洣水、渌水和浏阳河。舂陵江全长 304 公里，是湘江上游最长的支流，舂陵江桂阳段本来就不堪环境污染的重负，更雪上加霜的是，在其境内的浩塘乡江口岭，还汇入了发源于郴州临武县三十六湾的陶家河。三十六湾曾经是郴州乃至湖南矿山开采强度最大的矿区，有来自全国几乎所有省份的浩浩荡荡十万大军进山开矿"盛景"，生态环境破坏极大。陶家河从马家坪电站进入嘉禾县，虽然改名为甘溪河，但面临的环境问题与临武也差不多，只是存在程度上的差别，如河床被反复抬高，废石泻满稻田，而且嘉禾县境地势平坦，废石铺陈后很难清理——至少不能指望靠流水冲刷，因此很长一段时间，我在省级环境信访岗位时，接触的嘉禾环境问题投诉案件几乎与上游临武县一样多，而当地官方公布的数据，饮用水受到三十六湾开矿影响的人高达 5.7 万，比上游的临武以及下游的桂阳县都多，影响范围波及该县龙潭、行廊、肖家和普满等四个乡镇。嘉禾人因此一直都对临武县多有怨言，不过嘉禾县本身也绝非净土，2007 年前后，该县境内非法冶炼企业有 300 多家，虽然难以与临武县三十六湾相比，但也同样是蔚为壮观了，而且这些企业都是技术落后、污染排放重的企业，终于一家名为腾达有色公司的企业出了大事故。这家 2007 年违法未批先建的企业，于 2007、2008 年被嘉禾县列入关停企业名单，但所谓的"关停令"并未严格执行，并在 2010 年引发大面积铅污染事件。

我还得向东回望一下从郴州流过来的另一条支流——耒水，因为总长 453 公里的耒水是湘江最长的支流，耒水流经郴州市的汝城县、资兴市、苏仙区、永兴县，以及衡阳市的耒阳市、衡南县、珠晖区后汇入湘江。郴州有名的四大有色金属矿区，除属于舂陵江的三十六湾、香花岭矿区外，小垣矿区、柿竹园矿区、鲁塘矿区和新田岭矿区都在耒水上游，瑶岗仙小垣矿区位于宜章县、汝城县、资兴市三县市交界处，倚南岭山脉骑田岭之东北。瑶岗仙是中国钨矿的起源矿区，作为世界上同时蕴藏着黑钨和白钨矿床的特大型矿田，自 1914 年发现后经过百年开采，黑钨矿已基本枯竭，但白钨矿仍可持续开采，现已探明的白钨矿资源可采储量为 20 万吨。瑶岗仙矿在初期黑钨开采过程中，对山体扰动产生的滑坡、坍塌、裂缝等地质灾害频发，矿区山体形成两条山体裂缝，滑坡、坍塌产生的大量矿石泥土通过雨水冲刷导致水土流失，伴随着重金属废水进入延寿河与瓯江，最终进入面积 165 平方公里、蓄积量 81 亿立方米的东江湖。东江湖主库区所在的资兴市，工业历史悠久，形成以煤炭开采与火力发电为特色的能源工业，不过1982年以前鲤鱼江电厂大量粉煤灰，以及煤矿废水都直接进入翠江；1986年8月东江湖正式下闸蓄水后，一段时间东江湖还受库区内投肥养鱼污染困扰，满湖都是密密麻麻的围网，将硕大的东江湖分割成一片一片的养殖区域，急于致富的农民，采取工厂化投肥的养殖方式，将成吨成吨的化肥抛入湖体，导致水质恶化加剧。鱼儿的天性是沐浴着阳光，优哉游哉地嬉戏于山溪水涧，吞食水草和浮游生物，它们并不急于长大，每天过着被催肥速生的生活，它们并不快乐。

耒水经资兴后进入永兴县，永兴矿产资源丰富，拥有煤炭、黑色金属、有色金属和非金属矿共21种，探明资源储量的8种矿产总资源储量为3.4亿吨。除开矿外，永兴人更擅长稀有金属冶炼，冶炼历史自明末清初至今已有300多年，通过父传子承、师授徒继等方式，冶炼技术代代相传，冶炼炉灶遍及全县十多个乡镇53个村，共有冶炼作坊600多家。由于永兴县贵金属冶炼原料来自全国范围内冶炼和化工企业的废渣和下脚料，这也使得永兴县成为各种外来重金属废料的藏污纳垢之地，家家点火式的金属冶炼过程大肆排放污染，提炼后的废渣随意堆放，基本上都未配套建设环保处理设施，其中永兴县柏林镇一带冶炼最为集中，该镇谭家组79户村民中有65户从事金银冶炼，家家户户的房前屋后都有非常简陋的冶炼作坊，而作坊两侧则是依靠冶炼致富后拔地而起的栋栋新楼。1999年底谭家组爆发群体性砷中毒事故，事发后谭家组全部金银冶炼作坊被取缔。随后永兴县加快金银冶炼企业整治整合，这也使得永兴享有"中国银都"、国家"城市矿产"示范基地等美誉，永兴县城就有全国独有的纯银制作的"银都"建筑物，2006 年、2011 年永兴县两次根据湘江流域污染整治要求，制定《永兴县金银产业发展总体规划》，计划将分布在全县 7 大片区的数百家冶炼企业整合为太和、柏林 2 个工业园 30 家左右的骨干企业。但上百家企业，谁生存谁歇业，谁留下谁关门，各家企业相持不下，导致整改、整合工作推进缓慢，到 2017 年中央环保督察组进驻湖南时，永兴县进入园区的 30 多家企业仅仅 4 家完成整合，多家企业仍然在使用鼓风炉、反射炉等工艺落后设备。从绿色发展理念的形成，到绿色行动的实施，需要一个漫长的过程。

永兴县谭家组砷污染事件爆发，多人住院治疗的同时，苏仙区邓家塘 200 多名砷中毒患者还在郴州市职业病防卫所和郴州市第四人民医院进行治疗，这次特大污染事件的肇事者是村民集中点 2 公里以外的郴州市砷制品公司。郴州砒霜炼制的传统可追溯至唐宋时期，20 世纪 70 年代末起受到国际砷价猛涨刺激，区域内炼砷灶一度多达 3600 座，通过 1985—1994 年一轮打击整治，地处苏仙区邓家塘的郴州市砷制品公司被保留下来，这家年产 4000 吨砷制品的企业，肆意排放含砷烟气和废水，通过地表渗漏和土壤渗漏等方式，造成附近苏仙区邓家塘村两口井的井水砷超标分别达 172 倍和 223 倍，最终导致 2000 年 1 月 8 日集体砷中毒，249 人住院治疗。那一年，我赶到事发现场调查时，郴州市砷制品公司仅有的简易中和池还在漫过围堰向外涌水，凛冽的朔风中，愁云惨淡，寒塘冷畦，青瓦灰屋，家家户户大门紧锁，春节前的邓家塘格外冷清肃杀；与此同时，在村民接受集中治疗的郴州市人民医院和职业病医院，则满是粗衣糙布的村民，很多是全家男女老少拥挤在一个病房，他们那恐惧和无望的眼神，以及病房中密密麻麻的吊针，一直是我一生中关于污染及其健康危害最恐惧、最难忘的记忆。

从郴州市苏仙区发脉过来的西河，在永兴县塘门口汇入耒水，不过苏仙区远非只有砷之类的污染，1985 年 8 月 24 日，苏仙区东部大雨，柿竹园矿所属野鸡坪尾砂坝坝体，86 万立方米尾矿库被冲垮，矿区 39 栋民房被冲毁，46 名矿工、12 位农民死亡，4 公里长公路、2 座桥梁被冲毁，29 公里地域内 3 万亩农田被毁损，因此柿竹园、鲁塘矿区，与瑶岗仙小垣矿区、临武三十六湾以及北湖区的新田岭矿区，被列为郴州市四大重点治理矿区。

耒水出郴州后，流经衡阳所辖的耒阳市、衡南县，至珠晖区耒河口进入湘江，虽然沿途环境问题依然不少，但整体而言，比起上游的郴州四大矿区，以及"中国银都"永兴县，其污染类型和程度，都属于小巫见大巫。衡阳市是一座古老的城市，在湘江干流所有城市中，其历史地位与城市规模仅次于湖南省会长沙。早在 1943 年，这个城市就建成了湘南第一发电厂，也就是后来的衡阳电厂，每年直接向湘江排放灰渣 5 万吨，1968 年改干式排渣为水推排渣后，灰渣水中便含有大量硫化物、化学需氧量、砷和氟化物，淤塞了附近东方红渔场 110 亩鱼塘，导致 200 亩水面污染。1984 年 11 月 16 日愤怒的渔场职工堵塞电厂排污管道，工农关系一度十分紧张。衡阳轧钢厂是这里又一个重大污染源，工厂废水含酚量达 240 毫克/升，致使湘江中氰化物、砷、酚检出率很高；20 世纪 70 年代初，湘江衡阳至株洲段砷检出率为 39%，最高浓度达 5 毫克/升，为国家标准的 100 倍；1971—

1976年湖南省水文站牵头组织的监测显示：衡阳市以北，湘江中下游均有酚、氰化物、砷、汞、铬等有毒物检出，衡山县监测断面，酚、汞、氰化物均超过国家允许标准数倍到数十倍。但整体而言，1983年前基本为三类水。1985—1990年水质恶化加剧，大肠菌群、溶解氧以及重金属砷、镉、铜超标加剧，其中合江套区域超标更为突出。实施国家"十一五""十二五"节能减排规划期间，衡阳重金属污染减排一直是湖南任务最重的地方，"九五"期间衡阳市镉、砷、铅排放量均居湘江干流各市首位，几乎占全省排放总量一半，六价铬的排放量仅次于湘潭市，除了该地区与郴州同属湘南有色金属、非金属集中地区外，水口山矿务局所在的水口山地区排放的污水占据很大比重，此外衡阳城区冶金和化工企业也较多，合江套工业区和松江工业园都是环境敏感区。

不过在我看来，此地还应该关注一下湘江另一条支流——蒸水，这条发源于邵阳大云山的河流全长200公里，在湘江从西汇入的支流中算是最长的了，一般说来，"三湘四水"中的三湘，就是潇湘、蒸湘和沅湘，明清之际蒸湘河畔曾经诞生了中国最杰出的朴素唯物主义思想家王夫之，他在这里的湘西草堂写下皇皇八百万字的哲学文化著作。蒸水流域一度建设有为数众多的工业企业，我见过衡阳县氮肥厂严重的环境污染，导致了它附近的衡阳县第一中学被迫搬迁。不过蒸水畔曾经最具恶名、贻害至深的企业，当属衡阳县西渡造纸厂，这家始建于1970年的造纸企业，虽然造纸产能并不大，但在1971年、1999年两度酿成衡阳市城区大面积停水事件。演武坪曾经是晚清名臣、湘乡人曾国藩操练湘军水师的地方，地处湘江干流和蒸水交汇处。演武坪水厂供应着衡阳市北区十万居民饮水，其取水口在石鼓书院湘江干流一侧，蒸水则在石鼓书院另一侧，但西渡造纸厂距离演武坪水厂仅仅27公里水程。受其污染物影响，1971年11月衡阳市自来水取水点位水质超标，其中铵18毫克/升、锰3.2毫克/升、硝酸根151毫克/升，导致自来水停水数天。西渡造纸厂虽然已经成为危及衡阳市饮水安全的重要隐患，但相当长的一段时间内，它依旧在不停地生产，甚至到1999年时，将产能提高到每年21万吨的规模，蒸煮黑液依然未得到有效治理，每天直接排入蒸水的造纸废水高达1.8万吨，其中包括2000吨黑液。这一年3月10日，衡阳市演武坪水厂再次发生水污染事件，导致城北区30万居民饮用水困难，直到一星期后才恢复正常。石鼓书院，这个有着1200年历史的湖湘文化发源地，在现代工业革命的背景下，失去了任何的抵抗能力。这种窘境，或许正如作家木允锋在其《二道贩子的崛起》一书中调侃的：资金与技术主宰着世界，而不是那些散发着腐臭、被人遗忘于江湖的圣人思想，工业革命带来了人类社会的飞越，而不是某个哲学家的呓语，强大不在于你有多么辉煌的历史，而在于你有多么光明的未来。悲催的是，工业时代的技术，常常是用于资源开发和利用的，而非用于自然保护和生态保育的技术。

这次事故后，西渡造纸厂当年就多方筹资，采取"生化+物化"治理制浆废水，虽然一定程度减轻了污染负荷，但污染依然严重。面对公众强烈呼声，按照国家日趋严格的饮水质量标准要求，纸厂最终于2002年正式关停，毕竟良好的生存环境才是公众最根本的福祉。不过，蒸水水质变清还需要假以时日，直到2020年，人们还发现，受富营养化影响，在蒸水衡阳县城区河段，成片的水葫芦漂浮在河面上，放眼望去，数百米宽的河道成了一片"绿色草坪"，部分水面已经被水葫芦完全覆盖，这种最初作为猪饲料从巴西引进的外来物种，一旦失去天敌的抑制，便在高温和富营养化的水体中蓬蓬勃勃地疯长。

作为黄金水道，湘江为其两岸的工农业生产提供了极大的便利，往来船舶十分繁忙，但给湘江水质埋下了安全隐患。1992 年 2 月 20 日，210 箱计 4200 瓶甲胺磷农药因船体倾斜掉入湘江衡山段水域，由当地打捞队和南海舰队联合打捞，均未成功。

亘古未变的湘江水道，南北往来的船舶，在新时期的最大变化之一是沿河新建的梯级水利工程，即衡阳至株洲江段 2001 年新建的大源渡水电枢纽和 2006 年新建的株洲航电枢纽，前者距离衡阳市中心 32 公里，后者在株洲渌口镇南部 8 公里处的空洲滩。大坝建设对于通航、发电、保障饮用水源的种种便利，在各种可研报告、环评批复以及持续的宣传中都有，在此毋庸赘言。我自己实地踏勘与访问后，或者说站在我的职业角度，记忆最深的是停水事件。大源渡航电枢纽建成后对江河的顶托回流作用，在一段时间内带来水质净化能力的削减，并在上述西渡造纸厂等多种污染背景下，造成 1999 年衡阳演武坪和城北两家水厂停水一周，使全城民众形成饮水恐慌。不过话说回来，湘江原本也不是用来藏污纳垢的，以当时的污染排放强度，即便更大的河流，也载不起许多的污染物。但在株洲航电枢纽，工业和城镇污染物已经不显突出，因为那里有最泛滥的采砂，以及最破损的河床。大自然犹如蚂蚁一样勤奋，孜孜不倦地向湘江运送着沙子，成就布满城乡的康庄大路和幢幢拔地而起的城市高楼，但正是这些沙子，为湘江大堤挖了一道道危及其自身安全的深坑。

湘江既然离渌口不远，我就要说说渌江了。渌江起源于江西萍乡，经萍乡、醴陵、株洲县，由渌口汇入湘江。江西省的企业中，与湖南交集最多、渊源最深的，当属地处萍乡的安源煤矿和萍乡钢铁厂。安源煤矿因毛泽东、刘少奇 1922 年领导的安源煤矿大罢工而闻名全国，安源煤矿大罢工在中国工人运动史上写下光辉一页，直接影响和带动了同年底举行的湖南水口山工人大罢工。而萍乡钢铁厂对渌江的影响，则是由持续几十年的环境污染物"加害"的。萍乡钢铁厂始建于 1954 年，是江西省最早建成投产的钢铁企业，作为国有老企业，它遇到了所有老牌企业面临的多重问题，导致企业经营不善，职工待遇低下，2012 年当中国人收入提高到较高水平时，萍乡钢铁厂人均年收入才 4 万元。与此相对应的是产能严重落后，直到 2016 年才主动关停其 420 立方米高炉及配套的炼钢、制氧等工序，实现去钢产能 60 万吨，同时主动关停了 50 万吨的焦化厂，渌江在很长时间内受到化学需氧量、氨氮、氰化物、硫化物等钢厂污染物的危害。在我接触的跨省环境纠纷中，记忆最深的是萍乡钢铁厂对渌江的污染。不过渌江的很多污染还是来自省内，渌江两岸的醴陵和攸县，都是传统的工业发达县。攸县有着丰富的煤矿和铁矿资源，境内就有过产能更为低下的酒埠江钢厂，可算是中国大炼钢铁时期的一个缩影，其境内大面积的煤矿开采也带来大量环境问题。2017 年 5 月 6 日，当地人在攸县黄丰桥镇中洲村一座废弃煤矿非法建设一家电子垃圾提炼厂并组织生产。5 月 7 日凌晨 2 时许，这家正式投产才一天的企业，生产过程中产生的废气大量灌入煤矿废弃的矿井内。同日上午 7 时许，吉林桥煤矿矿工陆续下井开始作业，作业期间先后出现头痛、头晕、呼吸困难、休克等一氧化碳中毒症状，有毒有害气体最终导致 18 人中毒窒息死亡，另有 37 人受到其他不同程度健康损害。其时中央环保督察组正进驻湖南进行首轮环保督察，我则在其中对口负责新闻宣传和舆情处置工作，其间的慌乱、紧张我都是亲身经历的。攸县虽然工业发达，但与相邻的醴陵相比，还是稍逊一筹。醴陵有着发达的陶瓷和小造纸产业，醴陵陶瓷产业有着两千余年的历史，但因质地粗糙，一直没有跻身官瓷序列，很长时间在中国陶瓷史上并没有什么地位，直到清末民初，因北洋政府总理熊希龄的运作，在醴陵烧制出了釉下五彩瓷。醴陵才由此实现华丽转身，奠定了在中国陶瓷界的地位，跻身全国三大"瓷都"之一。但过去长期以来，醴陵陶瓷依靠煤炭烧制，我依稀记得醴陵城乡密密的瓷厂和多达两百多根林立的烟囱，直到 2005 年实施"川气入湘"工程，改用天然气后，这一状况才有所改观。很长时间内，渌江上下游污染叠加，成为湘江支流污染严重的河流之一，酚、氰化物等多项污染物严重超标。

渌江以下的株洲市，有着"一江八港"的江河水系，"一江"就是湘江干流株洲段，"八水"就是流经株洲市区的霞湾港、白石港、建宁港、枫溪港、万丰港、韶溪港、陈埠港、凿石港八条主要内河水系，在工业发展和城市快速扩张的年代，每条内河都沦为了名副其实的"龙须沟"，其中尤以霞湾港为甚：霞湾港从上到下汇入株化集团、智成化工、昊华化工、株冶集团、海利化工等企业的废水。20 世纪60 年代，清水塘工业区刚刚建成十年，株洲以下至马家河约 6 公里长的江段，工厂所在的湘江右岸浑浊不堪，有着大量粉煤灰漂浮物，株洲霞湾港以下数公里，存在一个相当宽的暗黑色污染带，表面漂浮大量白沫并散发异味。20 世纪 70—80 年代，霞湾港就受重金属、有机物污染严重，成为国内河流污染最严重的江段，砷、汞、铅、砷等重金属超标近 20 倍，高锰酸钾指数、挥发酚、氨氮均有超标，其中挥发酚超标 72 倍。1979—1980 年中国科学院地理所牵头组织的环境调查中发现，霞湾港底泥汞、镉、铅、砷、铜、锌严重超出环境背景值指标。1985 年以前，株洲冶炼厂每年经霞湾港排入含重金属废水 2000 万吨，株洲化工厂每年排放 1 万吨硫酸洗涤废水和 1.44 吨砷，1990 年全省 13 家年排工业废水 2000 万吨以上企业中，就有湘江氮肥厂和株洲化工厂，这也使得 90 年代霞湾港的污染还在加剧。1954—1995 年株洲霞湾段水质及变化情况显示，1979 年以前水质还保持在三类，但自此之后直到 1995 年，除 1987 年外，包括高锰酸盐指数、氨氮、酚、总磷、石油类的有机物和汞、镉、砷、铅、铜等重金属在内的地表水评价，水质均在四类到五类之间。这一时期也是湘江水质最差的时期，干流断面水质达标率低至 50% 以下。与此同时，中国科学院水生生物研究所选用霞湾港入江口上游 50 米至下游 9.8 公里水域进行试验，调查表明：污染带底质稀释 1000 倍，被试验的 8 种浮游动物、水生昆虫和鱼类，24 小时内 7 种 100% 死亡；下游 275 米处 6 种生物死亡率超过 75%；直到 5.3 公里处的湘潭市马家河江段，还有一半生物 100% 死亡；下游螺蚌虾鱼水生生物重金属含量畸高，尤以铅、镉富集度最高，这大概可以为人类进入工业时代，大量动植物灭绝、生物多样性遽减提供注解。但是在我个人看来，湘江最黑暗的一天是

2006 年 1 月 6 日：为了防止霞湾港经年累积的重金属污染物污染，株洲市组织对霞湾港河道底泥进行清除，由于施工组织管理问题，导致从株洲到湘阴县 130 公里范围内一类污染物镉超标。

这段江水，最让人揪心甚至视为梦魇的，或许还不是株洲段，而是下游的湘潭市，霞湾港到下游马家河断面仅仅 12 公里，离湘潭和长沙各大水厂也都不远，因此类似 2006 年株洲镉污染事件发生后，下游的每一家水厂都岌岌可危、如临大敌，因为就公众健康而言，没有什么比饮水安全更重要、更关乎民生的了。不过即使到了湘潭，远不能说这一段江水就河清海晏，湘江湘潭段仅仅 42 公里，流域内的湘潭钢铁厂、涟水、竹埠港以及昭山的湖南农药厂，都有着我们难以忽视和不得不直接面对的污染，是下游长沙市民饮水的重大安全隐患。1958 年建厂的湘潭钢铁厂在其建厂几年后，对环境的巨大影响和对湘江的直接危害就显示出来：1970 年湘潭钢铁厂焦化分厂氰化物检出含量为 20 毫克/升，废水口下游 200 米处氰化物含量为 8 毫克/升，超过国家标准 79 倍，废水口下游 3 公里处氰化物含量 0.2～0.3 毫克/升，同年湘潭江段氰化物检出率 44%；1985 年，湘潭钢铁厂排放废水 1 亿吨，废气排放量为 118 万标立方米，居湖南第二。直到 1990 年，湘潭钢铁厂还是全省年排废气超过 40 万标立方米、年排工业废水 2000 万吨以上的企业，其中工业废气排放 117.8 万标立方米，仅次于金竹山电厂，工业废水排放 1 亿吨，仅次于岳阳电厂，均列全省企业第二，氰化物排放 83 吨、挥发酚排放 34.5 吨，分列全省企业第一、二位。

湘潭钢铁厂对岸，就是逶迤而来的涟水。涟水发源于新化县关山，流经涟源、娄底、湘潭、湘乡，主要污染源在涟源和湘乡，涟源境内因有钢铁厂和焦化厂，氰化物、酚、砷、六价铬很早就有检出，湘乡境内则在 20 世纪 50 年代末建成湖南铁合金厂、湘乡铝厂、湘乡化工厂、湘乡磷肥厂、湘乡皮革厂和韶山氮肥厂等 50 多家企业，每年排入涟水 500 万吨工业废水，其中蕴含的化学需氧量、氨氮、大肠菌群以及重金属污染物，以及一段时间内水府庙一带兴起的水面投肥养殖，使涟水水质迅速恶化，1986—1995 年间涟水桥断面各类污染物含量均超标，水质长期在四类、五类之间。涟水河畔的企业中，湘乡铝厂是我国氟化盐生产基地，其制取氢氟酸时产生大量二氧化硫和氟化氢等有毒有害气体，每年产生氟石膏渣 12 万吨左右，严重污染环境，虽然在 1966 年采取解析二氧化硫生产冰晶石，1972 年制取液态二氧化硫等方法，缓解二氧化硫污染，但湘乡铝厂仍一直是该地区最为严重的污染源，周边大片区域地下水受到污染。1980 年 8 月 21 日，湘乡铝厂附近城关镇五里、扬金和铝南三村 180 名村民手持铁铲、锄头等器械进入铝厂，用砖头、泥土将铝厂排水明沟、暗沟和沉淀池堵塞，导致该厂停产三天三夜，从而引发一件长达十年的官司，最初被判破坏生产罪的村民最终才被改判为无罪。很长时间内，中国司法都不支持民众进行环境维权，破坏生产罪一直都是最早、最重要的刑事罪，但破坏环境罪直到 1997 年才写进新修订的《中华人民共和国刑法》中。湖南铁合金厂每年产生万吨含铬废渣，多年来一直都是令企业和当地政府头疼的环境问题，2009 年该厂堆存的含铬废渣因非法转移到湘乡和双峰梓门桥镇等多地农村，导致两县范围内 25 口水井、14 口水塘被污染，严重影响当地人民群众生产生活；2012 年对该厂

© 湘江源头的舜峰（梁剑锋摄）

◎ 湘江源头云冰山日出（刘东摄）

◎ 潇水、湘水汇合处的萍岛，便是
潇湘八景之"潇湘夜雨"所在地

◎ 石期河锰开采治理前

◎ 石期河锰污染治理后

◎ 2011 年衡阳常宁松柏镇一处被重金属污染的水塘，不远处就是舂陵江入湘江口

◎ 衡南县松江镇紧邻湘江的一家化工企业，现已关停

◎ 2015 年 11 月 20 日，云锡郴州屋场坪溃坝现场

◎ 位于衡阳市城区来雁塔下的水口山二厂，是我国最早的氧化锌生产企业

（水口山纪念馆供图）

◎ 清水塘工业区，废水经霞湾港汇入湘江口（张湘东摄）

◎ 今日渌江状元洲（陈铁武摄）

◎ 蒸水在衡阳市石鼓书院汇入湘江（肖学能摄）

◎ 湘潭电厂最早的环境问题是大量粉煤灰直接排入湘江

◎ 位于橘子洲的长沙天伦造纸厂旧址（陈先枢供图）

◎ 位于新河的长沙制革厂旧址（陈先枢供图）

◎ 位于三汊矶的水口山一厂（长沙锌厂）旧址（陈先枢摄）

◎ 曾经疯狂的汨罗江采砂和采金

◎ 位于湘江入洞庭湖处的岳阳丰利纸业公司

◎ 位于三汊矶的长沙铬盐厂止水帷幕和污水处理站处理工程

◎ 浏阳市经开区污水处理厂

◎ 华菱湘钢公司废水处理零排放工程

2015年1月

26

星期一

甲午年十二月初七

人民日报社出版

国内统一连续出版物号

CN 11-0065

代号 1-1

第24306期

今日24版

人民日报

RENMIN RIBAO

人民网网址：http://www.people.com.cn

制定路线图 聚力攻坚战 下好一盘棋

湘江治理再出发

本报长沙1月25日电（记者吕明军、周立耘、颜珂、侯琳良）"以前人多企业多，半天就能卖一头猪，现在生意受点影响，但环境好多了。"湖南湘潭竹埠港居夫张连刚说，按照政府规划，这里不久将成为一座滨江新城，"我更看好未来。"

曾经的竹埠港，日子过得红火。这里是全国14个精细化工园区之一，28家化工企业扎堆湘江东岸，年产值45亿元，1.74平方公里内生活着1万多人。

竹埠港的红火，代价是严重的污染。每年废渣排放量约3万吨，废水264万吨，下游不远处，就是长沙市的取水口。

走进企业聚集区，安静得令人吃惊。"关停工作去年10月月就搞完了，现在是一家一家征收拆除。"湘潭市岳塘区环保局长方炼勇说。

竹埠港好比一扇窗，透过它，能够看到湘江治理的严峻与难度。

上游沿江工矿企业无序排放，重金属排放量一度占到湖南的70%，全国的18.7%。

湘江重金属治理跻身国家层面上，近年来"重拳"频出，但越到后面，"骨头"越硬。

郴州三十六湾、株洲清水塘、湘潭竹埠港等七大污染重点片区，就像嵌在湘江肌体内的七大痛点。

流域覆盖6地市，"病因"复杂多样，靠一个地方、一个部门难有作为。

资金筹措压力巨大，产业转型迫在眉睫，技术攻关必须突破……

"治理保护好湘江，还一江清水，是关系湖南人民幸福生活和永续发展的大事。"湖南省委书记徐守盛说。

2013年9月，湘江的保护与治理，被确定为湖南省政府"一号工程"。湘

江治理，迈入"升级版"。

制定"路线图"：从2013年开始，实施3个"三年行动计划"，先"堵源头"，后"治""调"并举，再巩固提高。

聚力"攻坚战"：七大重点片区，明确牵头部门，根据成因现状"一区一策"，对症下药。

下好"一盘棋"：建立了由省长为总召集人，分管环保、水利、工业三位副省长、湘江流域各市市长和相关部门负责人参加的联席会议制度，定期研究调度。39个部门、6个地市，各自认领责任，通力协作配合。

环保部门监测，目前湘江干流水质中汞、镉、铅、砷、铬的污染浓度分别比2010年下降了33.3%、22.2%、42.9%、58.3%和28.6%。今年以来，5项重金属指标均在Ⅱ类标准限值以下。

（相关报道见第九版）

◎ 2015年1月26日《人民日报》在头版头条位置报道湘江治理

◎ 2011 年湘江流域重金属污染综合治理启动仪式现场

◎ 2010 年 4 月，永兴县组织开展的一次集中取缔非法冶炼企业行动

◎ 湘江橘子洲《湘江宣言》石碑（黄伟伦摄）

◎ 常宁市水口山镇的晨泳者

◎ 治理后的湘江清水塘段（王琦泉摄）

© 今日东江湖

○ 株洲航电枢纽工程（王琦泉摄）

◎ 千里湘江第一湾上的湘潭钢铁厂（邱建农摄）

◎ 渌江是湘江主要支流中
少数从外省汇入的河流
（陈铁武摄）

◎ 今日橘子洲（黄伟伦摄）

6.5 万吨含铬废渣进行处理，2021 年湘乡市还在清还旧账，发布湖南省铁合金厂地下水污染防控与修复公告，计划投入资金 3267 万元，使地下水风险管控面积达到约 2.67 平方千米，污染羽面积约 63 万平方米。此外，涟水下游的湘潭县小化工和畜禽养殖污染同样不容小觑。

湘潭钢铁厂建厂的同一年，下游不远处的湘潭电化厂也建成了，接下来的十年中，这里又相继建成了湘潭市有机化工厂、湘潭市染料化工厂、湘潭市化工研究院、湘潭市化学助剂厂等几家国有大中型化工企业，这就是竹埠港化学工业区的雏形。改革开放以后，旧有的国有企业改制或解体，一批新的化工企业崛起，竹埠港晋升为全国 14个精细化工园区之一，寄寓着做强本地工业的梦想。湘潭市出台《竹埠港新材料工业园规划》，计划建设 1.74 平方公里工业园，重点扶持和发展以先进电池材料、精细化工材料、新型金属材料等为主的新材料产业，但总体来说这些企业基础较差，空间狭小，甚至存在金环颜料和颜料化学等九家企业共用一个工业排污口的紊乱局面，竹埠港工业区环境因而迅速恶化。从 1998 年开始，湘江易家湾断面污染程度呈逐年加重趋势，到 2000 年该断面沦为全流域污染最严重的断面，污染指数高达 14.6。竹埠港下方不远处就是长沙、株洲和湘潭交界地昭山，1950 年在长沙灵官渡兴建湖南农药厂，短短 6 年后就发生了惊动一时的污染事件，导致周边地区 309 人中毒、7 人死亡，此事后有了新中国成立后湖南首例企业因环保问题搬迁。不过蹊跷的是，此次污染事故后，湖南农药厂搬迁到了长沙上水源的昭山，昭山也是潇湘八景之一，有着"山市晴岚"之美誉。湖南农药厂迁址于此后，一度发展成为我国从事农药加工制剂最早、生产规模最大的厂家之一，不过后来看来，这次选址是背离现代工厂建设基本常识的，它无视污染随水而流这一基本事实，足见我们在工业发展初期的懵懂与无知。这家农药厂最终的结局是 2002 年关停歇业，毕竟其下方不远就是湖南省会长沙市第一水厂取水口。中国很多企业都难以做成百年老店，其实是起始的时候，就没有把一些关键性的事情想清楚，把制约企业发展的所有瓶颈因素排除在外。

湘江出昭山后，终于流到了长沙。现在看，省会长沙中心城区基本没有什么工业，但实际上，湖南的近代工业主要是从长沙起步的，从 1908 年湖南实业家梁焕奎在长沙南门外建立了中国第一座炼锑厂，到 2003 年长沙锌厂关停，长沙甚至有着近百年的冶金史，不过因为资源和环境的原因，人们很早就着手将长沙南门外的炼锑厂搬迁至锡矿山，将炼铅厂搬迁至衡阳水口山，这也因此反映出湖南工业这片最早的发源地很早就开始了将污染企业迁出的历史。但相当长的一个时期内，工业建设的速度还是远远快于企业出城的规模，一段时间内，长沙的工业企业主要集中在望城县的坪塘镇，南区的新开铺，北区的新河三角洲、伍家岭和西区的北津三汊矶。

新开铺最早的工业以机床、机械为主，虽然这些如今早已不见踪影，但从某种程度上说，奠定了日后湖南长沙作为"工程机械之都"的技术和人才基础。这一区域总体污染不大，但此地的长沙肉联厂每天宰杀生猪 5000~8000 头，4000 吨废水排入湘江，下游 500 米处就是长沙市一水厂取水口，其高浓度的化学需氧量、生物耗氧量、氨氮和悬浮物直接影响饮用水水质。不过这些畜禽养殖污染，与湘江对岸

坪塘的化工区相比，依然显得微不足道，位于该地的坪塘化工厂 20
世纪 70 年代末在湘江干流 166 家重点污染企业中排名第 55 位，每天
排放 5000 吨以上含有大量重金属和有机物的工业废水，直到 1983 年
才完成立德粉压滤漂洗废水治理和硫铁化钡渣、铅泥处理，结束废渣
直接排入湘江的历史。与大量化工废水排放并存的是这里鳞次栉比的
水泥企业，极大的粉尘和二氧化硫排放量构成彼时长沙主要的大气污
染源。

　　影响长沙二水厂的是地处长沙橘子洲的天伦造纸厂。橘子洲景色
优美，春来，水光潋滟，沙鸥点点；秋至，柚黄橘红，清香一片；深
冬，凌寒剪冰，江风戏雪，因而被列为潇湘八景之一"江天暮雪"所
在地，毛泽东主席不仅写过著名的《沁园春·长沙》，还于 1950 年与
周恩来总理以橘子洲和湘江东岸的天心阁为题，写下"橘子洲，洲旁
舟，舟走洲不走；天心阁，阁中鸽，鸽飞阁不飞"的对联；1933 年湖
南大学化学教授欧阳毅梦想在湖南兴办一座现代化造纸工厂时，就把
废水排放量极大的天伦造纸厂选址在橘子洲，后来新建的长沙市二水
厂取水口则在造纸厂附近水域。二水厂主要供应范围为岳麓山下的几
所大学。1983 年 11 月 12 日正值湘江枯水期，制浆造纸废水污染取水
口，造成大面积人群腹胀、腹泻，造纸厂于 1984 年果断关停。如今
在其厂址上建有长株潭两型社会试验区建设展览馆，用实物警醒后
人，要正确处理人与自然的关系，确立顺应自然、尊重自然的生态文
明理念，即使在经济快速发展当中，也要望得见山，看得见水，记得
住乡愁。

　　沿着橘子洲向北至傅家洲，眼前就是长沙湘江北大桥，大桥东西

两边，过去很长时间分别是长沙长元人造板厂和长沙电厂的巨大烟囱；再往下走，河东是伍家岭和新河三角洲工业区，此地的建湘瓷厂同样属于气型污染企业。1897年长沙首富朱昌琳在浏阳河尾间凿通长沙新河后，新河三角洲就渐渐成了长沙工业最集中的地方。1915年此地诞生的第一家企业是湖南机器面粉公司，1919年始建污染极大的长沙皮革厂，随后建成长沙颗粒肥料厂、大丰化工厂、永生化工厂、华开化工厂，1957年合并为长沙化工厂，这家湖南省最大的硫酸锰生产企业，出口量一度占全国硫酸锰出口总量的80％，也是长沙市最大的污染源，1984年完成相关项目建设以前，每年2万吨硫铁矿渣直接排入浏阳河，浏阳河入湘江口三分之一水域被淤塞。新河三角洲对岸的三汊矶，是长沙最北的污染源长沙锌厂和长沙铬盐厂所在。长沙锌厂原本就是水口山矿务局一厂，因历史的机缘留在省城长沙，也把巨量的冶金污染直接留给了湘江，其污染排放量与水口山矿务局所辖的其他几个分厂不相上下。与之毗邻的是建于1972年的长沙铬盐厂，主要生产红矾钠、铬酸酐等铬系列产品，在短短31年的存续时间里，每年排放工业废气25万标立方米和工业废水10万吨，2003年关闭后给长沙留下了42万吨含铬废渣。由于废渣中镁渣不断膨胀，导致其占地面积广，污染治理难度极大。2014年湘江长沙段下游不远处建成的长沙航电枢纽工程虽然改善了湘江库区景观，但长沙铬盐厂铬渣等残留物带来的环境安全隐患更加凸显，此处遗留的污染至今还在治理当中。污染已经形成，危害十分深远，甚至很长一段时间都找不到治理技术，企业累计受益与其巨额的污染治理投入相比基本上就是九牛一毛，既然邻近的长沙锌厂已经列入国家工业遗迹保护地，人们就期待连带将长沙铬盐厂也辟为环境教育基地。

地处浏阳河畔的湖南造漆厂和湖南日化公司，其工业污水主要排入浏阳河，但此地离湘江入口已经很近，对湘江干流影响也非常大。不过浏阳河的污染远非仅限于长沙城区的企业，作为湖南经济最发达地区，它还接纳着浏阳和长沙县工农业生产和城市化发展带来的各种污染物，在中国人引吭高歌《浏阳河》的 70 年代，浏阳河入湘江口砷含量就高达 1.8 毫克/升，超过国家标准 35 倍。80 年代中期，我陪着父亲在浏阳河畔㮶梨镇陶公庙看湘剧《狸猫换太子》，高中时期的同学向我抱怨附近硫酸锰企业污染，导致成片农田失收。1987 年浏阳河上游浏阳境内铁山桥断面铜超标 934 倍，镉超标 73 倍。1986、1987 年连续两年，黑石渡至新河三角河洲多次发生大面积死鱼事件，主要超标污染物为有机物，水体中溶解氧几乎为零。人们常说，河流的幸福，在于帮助鱼儿繁衍后代，养育千万条各种各样的鱼儿，河流伴随着鱼儿一起歌唱，一起生活，所以河流也是鱼儿伟大的母亲。从这个角度来说，这时的湘江，已然是一条基本上失去欢乐和幸福的河流。

1978 年湖南首次在长沙监测发现酸雨，一次降水监测中发现雨水中的金属元素达 30 多种，至 90 年代中期形成以长沙等为中心的华南酸雨区，几乎到了逢雨必酸的地步。很长时间内长沙居长江以南酸雨污染严重城市之首，1993 年长沙酸雨酸度为 3.31，在全国 81 个酸雨监测点最差，1996 年长沙酸雨频率 100%，酸度为 3.78，直到 2000 年酸碱值都在 5 以下。湖南的能源结构以燃煤为主，其中宁乡煤炭坝的烟煤含硫率畸高是其主要原因，但历数以上长沙各区域的工业企业，就知道长沙成为酸雨重灾区实在是由来已久，我清楚记得千禧年过后几年，长沙空气质量一直都在全国居十分糟糕的位置，其中 2003 年元旦后连续十多天全国空气质量最差，2011 年、2012 年全国性雾霾天气爆发时，长沙空气污染指数跟着北方城市一起爆表。

在这个快速发展的时代，我们是不能忽视城市规模快速扩张带来的环境影响的，在《只有一个地球》这本书中，作者指出：人类一旦进入新的城市和工业化的社会，人口在城市高度聚集，排放的生活废水是比工业废水更为棘手和更早到来的环境问题。古城长沙具有两千多年建城历史，但 1949 年以前主要城市环保基础设施，还是明清时期修建的 13 公里长的"八大公沟"——8 条由花岗岩建成的下水道，因多年失修处于淤塞和半淤塞状态，一遇暴雨便污水横流，直接下江；1973 年长沙开始首次截污工程建设，并于 1982 年完工；长沙市第一个污水处理厂始建于 1979 年并于 1984 年投入使用，日处理能力为 8 万吨；长沙第二污水处理厂最初叫湘湖渔场污水处理工程，1993 年毛主席诞辰纪念日当天通水运行，每天处理混合污水 14 万吨，由此既见湖南对这一项目的重视，也足见湖南包括省会长沙市，城市环保起点很低，起步很晚。

湘江向北，出长沙后便是最后一个地级市岳阳，此时湘江携带一路污水而来，岳阳是最后的承接地。岳阳虽然远离污染的中心，但其境内还是有着一些不可忽视的污染源，如汨罗江污染、桃林铅锌矿以及岳阳县新开钒矿，至于长江沿岸的巴陵石化区，基本上脱离了湘江流域，我将在其他篇章中讲述。汨罗江污染主要来自于平江黄金洞金矿，这个偏居于罗霄山脉中部的金矿，却是湖南最早一批官办企业，与"铅都"水口山、"锑都"锡矿山具有同样悠久的历史。按照湖南普遍的做法，大凡有官办矿山的地方就有民采，在开采平江黄金洞金矿的同时，人们在当地其他山体里也发现了金矿。20世纪90年代起，平江和汨罗一带的人，在爱国诗人屈原投江自沉的汨罗江，用采金船或者直接用摇床采金。他们面无愧色地掏空河流的内心，采金船开采深度由5～6米上升到15～20米甚至更深，几乎把汨罗江挖个底朝天，一艘中型采金船每昼夜可挖掘砂石60立方米，在高峰期，采金船多达百多艘，一天挖出砂石6000立方米。那时采金需要用剧毒的氰化物浸取，氰化物连同翻涌的底泥一起污染水体，一度导致包括平江县城居民在内的数十万居民饮水困难。桃林铅锌矿地处湖南最北端的临湘忠防镇，这个年产矿石120万吨的铅锌矿，是国家第一个五年计划中的156项重点工程之一。由于原有矿区资源很早濒临枯竭、后备矿区矿石品位低下，企业转型失败，桃林铅锌矿早在2002年就宣布破产，但早年形成的工业氛围往后延续了一段时间，并于2006年9月8日酿成新墙河砷污染事件。彼时桃林铅锌矿虽然早已闭库破产，但是其厂房还在，几家冶炼和化工企业就租赁在其破旧的厂房里，以极其落后的设备和粗放的管理开展生产，其中岳阳浩源化工有限责任公司和临湘市桃矿化工有限责任公司均未进行环评审批，也没有任何污染治理设施，废水未经任何处理就直接排入桃林河，两家企业排放的废水砷浓度超过国家标准1000多倍，每月直接排放废水近5万吨。污染源附近的农田水塘的砷浓度均大大超过了国家标准允许浓度值，最终导致岳阳县新墙河饮用水砷污染事件，新墙河下游的岳阳县水厂被迫停止供水。当湘江途经岳阳最后的一家工厂汇入长江时，我原本以为它终将可以不受烦扰，携清波流向大海，孰料繁忙的长江黄金水道上,一艘又一艘满载货物的船舶驶入我的视野,我才发现,湘江汇入长江后,迎接她的不再是"潮平两岸阔,风正一帆悬"的古意诗情,而是更加汹涌澎湃的工商业的大潮。

生命源于水,无论是一棵小草还是一片森林,一只小鸟还是一个物种,一个村落还是一座城市,皆源自水和依赖水,大地上任何民族无不起源和受惠于大江大河。人类的源头在江河的源头里,人类的文明在江河的流淌里,人类一旦离开了这些江河就必然消亡,所以人类称这些最本源的河流为母亲河。从亘古洪荒时期流到工业时代的湘江,从源头到尾闾,从支流到干流,从城市到乡村,纠结着被商业操纵的欲望和被消费主义改写的文化,纠结着由塑料和化工定格的歌者脸谱和生活方式,纠结着被暗哑了歌喉的河流之苦闷,纠结着不堪承受污染之毒害的青草之迷惘,同时也纠结着我们对河流的恐惧。彼时的湘江,打破了人与自然之间千年万载的生态平衡,面临从未有过的资源瓶颈和环境污染,万物失其和以死,既严重影响人民群众身体健康,也制约着发展本身,正是:五岭巍巍倒卧,湘江浩浩汤汤。河山如此多娇,最是伤心残破。

扬清

我在讲述湘江百年自然史的时候,实际上也在陈述各地各个时期的治理与生态保护工作,但总体而言,这些具体的措施穿插在不同地点、不同事件中,时间的轴线还不是非常清楚,因此我还必须顺着这根轴线梳理一次。

湖南的现代工业肇始于 1895 年陈宝箴推行的"新政"，陈宝箴相继开办了水口山铅锌矿、锡矿山锑矿、安化板溪锑矿、平江黄金洞金矿等最早一批官办企业；在长沙南门口外开始了最早的金属冶炼厂和造纸厂，在河西银盆岭兴建经华纱厂。但最初的工业规模非常有限，因此 1925 年晚秋，时年 32 岁的毛泽东离开故乡韶山，去广州主持农民运动讲习所，途经长沙时重游橘子洲，写下不朽诗篇《沁园春·长沙》，他眼前的湘江还是一派"漫江碧透，百舸争流"和"鹰击长空，鱼翔浅底"的自然美景。20 世纪 60 年代以前湘江河水还是沿江人们的主要饮用水源，湘江衡阳至长沙江段仅有细菌和大肠菌群等少量污染。1963 年湖南省劳动卫生研究所对湘江水质进行检测，各项重金属指标中仅砷有 10% 的检出率。不过 3 年后，"文化大革命"爆发，湘江水中相继检出了铬、铅、锰、锌，在环境学上，"检出"说明某种物质的存在，但不一定超标，此时湘江中的各项重金属就处于"检出"而不超标的状况，说明对环境的影响已经存在，但还未超出健康标准。但到 1976 年"文革"结束这一年，湘江各地水质监测显示：汞、镉、铅、铬、砷、氰化物、挥发酚、氟化物等八种有毒物质总检出率已经高达 79.2%，湘江株洲段汞、镉、氟超标率均超过 60%，砷超标率达到 28%，湘潭和长沙江段汞超标，底泥超过正常值 60 倍。湘江环境问题引起中央、国务院的高度重视，1979 年的中国，十一届三中全会刚刚开过，正是百废待兴的关口，经济刚刚开启。1978 年 12 月 31 日，国务院环境保护领导小组在《环境保护工作汇报要点》中指出："治理水域污染。三、五年内重点控制和治理渤海、黄海、长江、黄河、淮河、湘江、松花江、漓江、蓟运河和主要港口的污染。渤黄海、第二松花江、湘江先行一步。"正是有了中央的批示，在中国环境保护事业刚刚起步的时候，湘江污染综合防治研究课题就被列为"六五"国家重大科研项目，中国科学院等单位参与这一课题，湖南的同行们通过共同参与课题研究，培养了大量本土环境科研人员，国家环保局甚至把其直属的环保学校落户于长沙，因开办较早，这所学校一度有"中国环保人才的摇篮"之称。1983—1985年，课题组完成洞庭湖水系水环境背景值、湘江水环境容量、湘江水环境背景值以及湘江谷地土壤环境背景值调查研究等国家课题，这些基础性课题为湘江环境治理提供了坚实的科研技术基础。往后的岁月，湖南很顺利地开展了其他基础性环境调查，包括：1984—1985年对全省工业污染源展开的调查，1989—1990年全省乡镇污染源调查，1991—1994年全省重点污染源调查，2007—2009年全省污染源普查和土壤环境状况调查。

在开展环境基础调查的同时，相关污染治理已经起航。1978年，我国第一批下达的限期治理项目，就将株洲冶炼厂锌系统废水返回使用、长沙橘子洲天伦造纸厂搬迁项目列入。业内人都知道，环境污染限期治理与环境影响评价制度、排污费收费制度一起，构成了我国环境保护管理领域最早和最有效的三项制度。在国家限期治理的示范下，湖南也在1981、1984、1987、1990年分四批下达178项省级污染治理项目，基本涵盖湘江流域最主要、最突出的环境问题，确定了工作目标，啃下了严重影响湘江水质的一块又一块硬骨头。在省政府的带动下，湖南全省各市县在1995年前完成2100项环境治理项目，其中主要集中在湘江流域，1981—1983年相继完成的长沙、岳阳、鲤鱼江、株洲、湘潭和衡阳几家电厂巨量的废渣治理，结束了粉煤灰直接排江的历史；1983—1988 年间相继实现对长沙造纸厂、衡阳造纸厂、岳阳造纸厂、零陵造纸厂的白水回收治理；1984 年湘潭钢铁厂完成高炉煤气洗涤水治理工程，每年节约用水 600 万吨，减少外排金属锌 600 吨、铅 30 吨、悬浮物 380 吨，回收含铁瓦斯泥 8000 吨，一举拔掉湘江干流一个重要污染源；1985 年株洲冶炼厂完成高铅砷灰处理、铅烧结烟气低浓度二氧化硫处理和总废水处理之前，每年经霞湾港排入湘江 2 万吨含重金属废水，排入湘江的镉、铅、砷、锌、铜达到 500 吨，项目建成后减少到 35 吨；1985 年完成的株洲化工厂硫酸废水项目和湘潭钢铁厂的高炉煤气洗涤污水治理，以及 1995 年完成的焦化车间酚氰废水治理，都极大改善了湘江水质。当然，之后的岁月，湘江干流各级人民政府综合运用排污许可证制度、环境保护目标责任制、城市环境综合治理及定量考核制度，整体推进了湘江治理的进程。

但是整体而言，处于高速发展中的湘江，很长时间内还处在"重发展""轻环保"阶段，一些地方片面理解"发展才是硬道理"，环保向经济发展让路的例子屡见不鲜。虽然环境保护被列入基本国策，中央在 1978 年就作出"湘江治理先行一步"的要求，湖南于 1979 年颁行我国第一部省级水环境保护条例——《湘江水系保护暂行条例》，但全省环境保护发展计划直到 1992 年才首次列入湖南省国民经济与社会发展计划，这也可能得益于那一年全球可持续发展大会在巴西里约召开，湖南在现实中感受到了可持续发展的重要性。但理念与实际是两回事，在中央连续几个"一号文件"均涉及农民问题、鼓励乡镇企业发展的背景下，湖南于 1991 年、1992 年相继出台《关于进一步加快乡镇企业发展步伐的决定》和《关于促进乡镇企业持续健康发展的通知》，湖南乡镇工业总值从 1984 年的 65 亿元快速增长到 2000 年的 4439 亿元。虽然名曰健康发展，实际上乡镇企业污水处理率和大气污染处理率均比国有企业低出几十个百分点，湖南省组织的以 1995 年为基准的乡镇工业污染源调查显示：这一年全省乡镇工业企业数为 12.9 万个，总值 539 亿元，但乡镇企业平均固定资产不足 14 万元，年营销 3000 万以上的企业仅 59 家，废水排放总量 2.8 亿吨，废水处理率仅 15%，村办企业废水处理率更是低至 3.1%；排放废气 1641 亿标立方米，废气处理率仅 5.1%，固体废物产生量 3638 万吨，利用率仅 16.8%。大多数乡镇企业产能落后、肆意排污的状况，加剧了广大农村地区的污染，湘江干流污染从城市向农村漫延，三十六湾、水口山、锡矿山、竹埠港等重点区域矿山开采有水快流、遍地开花，实际上都与这一时期的政策鼓励密切相关。全国 258 个乡镇企业污染治理控制县中，湖南占 18 个。乡镇工业的生产现状同时也拉低了以湘江干流为中心的全省经济发展质量和水平，经济总量与污染物排放总量严重不匹配，1995 年湖南全省工业总产值 654.8 亿元，在全国各省市中排名第 11 位，但工业废水年排放量和废水中重金属年排放量均居全国第 3 位，工业废气年排放量居第 5 位，二氧化硫排放量居第 11 位。全国 3000 家重点污染企业中，湖南占 229 家，湘江干流水质在 90 年代降至历史最低水平，"九五"期间（1996—2000 年），湘江干流 36 个断面中超标断面在 25 个左右，为 66.7%，超标因子从砷、汞、镉到有机物总磷、总氮、挥发酚，无所不有。

　　"九五"期间，国家不仅意识到日趋严峻的环境问题，而且加大环境治理的工作力度，1996年国务院决定在全国范围内对资源耗费多、环境污染严重的"十八小"企业实施集中整治，湖南以湘江流域为主，取缔关停小电镀、小造纸、小化工等"十八小"企业1300多家，实现每年削减工业废水排放量6382万吨、工业废气41亿标立方米、工业固废95万吨。这一时期湖南强化了法律对水环境的保护，1998年，湖南正式修订了《湘江流域水污染防治条例》，出台了《"九五"期间湘江流域污染防治纲要》，制定了完成20个城市污水处理工程和41家工业污染防治工程的"五年计划"，湘潭钢铁公司、涟源钢铁公司、株洲冶炼厂、岳阳化工总厂等大型国有企业污染防治取得明显进步。1996年长沙市人大批准《湘江长沙段饮用水水源保护条例》，将南起暮云市、北至傅家洲的湘江水域及地面水依自然地势直接流域的集水陆域，划定为饮用水源地保护区，这说明这一时期省会长沙在环境治理方面的步伐明显加快。实际上长沙本身最早面临很大的环境压力，尤其是长期酸雨频发，使得长沙的环境治理显著早于省内其他城市，姑且不论民国初期炼锑、炼铅企业最早"出城"，1973年启动了湘江截污工程，1981年长沙锌厂实施了锌焙烧烟气制酸，1982年完成长沙制革厂制革废水处理，1983年长沙铬盐厂铬渣治理和含铬废水治理，1982—1983年完成湘雅第一医院和省人民医院医疗废水治理，1984年建成全省第一座污水处理厂，1984—1987年相继完成天伦造纸厂、长沙有机化工厂和长沙金属压延厂搬迁。当长沙于1985—1995年（"六五"至"八五"期间）完成上述环境治理项目时，湘江干流其他地方尚未意识到已经面临的环境问题，依然片面秉承"发展才是硬道理",一心一意谋发展。"九五"期间,长沙市实施了蓝天碧水工程,1997年长沙城区烟控区控制覆盖率达到100%。1998年长沙市还将一些重点环境治理项目列入政府办实事工程,相继启动和完成了长沙市石油液化气混空气工程、四方坪地区烟气综合治理工程等项目和湖南制药厂总废水处理工程,1992年完成湘湖渔场污水处理厂建设;长沙市还大规模实施拆违还绿,在城区推广清洁燃料,在全省率先推行无铅汽油,大力治理烟尘污染严重的企业,出台《长沙市机动车尾气污染防治管理办法》;2000年长沙市利用国家扩大内需的有利时机,一年投入资金12.4亿元,占当年国内生产总值1.89%,开展第一污水处理厂扩建和管网改造工程及星沙污水处理厂、浏阳污水处理厂、城市废弃物处理厂建设,监测机动车9万台,治理尾气3万台,酸雨频率由1995年的100%下降到2000年的48.3%。与此同时,政府也越来越愿意听取民意,改正生态环境领域的错误做法。1999年,我与部分长沙市民参与千年古井——白沙井的保护,长沙市政府下马长沙一家国有企业九幢连排住宅楼建设项目,彻底消除工程建设可能导致千年古井断流的地质危害。那时血气方刚、激情飞扬的我,撰写过好几篇陈情呼吁书,颇似鲁迅投枪匕首式杂文风格,深得市民喜爱。他们将我的每一篇文章复印放大,张贴在白沙井一带的墙壁和工地构筑物上。事后长沙市民视我为拯救白沙井的功臣,敲锣打鼓送来"心中怀古井 笔底涌清泉"的锦旗。但我自己不敢贪天之功,我明白,挽救白沙井于危难之中的,还是那些对古城古井倾注热血与情感的市民。时隔20多年,我依然将其中一些人的姓名铭记于心,如获得国务院政府津贴的专家刘侠、湖南地质系统的工程师唐基禹夫妇、印刷工人彭格林等等。我深知，正是一汪汪细流，才共同汇聚成湘江向北的滚滚洪流。

虽然 2000 年这一年，长沙市拿出 12.4 亿元投入环境治理，但很长时间内，湘江治理最缺的仍是资金，原本在"八五"期间（1991—1995 年）投入资金 11.5 亿元用于湘江干流环境治理，实际总投入仅仅 5.84 亿元，很多工业治污项目、城市污水处理厂、城市垃圾无害化处理厂、城市绿化建设均未如期完成，这也为往后 2003—2004 年株洲名列全国空气质量最差城市、湘江流域多地爆发重金属污染事件埋下了伏笔。一般认为，只有在环保投入占国内生产总值 2.5% 以上时，环境质量才会出现拐点，没有资金投入和治污项目建设，环境改善就只能是空中楼阁。彼时国内资金普遍缺乏，而国外资本正在国内积极寻找项目，为此，湖南省 1988 年提出"湘江流域环境综合治理工程初步设想"。经过多年努力，到 1994 年湘江流域污染治理纳入国家第四批（1996—2000 年）日元贷款备选项目，确定项目方向为以水污染治理为主，兼顾大气污染和酸雨治理，治理目标在于控制和缓解湘江干流主要城市沿岸污染带，改善湘江水质，保障饮水安全，优先治理重金属污染，集中治理有机污染和城市污水。不过这一总金额为 118.53 亿日元的 22 个湘江治理项目，直到 2003 年才全部完成。其中工业治污项目包括水口山矿务局、株洲冶炼厂、湘江氮肥厂、株洲化工厂、湘潭钢铁公司、湖南铁合金厂、湖南农药厂等企业的水气渣污染治理项目，永州、衡阳、株洲、湘潭、长沙、岳阳等城市污水处理项目，株洲、长沙等城市燃气项目，以及衡阳、长沙等城市生活垃圾处理项目，在国内环境治理资金十分紧张的情况下，对湘江治理发挥了关键的作用，不少项目至今还在发挥其效能。而此前湘江干流仅仅建成污水处理厂一座，即坐落在当时的长沙市北区的市第一污水处理厂，处理能力仅 8 吨/日。

进入新世纪，省政府开始越来越频繁地在政府层面统筹推进湘江治理，而且逐步树立上下游同治、干支流同治和城乡同治的治理思路。2002 年湖南省人民政府出台《湘江水污染治理实施方案》，重点强调工业污染和城市生活污染；2003 年实施了饮用水水源地保护的关键举措——划定饮用水保护区；2004 年专门召开了湘江水污染防治会议并印发《湖南省人民政府关于进一步加强湘江水污染防治工作的通知》，在继续加强工业污染和城市生活污染治理的基础上，提出启动农业面源污染防治，做好湘江枯水期水污染防治工作，这是因为这个时候，由于长期以来对农药和化肥过度依赖，农村面源污染开始凸显，每亩农田农药和化肥的使用率分别达到 5 公斤和 80 公斤，每年直接间接排入湘江的农药达 4 万吨、化肥 220 万吨。作为全国生猪大省的湖南，养殖企业也主要集中在湘江流域并形成了一批生猪大县。至于突出强调枯水期水环境问题，是因为这一时期，湘江干流开始持续出现干旱，沿岸各个城市一直以湘江作为饮用水源，饮水问题随之出现。这一时期，长沙县黄兴镇 13 家化工企业污染在全国人大干预下得到彻底解决，遍地开花的硫酸锰污染得以消除，长沙市取缔 181 台 1 蒸吨以下燃煤锅炉，1 蒸吨以上燃煤锅炉则强制改烧低硫煤。针对湘江水质保护，突出加大了对炼锌生产企业和立德粉生产企业整治和关停力度，这些企业在枯水期导致湘江重金属镉严重超标。但整个"十五"时期，真正的大动作是 2005 年，这一年湖南学习上海相关治污经验，由省人民政府出台《湖南省 2005—2007 年环境保护三年行动计划》，制订包括工业污染防治、城市基础环保设施、矿山地质环境恢复在内的 92 个项目清单，主要项目基本都在湘江流域。这是湖南省首个以项目实施推进环境保护的工作计划，各地成立市长、州长挂帅的环境与资源保护协调推进委员会。"三年行动计划"头一年，就投入工业污染治理项目资金 14 亿元，城市环保基础设施建设项目资金 11 亿元。我也是在这一年，从基层单位进入全省环保工作第一线，具体承担推进"三年行动计划"的相关工作。这一时期，在 2003 年 SARS 病毒流行的背景下，湘江干流各市筹建了医疗废物处置中心，长沙建成了长善垸污水处理厂，实现了长沙人造板厂搬迁，株洲冶炼厂完成锌 I 系统除汞、株化硫铁矿水洗改酸洗、智成化工合成氨污染治理项目，株洲电厂脱硫和龙泉污水厂一期工程建设宣告完成，湘潭钢铁厂完成干熄焦和水资源综合利用项目，湘潭电化完成含锰废水二期工程，湘潭河东地区建成了首家城市污水处理厂，岳阳市着手建设环保模范城市，巴陵石化公司建成了污水中和处理装置，岳阳造纸厂完成了生物质发电厂建设，衡阳这座历史古城建成了首个城市污水处理厂，建设了统一集中的电镀中心，水口山矿务局各分厂开始废水和烟气治理，郴州市建成首个城市垃圾处置中心，开始了对东江湖的集中整治，永州市建成垃圾和医疗处置中心，并着手开展东湘桥锰矿矿山地质环境恢复工作。

2006 年全国第六次环境保护大会召开，在历次召开的全国环境保护会议中，这次会议的历史性成就在于，国务院出台《关于落实科学发展观加强环境保护的决定》，温家宝总理提出要实现环境保护三个转变：一是从重经济增长轻环境保护转变为保护环境与经济增长并重，二是从环境保护滞后于经济发展转变为环境保护和经济发展同步，三是从主要用行政办法保护环境转变为综合运用法律、经济、技术和必要的行政办法解决环境问题。全国第六次环保大会后，时任湖南省省长周伯华出席和主持全省第六次环保大会，这是历年省级环保大会规格最高的一次，随后湖南省出台了《"十一五"环境保护规划》《"十一五"主要污染物总量控制方案》和《建设项目环境保护管理办法》，为湘江治理与保护专门出台《长株潭环境同治规划》《"十一五"湘江流域水污染防治规划》和《"十一五"湘江流域镉污染防治规划》三个文件，根据上述文件，确定了株洲、衡阳、湘潭等地区涉镉企业退出名单、重点治理企业名单，以及第一批取缔关停淘汰的污染严重企业或生产线名单，筛选出一批"十一五"湘江流域水污染治理项目开始建设，中央和省级环保专项资金为项目建设提供保障。这一年，环境执法力度空前加大：株洲清水塘地区 11 家污染企业实施关停，2 家企业停建，34 家企业限期治理；对水口山地区进行了清理和整治，关停 38 家涉砷、镉企业；在临武县三十六湾开展了三次大规模集中整治行动，关闭取缔非法采矿和非法选矿厂。同一年，湖南省还启动和实施了《洞庭湖区造纸企业污染整治实施方案》，洞庭湖区域关闭的 234 家造纸企业中，涉及湘江流域岳阳市和长沙市望城县的一些企业。这次行动最严重的一次问责就发生在湘阴县，该县丰隆纸业有限公司擅自撕毁封条、恢复生产被严重问责后，企业的泰国籍老板说的一句话给我留下深刻记忆：没想到中国的环保治理，会像今天这样动真格。这句话也道出，在过去很长时间里，中国环境保护工作属于典型的"高高举起，轻轻放下"，嘴上重，足下轻。与此同时，农村地区环境整治已经在长沙县、攸县一带率先开启，开始了以"清洁家园、清洁田园、清洁水源、清洁能源"为主要内容的农村环境建设，长沙县划定畜禽养殖区、禁止养殖区和限制养殖区，关停退出了浏阳河、捞刀河沿岸一公里内畜禽养殖场，并在之后演化成整个湘江流域畜禽养殖污染治理的成熟模式。不过对于生猪养殖污染的控制，也让环保部门在猪肉价格飞涨、人们普遍吃不起猪肉时屡屡背负骂名，成为千夫所指。虽然猪是人类最先饲养的牲畜，但在以农业为基础的泱泱人口大国，解决吃肉与养殖污染之间的矛盾绝非易事，这也迫使短短几十年间，工业化的现代养殖模式与过去相比，发生了翻天覆地的变化。

"十一五"期间湘江治理目标任务、工作措施和路线图，在 2006 年基本确定，这一年既是"十一五"元年，也发生了绵延百里的湘江镉污染事件，接下来一些政策和时代背景强化了这些目标任务的执行，其中最重要的是"十一五"主要污染物减排作为党委和政府必须完成的约束性指标，涉及二氧化硫和化学需氧量两项国家主要污染物减排，以及湖南"自加压力"新增的砷、镉两项重金属污染物减排，很多项目都需要靠在湘江流域落地来实现。2007 年底，长沙、株洲和湘潭城市群获批国家两型社会试验区，国家希望湖南在资源节约、环境友好两方面先行先试，为全国探索一条有别于传统模式的可复制、可推广的新型工业化、城市化发展新路，这些调结构、转方式的经济新思维新政策，同样需要依靠湘江环境治理项目落地实现。上述两方面背景推动了 2008 年《湘江流域水污染综合整治实施方案》的出台，

2009 年 9 月，湖南省人大通过《湖南省长株潭城市群区域规划条例》，对 120 平方公里生态核心区的保护被提高到法律层面。

湖南实施重大经济社会决策，选择湘江为突破口再自然不过了。湘江流域有全省 60% 左右的人口、75% 以上的生产总值以及 60% 以上的污染，推进两型社会建设，抓好了湘江，就是抓住了湖南一切工作的"牛鼻子"，湖南省《湘江流域水污染综合整治实施方案》明白无误地指出，这一方案是"推进长株潭城市群两型社会建设，构建生态湖南、和谐湖南的重要标志"。《湘江流域水污染综合整治实施方案》的核心目标是，用三年时间（2008—2010 年），解决湘江水污染问题以及株洲清水塘、衡阳水口山、湘潭岳塘和竹埠港工业区、郴州有色选采集中地区环境污染问题。这一方案涉及 581 个项目 174 亿治理资金，其中取缔关闭企业 37 家，淘汰退出企业 21 家，停产治理企业 240 家，限期治理企业 122 家，搬迁企业 11 家，畜禽养殖场限期治理项目 36 家，城镇污水处理厂建设项目 62 家，生活垃圾处理项目 52 家，工业园区集中处理项目 11 家，此外还包括湘江流域 384 家造纸企业污染整治，彼时的湘江，一家小纸厂生产区区几千吨纸，便污染一条河流、一条小溪的情况，在很多乡村都广泛存在。"十五"之前各个时期，我对湘江流域很多环境治理项目都可以做到"心中有数"，特别是一些重大项目的完成时间和主要作用力争基本上能了然于胸，但对于 2008 年如此多的项目集中铺排建设，我已经很难做到件件都说得清楚了。湘江进入了集中治理的时代，各级政府的重视程度、资金投入以及项目成效，已非以往各个时期可比，湖南省委、省政府将这一行动冠以"打造东方莱茵河"之名。2008 年 6 月 2 日，时任省长周强主持召开湘江流域水污染综合整治工作会议，通过 3 年整治，到 2010 年，湘江流域内共计完成整治项目 1148 个，其中关闭、退出、停产企业 567 家，限期污染治理项目 511 个，搬迁治理企业 11 家，建成 64 座污水处理厂，实现了县城以上生活污水处理设施全覆盖的目标；郴州新田岭矿区、苏仙区柿竹园矿区、临武县香花岭三十六湾矿区和汝城县小垣矿区等四大矿区采取了"整治+整合"的办法，将 239 个小矿整合成 22 个矿主，一个矿主只批准一两个窿口，从根本上扭转了长期存在的散、小、乱的采矿格局。

已经无法全部讲述这项工作的繁难与成就，我们以城镇污水处理设施建设为例，或许可以窥一斑而见全豹。2000 年湖南城镇污水排放量为 21 亿吨，超过工业废水，上升为全省首要水体污染物，湘江流域尤其如此。城镇环保基础设施更新长期滞后，这一年湘江干流仅有长沙、株洲的共三家城市污水处理厂，其他城市和全部县城还是一片空白，城市生活污水基本处于直接入河状态；2005 年湖南才有污水处理厂 22 座，城镇污水集中处理率仅为 18.4%，在全国 31 个省份中排名第 27 位。《湘江流域水污染综合整治实施方案》实施以后，湖南省人民政府同时出台《关于实施城镇污水处理设施建设三年行动计划的意见》，计划三年时间完成 119 个污水处理厂和 5500 公里配套污水管网建设，周强省长亲自担任湖南省城镇污水处理设施建设三年行动领导小组组长，2008 年连续召开四次会议进行部署和调度，对城市污水处理设施建设三年行动计划实施"三个挂钩"，即对不能按计划要求完成的市州，实施区域项目建设限批，取消或减少转移支付，严格用地限制。为推进项目建设，周强特意选择毛泽东主席诞生地韶山，与部分建设进度缓慢和项目达不到负荷要求的市州负责人进行约谈。通过努力，到 2010 年，全省城镇污水处理设施建设三年行动计划完成投资 166 亿元，铺设管网 5139 公里，实现县城以上城镇污水处理设施全覆盖目标，全省运行中的城镇污水处理厂达 134 座，设计日处理能力 538.5 万立方米，其中 2009 年关键一年，湖南新增建成运营项目个数、新增处理规模、新增管网长度三项分别占全国的 13.9%、14.7%、18.8%，当时国内将之称为污水治理的"湖南模式"，在这一轮"全覆盖"工作中，湘江流域再次领跑了全省，新增城市污水处理厂 64 个，而且配套完善了污水处理运营制度。不过，这一时期的生态环境状况，也凸显这些项目建设的必要性和紧迫性。《湘江流域水污染综合整治实施方案》实施这一年，也即 2008 年，10 月 25 日湘江长沙段出现历史最低水位 25.15 米，河道里布满了龟裂的底泥，好奇的城市居民不时三五成群从长沙橘子洲蹚水过河，相关部门只得紧急从长江和东江给湘江补水，被迫启动了名为"零取水"的工程，投资 2000 万元将长沙各大水厂取水口向河道中间推进，实施二次提水输送。

抛弃传统发展的老路，对照两型社会总要求，在全国率先走出一条新型工业化、城市化发展新路绝非易事，但湖南一直在努力，尤其在努力提高公众低碳环保意识方面。2009 年 4 月 18 日，湖南省政府牵头组织的长株潭两型社会试验区高层国际论坛在长沙市橘子洲头举办，长沙因为有了这个面积为 92 公顷的城市洲滩，成为全球少有的山、水、洲、城集于一体的城市。包括联合国环境署主要官员在内的国内外环保名流纷纷出席论坛，并共同签署《湘江宣言》，周生贤部长和周强省长分别代表国家环保部和湖南省人民政府签署了《共同推进长株潭城市群"两型社会"建设合作协议》。非常荣幸的是，我本人受命起草的这份《湘江宣言》被勒石铭碑，竖立于长沙橘子洲《沁园春·长沙》碑刻对面。

《湘江宣言》

基于对共同家园的深情关切，我们来自五洲四海，聚于湘江之滨，就环保事业宣言如下：

人类面临危机。工业文明创造巨大财富，同时给世界带来严重后果：能源和资源过度耗费，水和大气大量污染，全球经济动荡加剧，贫富差距扩大，环境与健康事件多发，人类须寻求与自然界和谐共生之路。反思于此，我们一致认同资源节约、环境友好的科学发展方针，高度评价中国湖南长株潭城市群积极推进"两型社会"建设的改革举措。

我们主张消除经济、政治、文化和技术等各种障碍，不分国别、民族和阶层，加强多方合作，共建广泛而有效的环保体系。

我们呼吁政治家切实担当历史责任，科学施政，严格法制，强化管理，加强教育，增加环保公共投入。

我们希望企业家自觉履行社会道义，严格质量管理，落实环保措施，确保企业在公共利益之内谋求自身发展。

我们倡导简约、健康、绿色的生活方式，主张每个人从自身小事做起，珍爱生命，呵护一草一木，为子孙后代着想，让青山绿水长存！

起草《湘江宣言》时，我对湘江突出存在的环境问题有了较为清楚的了解，思考过古人关于河流的种种禁忌和大地伦理，经历了可持续发展和科学发展观的思想洗礼，研读过《沙乡年鉴》《环境与发展》等世界环境伦理学名著，深悉对发展的动力与环境责任之间的紧张关系必须从生态伦理学的角度进行认真考量：走近一条河流，就像走近一位母亲河女神，就不该怀着轻薄的心思，亵玩她情感的碧波，蹂躏她洁净的白沙，盗取她河心的金子。面对母亲河，我们必须生活有操守，生产有敬畏，生命有意境，只有把子孙后代的福祉视作责任义务的人，才会努力处理好人与自然、当下与未来的关系，才能看管好人类赖以生存的自然基础，保护大地的贞操、生命的繁育和山河的完好，推进人与自然和谐共生，使人类永葆再生的潜力。

这一时期，几乎所有的媒体都以极大的热情宣传和报道湖南两型社会试验区建设和湘江保护治理。2010 年 11 月 12 日，《湖南日报》在报业史上第一次拿出八个版面，以"打造东方莱茵河"为题，全方位报道湘江流域环境治理的进展与成果，采写出《上下求索》《一江同治》《涅槃自新》《激活春水》等多篇优秀文章；湖南经济电视台则组织多路记者奔赴湘江各地，甚至直接派出记者赴欧洲莱茵河采访，制作了 73 期共 36 多个小时的《湘江母亲河——东方莱茵河之梦》，记录了湘江治理及其发展探索的历史，因为这一新闻壮举，湖南经济电视台该专题报道组被推选为当年的全国"绿色年度人物"。作为这一奖项的推荐人，我被委派陪同湖南经视总监出席了在北京麋鹿苑组织举办的颁奖仪式。在总结这一时期湘江治理成效时，已经转任湖南省委书记的周强在 2011 年全国"两会"期间，饱含深情地说：把湘江打造成东方莱茵河，让湘江成为一条流淌着文化的河流，成为一条流淌哲学的河流，也成为一条哺育新时期的历史条件下湖湘人才群的河流。连续几年春天，在北京出席全国"两会"的湖南省委书记和省长，在记者招待日都要回答湘江治理的有关问题。为每年的新闻发布会准备新闻口径，报告湘江治污的年度工作进展，成了那时我常态化的工作。我在最平凡最光荣的工作岗位，低调地联通着祖国的心脏，这一段经历让我倍感自豪、难以忘怀。

持续多年的环境治理，特别是 2008 年实施《湘江流域水污染综合整治实施方案》，使湘江水环境得到很大改善，2009 年湘江干流 40 个水质监测断面中 34 个达到三类以上标准，永州以上和长沙江段基本实现达标。湘江干流剩下的相对突出的问题主要集中在株洲至湘潭等污染负荷大、自净能力差的江段，支流水环境质量问题则主要存在于蒸水、涟水和浏阳河。问题往往在最薄弱的地方发生：地处浏阳河畔浏阳市镇头镇的长沙湘和化工厂，因废渣、废水、粉尘、地表径流、原料产品运输与堆存等多方面原因，造成该区域土壤镉超标，致群众健康受损。长期投诉无果后，愤怒的村民自发组织起来，于这一年的 7 月 29—30 日在镇头镇阻塞省交通要道，围堵政府机关，一时舆论哗然。事后浏阳市环保局正、副局长被免职，参股湘和化工厂的一名副镇长因涉嫌受贿被移送司法机关，肇事企业法人等 5 人被刑拘。利益与权力交织在一起，政商关系不清，权力成为环境违法行为的保护伞，正是那段时期环境问题复杂化的重要特征。发生 2006 年湘江镉污染事件以来，2009 年的这次浏阳湘和化工厂镉污染事件，只是那段岁月发生的诸多重大环境事件中的一次。梳理一下其时的中国媒体，甚至包括一些海外媒体对湖南的报道，基本都聚焦在环境领域，湘江已经被描画为"中国重金属污染最严重的河流"。

2007—2012 年部分中国媒体对湘江重金属污染所做的报道：

2007 年 11 月 28 日《财经》杂志：《湘江沉重》

2009 年 4 月 27 日《中国经济周刊》：《拯救湘江》

2009 年 8 月《财经》杂志：《湘江重金属污染全国最重》

2009 年 10 月 15 日《南方周末》：《治湘江：最沉重的河流，最尴尬的治理》

2010 年 11 月 3 日《南方都市报》：《湘江之死：中国重金属污染最严重的河》

2011 年 1 月 6 日《南方周末》：《沉重的稻香——商品粮基地的重金属忧患》

2011 年 5 月 16 日《经济观察报》：《湘江梦魇：重金属污染全国之最 农作物近乎绝收》

2012 年 4 月《中国新闻周刊》：《湘江不能承受之"重"》

2012 年 5 月 7 日《新世纪周刊》：《难饮湘江》

湘江有过一段很长的污染史，甚至很长时间都是处于企业污染直排状态，我很奇怪，湘江的环境问题为什么没有在那样漫长的时期成为公众和舆论关注的焦点，而是发生在湘江水质取得显著改善的 21 世纪初期，这一发现让我想起先前阅读法国作家托克维尔《旧制度与大革命》时的疑问：为何大革命没有在经济社会发展领先的英国爆发，也没有在落后的普鲁士爆发，而是出现在向现代社会转型途中的法国？或许，这就是托克维尔试图解释的中等收入陷阱很可能演变为中等收入危机。当然，我对这个现象的理解是，通过 30 多年改革开放，这一时期，中国人已经发生了"从盼温饱到盼环保，从求生存到求生态"的历史性转变。

2006 年 1 月湘江镉污染事件和 9 月新墙河砷污染事件，2009 年浏阳湘和化工厂镉污染事件，以及经年累月国内外媒体对湘江重金属污染的报道，使湖南更加清晰地认识到，需要更高层次、更大力度地推进重金属污染治理。2009 年 9 月 9 日，国家发改委副主任解振华主持召开了湘江流域重金属污染整治工作会议，把湘江重金属治理提升到了国家层面统筹谋划；2009 年 11 月 26 日，湖南省向国家正式提交《湘江流域重金属污染治理规划》，随后 2010 年中央资金投入 5.2 亿元用于湘江流域重金属污染治理项目；2011 年 3 月，经国务院同意，国家发改委、环保部正式批准《湘江流域重金属污染治理实施方案》，这也是全国第一个获国务院批准的重金属污染治理试点方案，该方案涉及湘江流域 8 个市，明确了株洲清水塘、湘潭竹埠港、衡阳水口山、长沙七宝山、郴州三十六湾、娄底锡矿山、岳阳原桃林铅锌矿等 7 大重点区域，提出了民生应急保障、工业污染源控制、历史遗留污染治理 3 大重点任务，规划项目 927 个，总投资 595 亿元，力求经过治理，实现 2015 年铅、汞、镉、砷等重金属排放总量在 2008 年基础上削减 70% 左右，并通过 5—10 年的时间基本解决湘江流域重金属污染重大问题，成为全国重金属污染治理的典范。

湖南以极高规格、极大激情推进湘江流域重金属污染治理，2011年 7 月 22 日，湖南省政府常务会议部署湘江流域重金属治理工作，8月 5 日在株洲清水塘全面启动湘江流域重金属污染治理工作，中央电视台《新闻联播》在头条予以播出。鉴于重金属污染主要缘于湖南有色金属之乡的特点，2011 年 9 月 29 日，湖南省人民政府印发《关于促进有色金属产业可持续发展的意见》。2012 年党的十八大召开，开辟中国生态文明建设新篇章，绿水青山就是金山银山成为普遍共识，创新、协调、绿色、开放、共享五大发展理念逐渐深入人心；2013 年4 月 1 日《湖南省湘江保护条例》正式实施，成为我国第一部江河流域保护的综合性地方性法规；2013 年 9 月，湖南将湘江流域污染治理升级为省政府"一号重点工程"，将湘江流域重金属污染治理列入省政府"一号重点工程"重要内容，召开省长挂帅的湘江流域重金属污染治理联席会议，决心通过 3 个三年行动计划彻底解决湘江环境治理问题：2013—2015 年以"堵源头"为主要任务，重点是堵住工业废水、生活污水和大型畜禽养殖企业的污水排放；2016—2018 年通过"治"与"调"并举，实现沿江工业企业污水循环利用达到零排放，加大农业面源治理力度，有效减少农药、化肥使用，实施化工区整体搬迁和重化工企业的结构调整，使产业结构逐步由重到轻；2019—2021 年围绕"天更蓝、山更绿、水更净"这一目标，使湘江干流全流域水质稳定在三类以上，大部分饮用水源断面达到二类水质标准。湖南省人民政府为此印发了《湘江污染防治第一个"三年行动计划"实施方案》。2014 年 4 月、9 月，时任湖南省人民政府省长杜家毫分别主持召开湘江保护和治理委员会第一次、第二次会议。为强化湘江流域在内的全省环境保护职责，2015 年湖南在全国率先出台《湖南省环境保护工作责任规定》，按照新《环境保护法》"党政同责、一岗双责"的要求，明确了各级各有关方面的"责任清单"，在全省实现党委、政府及监察、审判、检察机关共 38 个省直相关单位环保责任全覆盖。

湖南人以对母亲河的情怀，坚持久久为功、一任接着一任干，持续推进湘江治理，在 2015 年第一个三年行动计划结束时，取得明显成效，基本实现本阶段工作目标。一是干流污染源基本堵住。干流 500 米范围内 2273 户规模畜禽养殖场全部退出，近岸畜禽养殖污染问题得到解决；淘汰涉重金属污染企业 1182 家，2014 年底湘潭竹埠港完成了整体关闭和搬迁，郴州三十六湾的矿区开发企业基本实现了整体退出，株洲清水塘关、停、迁企业超过 60%，衡阳水口山、娄底锡矿山等重点区域整治成效明显；县以上城镇污水和生活垃圾无害化处理设施实现全覆盖，处理率分别达到 93.3%、99.2%。二是水环境质量不断改善。流域 8 市化学需氧量、氨氮和废气废水排放量明显减少，镉、铅等平均浓度逐年下降，2015 年较 2012 年分别下降 54.6%、52.8%；干流 18 个省控断面达到或优于三类水质的比例均保持在 100%，支流 24 个省控断面达到或优于三类水质的比例为 83.3%。

2017 年初，湖南成立河长制工作委员会，发布河长制行动方案，各级党委政府切实承担河流治理与保护的主体责任，省委书记、省长分别任湘江"第一总河长"和"总河长"，湘江治理与保护，也由省政府"一号重点工程"升格为省"一号重点工程"，意味着由省政府变为由省委直接牵头负责。2018年，中国共产党湖南省第十一届委员会第五次全体会议通过《中共湖南省委关于坚持生态优先绿色发展深入实施长江经济带发展战略大力推动湖南高质量发展的决议》，6月13日，湖南省委召开全省生态环境保护大会，明确要求以湘江和洞庭湖水环境治理等工作为重点，以"夏季攻势"为抓手，坚决打赢污染防治攻坚战，第二个"三年行动计划"顺利推进。到2018年底累计投入资金500多亿元，安排整治项目3058个，关停涉重企业1034家，完成600余个重金属治理项目，湘江干流汞、铅、砷、镉与六价铬等重金属年均值浓度持续降低；突出抓好了流域五大重点区域综合整治，株洲清水塘包括株洲冶炼厂在内的162家企业实现关停，湘潭竹埠港28家重化工企业全部退出后累计完成污染土壤修复56万立方，衡阳水口山关停淘汰了水口山冶化公司等117个涉重金属排放企业或生产线，通过"腾笼换雀"，积极推进有色金属产业园区循环化改造，郴州临武县三十六湾完成矿山开采秩序整治，重点推进了甘溪河、陶家河流域遗留废渣处置和生态修复，娄底锡矿山强力推进涉锑行业企业整治整合，分类加快推进了砷碱渣、野外混合渣、一般固废治理的安全处理处置，以上五大重点区域治理情况，我将在以下各章中分别报告和讲述。汞、铅、砷、镉等重金属污染基本解决后，湘江流域重金属污染防治的重点主要是过去长期忽视的铊，这也说明整个湘江治理在持续升级，标准更严，要求更高，公众环境质量更有保障。

亿万年的历史长河中，湘江不舍昼夜流淌，大地万物都曾倾情陪伴，岩石、树木、花草虫鱼都陪伴过她，但对于万古长流的湘江，这些都不过是她生命中的一程又一程，湘江是苍茫的时光隧道上一条孤独的河，自己走着自己的道路。清末湖南巡抚推行"新政"开启湖南近代工业以来，一百多年时间里，湘江的变化超过以往历史的总和，湖南人沿着母亲河湘江，蹚过农业文明和工业文明的千沟万壑，才悟透人与自然关系的本质，坚决拥抱生态文明思想，坚持绿色高质量发展并展示了新作为，全省国内生产总值由 1952 年的 28.7 亿元增加到 2020 年的 4.2 万亿元，城市化率由 1952 年不到 11% 提高到 2020 年的 58%。国内生产总值和城市化率的大幅度提高，都意味着城市能源资源消耗的增长和污染物排放的增加。湖南三次产业结构中，农业占比由 1952 年的 67.3% 下降到 2020 年的 10.2%，第三产业则从 20.4% 增加至 51.7%，湖南从以农业为主的时代进入新的产业时代；工业增加值由 1952 年的 2.94 亿元增加到 2020 年的 1.6 万亿元，绿色低碳的装备制造、农产品加工、材料晋升为 3 个万亿产业，曾经的经济主体湖南有色实现了由重污染向绿色环保的涅槃重生，成为全省 13 个千亿级产业中的一个，展示了其良好的发展轨迹。

湘江，这条湖南人的生命之江，尽管她曾经因为背负有色金属之乡工业革命的重任，而使江河尽墨、污物横陈，一度演化成"中国重金属污染最严重的河流"，然而，一旦我们选择用新的、友好的方式跟她打交道，她立即摒弃前嫌，以"逝者如斯夫"的从容与淡定，显示出"上善若水"和"天至慈，阳光雨露育万物；地至慈，山川河流养众生"的母亲河博大的胸怀，原谅着我们曾经的过失和鲁莽，并以巨大的自净能力荡涤着身上的尘埃。她依然是湖南人民生命的源泉，为近些年湖南绿色高质量发展提供了最根本的保障。她依然以其亲山涵洲的包容，兼收并蓄的智慧，和跃湖入海的奔放，浩然向北，一路浸润、滋养、泽被了湖湘大地上的生灵万物，演绎着属于她自己也属于湖南人的传奇故事。

正是：梦醒方知恨晚，亡羊过后补牢。生态春风吹拂，湘水依旧滔滔。

三十六湾

一

2021 年 8 月，我独自驾车沿着许广高速一路向南，奔走在南岭山脉的骑田岭和九嶷山（古苍梧）之间。这里是舜帝演奏《南风操》德化万民的地方，有着他与娥皇、女英的浪漫爱情故事，至今还留有舜峰、舜河、舜庙等山河屋宇，明代旅行家徐霞客因此写下"大丈夫当朝碧海而暮苍梧"男人之志；这里也是南岭山脉风力最丰沛的地方，山岳嵯峨处是匀速转动的风电叶片。然而就是这片貌似云淡风轻、与世无争的山岭，其实刚刚从刀光剑影的矿山资源争夺中停歇下来，进入短暂的休养生息时期。这也正是我们故事开始的地方——三十六湾，湘江流域环境综合整治最上游的重点片区。

夺命

三十六湾位于临武、嘉禾、蓝山等县的交界处，蕴藏锡、钨、铅、锌、铜、钼等 9 类 22 种矿产，矿区面积 48 平方公里，这些矿产主要集中在三十六湾、香花岭的矿脉带上，临武县因此成为全国知名的资源县，享有全国"有色金属之乡""煤炭之乡""风电之乡""玉石之乡"的美誉。在三十六湾近年暴得大名之前，同在临武县境内的香花岭似乎更加有名：1936 年我国地质学、矿床学家孟宪民在香花岭发现锡矿，由于锡矿在我国属于战略性物资，因此 1951 年创建的香花岭锡矿比省内其他很多金属矿具有更高的地位，新中国成立后很长时间内都是直属中国有色公司的国有央企；1957 年女地质学家黄蕴慧在这里首次发现一种黑白相间、有着玻璃光泽的矿石，成为中国地质学家发现的第一种新矿物，被以发现地临武香花岭命名，并被视为我国矿石中的"大熊猫",香花石的发现也被称为中国矿物学史上重要的里程碑。

不过很快区域面积更大的三十六湾吸引了众人的目光,当改革开放的春风刮起,首先上山的就是周边的农民,三十六湾地区有着400多年的采矿历史,山上的清代炼银作坊遗址还在,关于矿山的种种传说,山下的村庄从来就不缺乏,并且一直都是村民们津津乐道的话题。进入上世纪80年代,受"有水快流""靠山吃山"和"先上车后补票"等影响,附近的农民纷纷走向山头,开始了疯狂的采石。最初的个体户和乡镇企业出现了,有国家政策鼓励,湖南又是有色金属与非金属之乡,因此三十六湾的矿山开采在80年代被作为全省乡镇企业发展的典型,甚至在临武组织举办过很高规格的乡镇企业发展现场会议,组织全省各地学习效仿。截至2005年底,整个三十六湾矿区共有矿点1100多处,选矿厂和毛毯厂5000余家,其中有证矿11家,投资超过1000万元的矿高达78家,无证矿不计其数,非法违法的采矿选矿猖獗一时。上述毛毯厂并非生产家用毛毯的企业,而是采用毛毯过滤的精矿选取方式的选矿厂,实际上就是原始简陋的选矿厂。

最初的矿石开采都是刀凿锤敲,即使后来引进柴油机动力破石,也只是加剧了矿石开采力度,并未对自然生态构成很大的破坏。1998年刚刚从部队复员回到临武就被派到三十六湾开展环保执法的雷军清楚地记得:作为临武县环保局派驻人员,最初来这里时,整个三十六湾还是树木成荫,到处都有合抱之木和飞鸟野兽,颇有原始森林的感觉;不过,随着一位广西曾姓老板携带新的选矿技术到来,改变就开始了,几乎没有人知道广西老板的姓名,但大家清晰地记得,他带来了虎口机、球磨机等新型采矿设备，也带来了浮选硫化矿捕收剂——黄药，他开采的六八矿，矿上的员工清一色是讲粤语的广西人，皮肤黝黑，个子不高，职工宿舍也是典型的广西建筑——竹木编织的屋架外涂抹着厚厚的黄泥，夏天凉爽，冬天温暖。六八矿带采用的先进采矿技术一下子把采矿效率提高了好多倍，三十六湾从此进入对矿石进行综合采选的时代，财富聚集的示范效应吸引了更多的人拥向山上，森林在消失的同时，山上多了些疯狂的石头。采矿技术在拓展开采的边界和强度，同时，我们让一条河流消亡的能力在"提升"，步伐在"加快"。

六八矿所在的万水乡门头岭村人在接受新技术、发现新商机方面显得有些迟钝，同一乡镇的白竹、上横和大汉三个村子虽然距离远一些，上山的人反倒最多，其中白竹村的周兵元成了最早学到广西采矿技术的人，并很快在三十六湾打出第一口铅锌矿井。周兵元兄弟有 5 个之多，这是传统工业生产迅速扩张的劳动力优势。周氏家族在山上开了一个又一个的矿井，并迅速有了巨额身家。在财富效应的示范下，附近七乡八村的村民纷纷效仿，更多人参与到掘金的队伍中。差不多是周兵元兄弟上山开矿的时候，1996 年，小他几岁的邻居、堂兄弟周龙斌放弃原先不错的车辆运输和汽车配件生意，加入了同村上山开矿的队伍。作为白竹村公认的脑瓜灵活的人，他也成为村子里最早学会选矿技术和设备维修的人，甚至创造性地研制建设了山上的第一条索道：三十六湾地区山高岭陡，交通极不方便，矿石无法运出去，采矿由人工变成综合采选后，产量迅速增加，将矿石运出并卖出才有意义，运输成了山上最大的瓶颈，周龙斌为此设计空中索道作为运输线，索道一头连着矿山窿洞口，另一头连着山上开阔的地方，用斗车运出矿石后，再用矿山轨道或者汽车外运。在他拥有过的二三八矿，我们现在还可看见当年索道的桩基。在周龙斌长子周鹏波的记忆中，父亲对新的采矿技术有着近乎疯狂的偏执，创业期间经常整月睡在山洞里，每天只睡两三个小时，小时候记忆中的父亲，总是一副忙碌的模样，常年守在山上，回来时常常一身尘土。索道这一重要运载工具的建设，极大地改善了矿山的交通格局，过去主要靠人力和骡马运输的三十六湾，短短几年建设了近70条索道，规模大一点的采矿厂和选矿企业，都有了自己的索道运输线。当然，交通的改善，也意味着人们对自然索取能力和程度的巨大提升，人类越来越强大，自然越来越弱小。

俗话说，一山不容二虎，在山下白竹村时，周兵元和周龙斌既是邻居也是亲戚，但似乎并不懂得"万里家书只为墙，让人三尺又何妨？"的睦邻友好之道，扩建房屋时就有过地基争执；上了三十六湾，他们不懂得经商之道在于和气生财，也印证了老子说过的"驰骋田猎令人心发狂，难得之货令人行妨"，两者争夺的从山下的地基变成了山上的矿产资源，而且愈演愈凶，眼睛发红之后便是剑走偏锋、你死我活。周兵元兄弟多，接连拿下八八矿、双元矿、万金矿。头脑灵活的周龙斌一点也不示弱，相继拿下小安矿、五香矿、双圆万发矿，但凡周兵元有矿的地方，周龙斌也会挨着安营扎寨，或者反过来说也行。当周龙斌买下小安矿，与周兵元家的双元矿又一次在山上成为"邻居"后，矛盾便不可避免地在资源争夺战中升级了。小安矿被周龙斌买下之前，与相邻的双元矿之间的窿口早就打通了，前老板与周兵元订有君子协议，互不侵犯，两矿大体上能做到相安无事；但周龙斌的到来打破了原有协议与平静，他安排钻工朝双元矿的天棚继续深打矿井，这种行为用三十六湾的行话叫作"抄底板"，自然遭到周兵元兄弟的阻拦。1996 年 8 月 30 日晚，周龙斌再次安排手下越界打钻抢夺资源，周兵元的弟弟——老五周康元、老六周林元下井阻拦，被周龙斌的手下打成重伤。次日，老大周华元带着数十人来到小安矿，"拿"走了 17 万元现金。

此后，周龙斌、周兵元两家在三十六湾矿产资源的争夺上多次产生矛盾。1998 年，广西老板深感强龙不压地头蛇，抵挡不住本地矿主不停地蚕食，既被矿区上方周兵元家族的八八矿占过矿坑，也被矿山下方的二三八矿抄过底板，无奈之下将流金淌银的六八矿移交临武县政府。这次矿权转移也意味着资源争夺的升级：没有当地政商资源，外地资本难以在本地生存。为了购买六八矿的产权，当地多个矿老板参与竞争，其中周兵元兄弟几个最具实力，但最终周龙斌利用背后深不可测的关系，成为该矿的大股东。2000 年，周龙斌又离奇地以低价购下"二三八队塘官铺铅锌矿"，这两个资源丰富的矿井从此为周龙斌日进斗金，使他迅速成为三十六湾最有实力的矿老板，临武首富。当时的三十六湾采矿究竟有多赚钱，一则关于万金矿的官司现出端倪：这家由周兵元兄弟担任老板的矿山，2005 年、2006 年每元本金分红分别为 0.85 元和 1.44 元。2009 年 6 月一位叫周亚平的股东卖出 50 万元万金矿股份的价格是每元本金 1.6 元。临武南方矿业公司安全环境部副部长黄洛平当时在附近的三鑫达矿工作，他记得，那时一斗车精矿大约卖 1 万元。品位更高的矿洞，譬如邻近的易鑫矿每元本金收益在 1.6 元以上。当然这种巨大收益离不开全球市场对有色金属需求激增的国际背景：2002—2007 年，全球矿产资源价格一路飙升，在郴州，钨矿从 2 万元/吨上涨到 21 万元/吨，锌从 0.3 万元/吨上涨到 2.4 万元/吨，锡从 3 万元/吨上涨到 15 万元/吨。据当时住在二三八矿对面临武县地矿站的执法队员雷军介绍，该矿每月分两批出矿 50 车左右，仅按每辆车 20 吨计算，每月产矿在 1000 吨以上，这样的市场价格和如此高的产量，让周龙斌想不成为临武首富都难。至于在这一轮矿产争夺战中，协议每天付给原矿主 1 万元的补偿，跟他巨大的单日收益相比，不过是九牛一毛。

在争夺矿产资源的同时，暗地里的"夺命行动"也来了。针对周龙斌及其家人的夺命行动包括：被一群紧邻的蓝山县老板装进麻袋沉塘，汽车底盘被装置炸弹，二三八队塘官铺铅锌矿工房被炸。针对周兵元兄弟的夺命行动则包括：1999 年周兵元的大哥周华元老家的房屋两次被人投放炸弹；2000 年的一天晚上，周华元老家两层楼的房顶被人炸开一个直径达 1 米的洞；2002 年 11 月下旬，周华元在郴州被两个不明身份的人连砍八刀；2003 年 10 月 8 日，周兵元家的小百货店发生大火，纵火者使用柴油行凶；2003 年 10 月 11 日，周家一台战旗吉普车被人砸坏。

当然，在临武乃至整个湖南，最有名的夺命行动当属"天湖爆炸案"：2003 年 12 月 23 日郴州天湖大酒店门口，周兵元在接到自称是临武县公安局看守所所长侄子的人的电话后，开车赶往天湖大酒店，刚一下车就被刑释不久的街头混混陈建文抱住，另一罪犯苏加利用遥控炸药将周兵元、陈建文二人炸死。此后不久郴州市北湖区公安分局认定这是一起由周龙斌幕后指使的雇凶杀人罪，雇凶杀人费为 20 万元，这个案件中苏加利和陈建文同属被雇佣来杀人的，但在实施过程中，苏加利一则为了独吞赃款，二则为了防止事情败露，临时起意将同伙陈建文一起杀害，实现杀人灭口。2005 年这一案件移交至郴州市检察院后，当年 10 月郴州市检察院先是决定延长审查起诉期限 15 天，15 天到期后该院接着作出下述决定："经本院审查并补充侦查，本院仍然认为北湖公安分局认定的犯罪事实不清、证据不足，不符合起诉条件，决定对周龙斌不起诉。"周龙斌随即被无罪释放，一时舆论大哗。一年后的 2006 年 12 月 25 日，周龙斌当选为政协郴州市第三届委员会委员。这次案件彻底逆转，没有人知道周龙斌为此付出了多少，一个不争的事实是：周龙斌被刑拘后，由于手头现金及银行账户资金匮乏，家人开始卖矿上股份，数额从一百万到几百万不等。据同一时期的三十六湾矿主介绍，周龙斌家人那时至少变现了 2000 万元，如从广西老板那里转手过来的六八矿，就是在这一轮的变卖中，产权人变成了夏生实业有限公司。这种来如潮水、去如疾风的矿权变换，恰恰说明那些来路不正的浮钱，终究不过是过眼云烟，谁也守不住。至于这些现金贿赂的对象，既包括时任郴州市委副书记、市纪委书记的曾锦春，还包括郴州市检察院两位当权领导，前者在郴州掌控纪检权 11 年，插手郴州市所有矿山开发并有着"曾矿长"的诨号，一段时间内郴州的政治乱象尤其是矿山乱象或多或少都与他有关，最终被长沙市中级人民法院以受贿罪判处死刑。2007 年 2 月，湖南省人民检察院下发了年度 1 号纠正案件错误通知书，撤销郴州市检察院对周龙斌不起诉的决定书，并决定对其涉嫌以爆炸方法实施故意杀人案进行补充侦查并提起公诉；2月3日周龙斌潜逃，2月6日周龙斌的弟弟周龙学潜逃，2月8日周龙斌的合伙人周辛建潜逃，周龙斌的妻子周云飞也不知去向；2月15日涉事的郴州市检察院常务副检察长陈瑶云失踪，3月14日晚在武汉市区被抓获归案；2月16日郴州市检察院副检察长徐望实被专案组从郴州带回长沙"双规"并接受审讯。周龙斌潜逃后，2007年公安部向全国发出A级通缉令；周龙斌在湖北房县养了4年梅花鹿后，于2011年7月底在房县被捕；2019年7月16日郴州市中级人民法院发布《布告》，宣布对周龙斌执行死刑。

"天湖爆炸案"不过是三十六湾矿乱的一个典型案件，其中包含各种借贷、参股、尔虞我诈，可见金钱能够跨越文化、地域、语言和性别的鸿沟，将各路人员吸引进来，重组着各种资本，当然这种鱼龙混杂的局面，也使得矿石的开采充满血腥与暴力。上述周亚平的万金矿股东撤股案中，就包含一件官司：他卖出的50万股份中，有一位周姓矿主的10万元本金。周老板也是三十六湾的一位传奇人物，在三十六湾拥有两座以上矿点，其财富聚集的过程至今还被人说起——其中包括游说一位在广东一家公司任高管的同村人，放弃高薪入股他的矿山，结果以血本无归收场，这也使得他常常卷入各种纠纷。其中一次发生在山下蓝山县最乐亭这个地方，他驾驶一辆宝马车经过时，被人拦住，车被砸毁；另一次被殴是2007年9月他举报临武县公安局原副局长邝献勇后，被人砍了几十刀后扬长而去，构成重伤，几经抢救才保住性命。

各种权力也被卷入矿山开采中，除了在"天湖爆炸案"中已经登场的曾锦春、陈瑶云和徐望实外，2007年郴州、临武两级纪律检查部门查处了六起"双规"案件，包括：3月23日临武县公安局原副局长邝献勇涉嫌违规入股、违规批售危爆物品、收受贿赂等问题被郴州市纪委"双规"；3月30日临武县国土局副局长周玉林因为违规入股、接受贿赂被"双规"；4月8日临武县国土局党组书记欧书义因为违规入股、接受贿赂被"双规"；4月17日临武县国土局驻三十六湾矿产资源管理站原站长刘郎荣因入股办矿、贪污等问题被"双规"；4月21日，县委常委、政法委书记刘爱国因涉嫌入股办矿、收受贿赂被"双规"；当年8月，县长曹立耕涉嫌入股办矿、收受贿赂被"双规"。在疯狂赚钱的道路上，可谓"蛇有蛇路，鼠有鼠道"，被利益击倒的远不止这些拥有较大权力的人，甚至还有山上各个收费卡点的值守人员，当锡精矿涨到15万元一吨甚至更高价格的时候，收费站官方收取的资源费是每吨7000元，按每车30吨计算则是21万元，这么多的资源费都是要进入县财政专有账号的，于是常常有车主直接向收费站人员行贿，尤其是晚上守卡的人，风高月黑之时，山高路僻之境，一些守卡人往往收下一沓一沓的现金后，直接将货车放走，因此在临武县组织的反贪腐行动中，三十六湾矿区的一些资源收费站工作人员常常整窝被端掉。

矿山开采导致三十六湾矿区社会形态极端扭曲，舜帝在这一带推行过的德化传统也被野蛮打破，以仁感人、以诚待人成了远去的美丽传说，生活的禁忌和大地伦理被打得七零八落，迷失方向的人，心藏大欲，手挥利器，如同放纵欲望的虎狼，迷醉于形同抢劫的一夜暴富而争名夺利，一路张狂，一路呼啸，见山欺山，见水辱水，见鸟烹鸟，见琴烹琴，致使乱象横陈。由于管理失序，三十六湾矿区社会畸形发展，各种畸形的产业链开始形成：矿山设备售卖、维修店一应俱全，连属于国家控制的火工药剂，买卖广告都堂而皇之地张贴在墙面和电线杆上；菜市场、米店应有尽有，一家肉铺老板称，当时三十六湾 6 元一斤的肉，赊账就有 6 万元；赌博、买卖毒品和卖淫成为普遍现象，一些杀人越狱和躲避计划生育的人把这里当成法外之地，一些矿山就雇用了越狱的犯人，这些人随时都可以拿起猎枪和鸟铳，与人兵器相向，人民生命安全毫无保障。2008 年我首次来到三十六湾时，看到破烂不堪的街市两旁，却有着鳞次栉比的发廊，依稀可以想见当年涂抹劣质口红的发廊妹，伫立门前搔首弄姿、招揽人肉生意的情景。

无序的矿山开采更是极大地破坏了自然生态，在"大矿大开，小矿小开"的背景下，采富弃贫、采易弃难现象比比皆是，过度开采导致区域生态环境迅速恶化，过去原始森林般的三十六湾很快被砍光树木，废石满地，直接危及矿区人员生命健康。每到 5 月雨季来临，临武县各职能部门都如临大敌，为防止山洪灾害，政府各部门必须到矿上挨家挨户发传单，提醒大家尽早撤离。但俗话说"易涨易退山溪水"，2005 年 5 月 13 日，一场骤然而来的洪水降临，洪水携带着泥石流，也携带着矿山上冲下来的构筑物，瞬间就把三十六湾外塘官铺和两江口富兴矿的两处堤坝冲毁，搭建在河岸的矿工的简易工棚顷刻间坍塌，人和房屋同时被卷入洪水，造成塘官铺黄金矿多人死亡。即使是实施矿区生态修复后，自然环境依然十分脆弱，2013 年蓝山县一户人家上山偷矿，忽遇大雨滑坡，全家被埋入泥石流中，当地人依旧记得大悬崖下并排摆着的三具棺木。

湘江绵长的历史上，人们一直将其源头视为广西兴安白石乡的海洋河，秦始皇时期在县境内修筑著名的灵渠沟通长江流域与珠江流域。我从未深思过为湘江正源的意义。对大河源头充满热情的探寻始终贯穿着中国历史，直到 20 世纪 70 年代，我们还在将母亲河长江的源头重新从先前的沱沱河变更为青海玉树州杂多县西部的当曲。同样，根据"河源唯长、水量唯大、主流唯正"三项原则，2011 年湖南省水利厅将湘江源头重新确认为永州蓝山县野狗岭，此后至少在湖南本省的各种宣传中，都把蓝山视为湘江的正源。正是蓝山人在三十六湾遭遇的这次矿难，让我更加确信，湘江作为一条奔流八百多公里的河流，它的源头原本就是湘桂边境一片广袤的区域，不然的话，涵养不出这样一条万古奔腾的河流。几乎所有历史学家和地理学家都有过的共同经历是：当他们逆时上溯到一个民族、一个区域的源头时，最终迷醉在无比壮美的高山峻岭和冰天雪地之间的江河源头里。只是在工业时代，经济的蓬勃发展给河流的完整性与纯洁性带来了前所未有的压力与挑战，一直为人们所迷醉的千年美景，常常遭遇人为的巨大侵蚀与破坏，以致在临武，在蓝山，在湘江源头地区，上演着一幕又一幕的家庭悲剧。

河流

2005 年洪灾只是陶家河深重灾难中最典型的一次。在过去 30 多年历史中，这条过去一直都是默默流淌、不求任何回报的河流，几乎演化成一条桀骜不驯、多灾多难的河流。在我负责全省环境信访事务的几年，屡屡接到的群众投诉中，陶家河总是被人描述成一条满载重金属污染的悬河，一条废石满地、吞噬过无数人家园的河流。

发源于三十六湾、香花岭地区的河流有三条，其中流入珠江水系的是武水河，它在临武县境起于武源乡西山山脉的三峰岭，流经宜章后进入广东。武水河是秦汉时期湖南郴州通往广东的水上交通要道之一，故称武水道。汉高祖五年也就是公元前202年在此置县，因濒临武水，故称临武。湖南与广东之间的这条河流，近年最让人揪心的莫过于2011年武水河锑浓度超标，最根本的原因还是三十六湾、香花岭一带的过度开采。

临武县汇入长江支流湘江的两条河流，分别是猴子江与陶家河。两条河几乎是以万水乡门头岭塘官铺为分水岭，西侧的集雨汇入猴子江；东侧的陶家河则复杂得多，从三十六湾到马家坪电站十多公里临武县境内，当地人称之为陶家河，马家坪以下嘉禾县境内，人们称之为甘溪河，往下进入桂阳直至常宁市水口山湘江入口，称为舂陵江，水口山一带也称之为菱河，从三十六湾到湘江入口，差不多300公里。登上三十六湾前，我正好到过菱河口进行实地调研，见证了具有三千年历史的西周时期冶铜作坊——江洲遗址，因此算得上见过这条河流的首尾了。

20世纪90年代，三十六湾采矿进入鼎盛时期，山体峭壁布满蜂窝似的矿洞，梯级选矿厂傍山而建，矿工居住歇息的工棚鳞次栉比，数十条索道将一座座山头穿起，斗车装载着矿石往返穿梭。人员最多时，这里曾聚集了来自河南、贵州、江西等多省的10万淘矿大军，白天人声鼎沸，机器轰鸣，夜晚灯火通明，繁华如都市，而这种高密度的聚集，首先都是沿着陶家河展开的：南吉岭以下，瞭望台东侧有两条深谷，这里也正是陶家河的发源地，西边发米江的沟谷中，依次是鑫源、新华、黄鑫、岳云、兴旺、鸿发、宏达、长富等采选矿，东边的沟谷里则依次是金阜、桥生、雷玉夕、五星、广西二合一、万宝，两条沟谷交汇处的一处选矿厂，因为排水从洞口泻出，被当地人称为穿水矿。穿水矿以下，依次还有福兴、上横、桂阳、大山背等选矿厂。沿着这条沟渠往下走，则有从塘官铺过来的一条沟渠汇入，因而称为两江口。这里是陶家河的发源地，也是矿乱的起始地。如此狭窄的区域内聚集大量选矿厂，见着一处可以插针的地方就往下钻矿。各种窿洞犬牙交错，乱石横陈，窿洞打穿的例子比比皆是。"夺矿案"因之而起，周兵元、周龙斌的生死之争起于这里，各家矿厂采富弃贫、采易弃难也频见于此。据当时桂阳矿的周老板回忆：那时整个开采十分粗放，采的少，丢掉的多，由于设备小，大矿石破碎不了，采矿区放不了太多的物料，常常是价值上万的石头，几个矿工一声吆喝便推下河道，任由河水冲走。现在想起来都觉得非常可惜，等到后来想捞起来采选时，不仅政策不允许，而且当年扔掉的矿石早已不知道流落何处。矿区地方狭窄、环境恶劣，进出货物主要靠肩背手提，尤其是设备的运输和安装，更是一种难度很大的技术活，矿主们常常是先把破碎机、球磨机分拆开来，运进窿洞后再一片一片地焊接起来拼装。山势险峻练就了当地人一身过硬的力气和爬山本领，在坡度60度的唯一出路上，当地人可以背起150斤重的矿石出山。更传奇的一则故事是，某家采矿点的柴油机坏了后，直接从别处矿山偷回来换上，偷来唯一的运输办法就是用肩扛。

由于过度开采，陶家河早就千疮百孔：地下是采矿巷道相互贯穿，上下交叉重叠，窿道塌陷、露底穿水；地面是废石横陈，尾砂遍地，泥石流等地质灾害不断。然而地质灾害还不是这条河流灾难的全部，由于各家选矿厂都有一定废水外排，而且粗放式的选矿导致外排废水中金属含量极高，于是产业链上一种新的采集工具——毛毯出现了。毛毯厂都是依山傍水而建，一则是要利用河水带来的尾砂，一则是要利用山体带来的势能。毛毯厂一般为两三层楼，楼上住家，楼下就是毛毯洗矿。具体流程是将河道里的尾砂水引入池子，通过毛毯过滤。这种投资几万、面积三五十平方米的小作坊利润惊人，一天下来收入数千，一年的收益常常超过周边投资不菲的综合选矿厂，因此那时选矿厂一般将排放的头道水，以每年几十万上百万的价格承包给毛毯厂。山高路险滩急的陶家河，构筑了中国特有的一道"风景"：从南吉岭到下方甘溪村长达10公里的河岸两边，密密麻麻的都是毛毯厂，若是雨天，穿行于茅棚屋舍中根本不用打伞。据当地政府部门的统计，2005年三十六湾矿区聚集着的5000多家选矿厂和毛毯厂，主要集中在陶家河，因为它们需要赖水而生。在崎岖狭窄、山高水恶的陶家河，如此蔚为壮观的生产奇迹，在我看来完全不可思议。我常常在想，近10万人拥挤在狭窄的河岸边，在极其艰难的生存状况下解决吃喝拉撒，防治各类疫病的蔓延，堪称人类生命的奇迹，因为如今一个几万人的集镇，我们都需要为其配套完整的污水处理厂和垃圾填埋场。据说帮助三十六湾人创造这种生命奇迹的居然是矿山采选必需品黄药，这种散发出强烈刺鼻气味的化学药剂，因其杀菌消毒作用，有意无意间拯救了生活在陶家河边的数万采矿人的生命。陶家河上，

◎ 香花岭以锡矿闻名，矿山开采付出了沉重的资源环境代价。图为一处尾砂库（李峰摄）

◎ 陶家河甘溪坪段曾经被尾砂淤积，最深处河床抬高 20 多米（凡德元摄）

◎ 三十六湾曾经聚集了十万采矿大军，图为采矿工棚（凡德元摄）

◎ 甘溪坪村被废弃的公路

◎ 临武县与嘉禾县交界处的马家坪电站，被列为省级水质监测断面

◎ 治理过后的甘溪河（刘科摄）

◎ 三十六湾迎来了崭新的一天（刘科摄）

这种罕见的生存状况，造就了源头最珍贵的物质：水。毕竟水是万物之源。水既是三十六湾数万采矿人的吃喝之需，也是选矿生产的必需品。利用高山蓄水生财，便成了当地人的独门生意。在山上建一个蓄水池，高峰期三十六湾这样的水池有近三十处，然后接出大小不一的水管，不管池子里有水没水，直径 30 厘米的水管每月 3000 元，15 厘米的水管每月 1500 元，欠费的话，直接将管子拔掉，因为其他矿点都在争着接入水管。这样的水池，平时是供应生命之水的蓄积池，在遭遇 2005 年这样的特大洪水时，则露出獠牙、张开毒爪，连同区域内近两百处矿山反水池一道，倾盆而下，造成覆顶之灾，成为危及群众性命的夺命水池。

就这样，陶家河带着被反复淘洗过的尾砂，带着超标的重金属物质，带着浓浓的黄药气味，也带着数万人每天的排泄物和各种生活垃圾，顺着曲曲折折的河道流向下游地区，昔日清澈透底、可掬可捧可饮、养身养眼养心的山溪水，变成浑浊黏稠的泥浆水。大量的尾砂尾矿沿着河道逐级沉积下来，河床平均被抬高 4 米，影响范围波及临武、嘉禾和桂阳几个县的民众和数万亩农田，数十万人民群众的生产生活直接受到影响，一级一级的电站被毁。时至今日，当我再次走访临武和嘉禾交界的马家坪电站，隐隐传来河流擦过岩石的喘息声，一半阳光、一半山阴的河道记录着当下岁月静好，但依然可见两台涡轮机深埋在泥沙中，见证着当年尾砂毁家灭屋的惨痛历史，孤独地讲述着两岸居民一段刚刚逝去的沉痛岁月。据在湖南省人大常委会农业委员会工作的刘帅回忆：他在挂职任临武县副县长时，主管环保工作，经常被信访群众缠身，根本不能开门办公，其中三合乡一处村子被邻村选矿厂污染，投诉到县政府后一下子无法解决，结果上访的农民连续在政府办公楼睡了一个星期。

陶家河就是这样危害着下游的人，也让当地政府部门身心疲惫，同时也吸引着广大媒体和社会公众的注意。也是关注的人多了，有关它的污染被传得越来越离谱，甚至连带影响了人们对湘江正常的认知。记得 2014 年年底我所经历的一起舆情事件：一家名叫长沙曙光环保的社团组织，在湘潭市举办的年会上发布了一则陶家河甘溪坪的河道底泥监测报告，显示砷超标 715 倍。其实在国家环境质量标准中，河道底泥是没有相应标准的，这家社团组织便参照土壤标准算出河道环境质量。当然这还只是一次无心的误读，后来深山野谷中的陶家河某处点位的"底泥超标"，被媒体放大为湘江干流全线砷超标。为此我们只得专门组织了一场新闻通气会，详细解释陶家河与湘江水质的关系，也算是我与三十六湾和陶家河无数交集中，记忆深刻的一次。7 年后我重提往事，意在说明区域内任何一条小河，其实都关联着更远的世界；要读懂一条河流其实很难，无论是极尽能事的粉饰，或者是罔顾事实的危言耸听和哗众取宠，还是基于无知的误读，都会让我们偏离真实，我们需要的是客观冷静的态度，以及科学求真的精神。

打非

满目疮痍的山体，泛滥的河流，夺命的河水，失控的社会管理，尤其惊爆国人的郴州"天湖爆炸案"，时刻提醒世人，无论是站在社会稳定的角度，还是基于对资源环境的保育和公众健康的考虑，一场针对三十六湾的"打非治违"行动已经迫在眉睫。实际上，在三十六湾"打非治违"行动早就进行过，不仅是临武县，作为郴州矿山开发的重灾区，郴州市委市政府组织过多次有公安武警参加的市级层面的三十六湾矿山整治，但在临武，发展与保护之间的关系一时还无法厘清，矿山资源费甚至在很长时间内都是临武县地方财政的主要收入来源：一吨锡精矿资源费为 7000 元，这不过是多种矿产中的一个例子，其他有色金属如铅、锌、钨、铜、钼以及非金属的煤矿，都各自有价，矿山收费局一直都是临武县非常重要的县直属部门，并在三十六湾、香花岭各关键卡点设有自己的收费站。其他各部门也都依托矿山实现部门的收益，如临武县环保局在三十六湾的排污收费，就水涨船高，从 1998 年前后的每年几千元增加到 2005 年的 200 万元，那时排污费还没有改为排污税，提留之后可由部门自行开支。政府与矿山之间这种剪不断理还乱的关系，还导致当地官员和矿山之间长期纠缠不清，这种不清不楚的政商关系很长时间内影响着临武县对三十六湾的矿山整治，但是这种带血的 GDP 越来越严重地侵害着临武政商肌体的健康。对矿山的整治其实一直都有，相关记录显示，2005 年 8—12 月，临武县执法部门共炸毁非法反弹小矿井 80 余处，烧毁厂棚 100 多间，面积 3000 多平方米，拆除炸毁设备 200 多台（套），拘留 2 人，刑拘 4 人，但是核心的利益并未触及，人民群众意见极大。2006 年 3 月 31 日，新华社《国内动态清样》刊发《湖南临武三十六湾矿区私挖盗采屡禁不止》一文，湖南省主要领导随即批示：请郴州市委、市政府坚决制止私挖盗采行为，强力整治环境污染问题。在湖南省委亲自部署下，郴州矿山整治工作终于拉开大幕：2006年，郴州市原市委书记李大伦、原市长周政坤、原纪委书记曾锦春、原市委常委樊甲生相继落马，郴州政坛塌陷。正是这些人搅乱了郴州的矿山，他们的"条子"在郴州各大矿山乱飞，政治生态的失衡导致自然生态的破坏；同年6月，时任湖南省国土资源厅厅长葛洪元就任郴州市委书记，体现了湖南省委对郴州矿山整治的深切用意。葛洪元就任郴州市委书记后，坚持"治矿必先治乱，治乱必先治人"的工作方针，从郴州市市直部门抽调60多人支援临武，并调用武警官兵、公安干警120多人，全副武装驻守三十六湾。

按照郴州市委市政府"治矿必先治乱"的工作思路和《关于组建县（市、区）矿山联合执法队实施意见的通知》，2006年9月，临武县成立了县级政府层面的矿山联合执法大队，队长由县级领导直接担任，联合执法大队全面负责全县有色矿区秩序、环境整治及安全生产综合整治执法，实施24小时巡逻，每10天向县委县政府书面报告矿山执法情况，每月报告矿山执法工作总结和提请决策的重大事项。临武县同时出台《三十六湾矿业秩序专项整治行动方案》，计划通过当年8月份一个月的集中整治，清理管治刀具、危爆物品及危险化学药品，清散流动人员；规范电力、火工产品供应秩序；彻底清除毛毯厂、水池水坝，全面清理生活区；彻底关闭非法采选企业；按照"休克疗法"的办法，停止所有合法矿的一切生产行为。此轮整治的标准是"七不准""七不留"，即对非法企业"电力部门不准供电、工商部门不准颁发营业执照、公安部门不准供应火工产品、不准对非法采选企业供水、银行不准提供贷款、运输单位或个人不准承运非法开采的矿产品、国家工作人员不准参股入股";对非法矿关闭要做到"不留井口、不留隐患、不留厂棚、不留电源、不留火工产品、不留人员、不留隐患",一律予以关闭。对有证矿不按要求停止一切生产活动的，各相关部门及时暂扣或收回有关证照，情节严重的按关闭非法矿山标准处理。但最初的矿山整治遭遇了激烈的抵制。《三十六湾矿业秩序专项整治行动方案》刚一出台，意外出现了，临武县主管安全生产的县领导、县安监局长均受到各种威胁，多名官员收到恐吓信，一些矿老板口口声声叫嚣"你断我财路，我必断你官路"，一名副县长家里收到一个装满雷管的包裹，执法过程中各种挖空心思的暴力抗法行为不时出现。

在 48 平方公里范围内开展漫长复杂的打非治违，临武县在时序上先香花岭，后三十六湾，而在三十六湾的整治步骤采取了先矿山，后选矿厂和毛毯厂，实施休克疗法后，对合法矿山进行整合。突破在脆弱的地方开始，而民意是执法最坚实的基础，这民意就是香花岭锡矿一带居民对无序开矿带来的饮水困难的抱怨。1951 年成立的香花岭锡矿经过几十年超强度开采，已经呈现资源枯竭状态，在长期亏损、扭亏无望的情况下，2002 年实施政策性破产，改组为香花岭锡业有限公司。改制后的香锡公司销售收入和上缴税收连续出现大幅度增长，到2005 年营销收入过亿。但其付出的资源环境代价巨大，所属劳动服务公司开设的选矿厂采取经营外包方式，无视资源环境的法律法规，肆意开采，香花岭一带近万人畜用水被截留改作选矿用水。一个大量排污的选矿厂却连基本的尾矿库都没有，含有重金属的废水直排入河，居民们只得半夜起就到山上汲取点点滴滴的泉水艰难度日，"饮水难"

让人们根本无法安心生活。2006 年盛夏异常干旱，香花岭一带更是到了水贵如油的地步，人民群众为此投诉极多。这年 8 月 17 日，临武县副县级领导石传文带队，组织县执法队、地矿局、公安局和香花岭镇组成的 51 名工作人员上山来了，炸毁香锡公司劳动服务公司选矿厂，15 间厂棚、18 台设备、4 根电杆和 3 个水池顷刻间被夷为平地，接着执法人员用砍刀把所有选矿厂接水管道砍断，当地群众无不拍手叫好，三十六湾、香花岭地区矿山整治首战告捷。

接着，临武县将矿山执法整顿工作重心从香花岭转向三十六湾，工作难度显然加大，常常是整治队伍前脚刚走，采矿人员后脚就来了。2007 年 3 月组织摧毁一家矿主的电杆，前后炸过 20 多次，炸了又被竖起来；暴力抗法也频繁出现，而中间又夹杂着电力公司与矿山之间的千丝万缕的联系。矿山除了水贵外，就是电贵了，因为电是破碎、球磨和选矿等各种矿山设备运行的动力，没有电，各种设备根本无法运转，矿山作为主要用电单位，原本就是各大供电所的金主。当临武县城用电还是几毛钱一度的时候，三十六湾矿区已经是几元钱一度，各供电所明面上执行政府的关停令，内心里却巴望着各种矿山设备不停运转。少数供电所负责人在矿山持有股份，不少供电单位参与矿山联合执法的队员常常在执法中成了矿老板的通讯员，每有重大活动都提前通风报信。时任临武县县长助理石传文还清楚地记得在麦市乡曹家冲的一次执法：执法前执法人员在麦市乡组织当地乡村干部会议，宣讲矿山整治政策，并决定率先在当地矿山集中的曹家冲打非治违，当天的主要行动是要炸掉电杆，切断电源。会议刚结束，村里200 多人就手持刀具、斧头拦在路上，扬言："如果炸电杆，你们就得

躺着回去!"一看阵势不对,石传文要求村里喊来村支书和一个叫曹
中平的矿老板,前者是党的最基层组织负责人,后者是石传文战友的
堂妹夫,之前早就认识。经过一番艰苦的攻心和讨价还价的"谈判",
十根电杆最后炸掉了四根。不过在石传文看来,这次行动已经取得了
最大成效,这还靠着自己是本地人,而且作为曾经的对越战争中的侦
察兵,还有在临武县人武部当过两年教官的经历,让他在"江湖"上
有些名气,同时,他会些武功,会装炸药会排雷,甚至手把手教会了
很多执法人员如何使用雷管和炸药。相比之下,后期三十六湾"治
乱"的战友、临武县副县长刘帅则没有他这么好的运气,执法中被围
攻过好几次。

麦市乡曹家冲这一役,顶多只能算是政府执法难的一个缩影,三
十六湾南吉岭西北侧才是"治乱"的主战场,炸毁选矿厂的硬仗选择
在这里,摧毁毛毯厂的攻心战也在这里,这里的战斗更加激烈,斗争
的对象更有势力。2007年2月28日一份由时任郴州市市长戴道晋签
发的《市长督办卡》显示:三十六湾企业非法采选矿全面反弹,所有
有证矿山都在生产中;曾经封闭的黄斌矿、九源矿井口再次被打开,
恢复生产;一些毛毯厂和选矿厂还在新建当中,陶家河的污染在进一
步加剧。2007年5月29日,另一份由临武县矿山联合执法大队发出
的公函显示:三十六湾矿区普遍还在供电,有证和无证选矿厂大部分
都在继续开工生产。2007年11月临武县矿山联合执法大队连续两份
报告显示,三十六湾矿区内六八矿、鸿源选矿厂于11月12日晚同时
违法擅自开工。上述文件措辞十分激烈:六八矿、鸿源矿同属夏生公
司,与矿山联合执法大队三十六湾执法中队相距不足100米,其选矿

厂擅自生产是与县政府的规定公然作对，给三十六湾矿区的整顿整合工作带来极坏的影响。现在看来，这两份报告可能根本就没有起到什么作用，因为 2007 年 12 月 15 日由郴州市人民政府发出的一份督办函显示：当年 11 月 27 日至 12 月 5 日，由市政府督查办组织的一次矿山专项检查中，还发现三十六湾矿区六八矿、鸿源矿违法生产，根本不服从政府监管。

正所谓"人努力，天帮忙"。临武人在努力实施的矿山整治，或许真的需要一场实实在在的"天帮忙"：2008 年特大冰灾"如期"而至。2008 年这次冰灾被认为是 1954 年以来我国最深重的自然灾难之一，湖南、湖北、贵州、广西、江西受灾最为严重，通往广东的道路因为南岭山脉积雪甚重，正值春运期间的交通已经全部瘫痪。这次极端天气，也被视为人们对生态环境长期肆意破坏后，自然界对人类的一次报复。三十六湾正处于南岭山脉，山上白雪皑皑，冰川覆盖，树木被齐腰折断，过去历尽千辛万苦都水泼不进、摧毁不掉的矿山，一夜之间倒伏在冰雪之下，厂棚倒伏，机器毁损，矿山一下子失去了元气。大自然再次展现了其巨大的破坏力量。常人眼中的冰灾，对于三十六湾矿山整治而言，正是千载难逢的好时机，当地人甚至说，如果不是这场冰灾的自然惩戒，临武县对三十六湾矿山的成功整治定然要往后推迟很长一段时间。冰灾期间，整个三十六湾被冰雪覆盖，生存所需全部丧失，所有人员自行撤退。临武县抢抓机遇，2008 年 1 月 7—17 日及时进行了全面封山管理，严禁任何人进山，举全部之力切断三十六湾、香花岭矿区所有电源，同时拆除设备、轨道并封闭井口，这片长期乱糟糟的矿山终于有了难得的宁静，既无机器轰鸣和弥漫的黄药气味，更无人声鼎沸。但春暖之后，三十六湾山上人气骤升，电线被剪断了，矿主们买来柴油机；毛毯厂倒塌了，当地人重新立起柱子，铺上毛毯。金钱再次展现出所向披靡、向死而生的魔力，人气再一次在山上聚集。蓝山一位姓廖的老板开设在南吉岭下发米江一侧的岳云矿，新买了价值 200 万元的柴油发电机，虎口机、球磨机重新开启。石传文等把这次关键性执法的对象锁定为岳云矿，其实就有蛇打七寸、敲山震虎之意。蓝山老板在三十六湾是个独特的存在，作为外地人，要压过"地头蛇"在临武境内的三十六湾开矿设厂，没有几把刷子不行。先前广西人开的六八矿最终还是转手离场。在临武人眼中，自己打架打不过蓝山人，打官司打不赢蓝山人，这也是不少蓝山人能够在彼时的三十六湾杀出一条血路，占据一个又一个矿山的原因。而其中的岳云矿在所有蓝山人开的矿中又占据着"带头大哥"的地位。临武矿山联合执法大队想先攻下岳云矿，继而收拾蓝山矿，接下来再解决临武人的所有矿山就比较容易。但是这次行动遭到岳云矿的强烈反对："为什么在执法中'排外'，单单选择我们蓝山矿而不是其他矿？如果要炸我们的设备，你们家一个星期内就会死人。"这话听了确实令人心里发毛，毕竟有钱能使鬼推磨，一些矿老板的确神通广大，况且狗急都会跳墙，被断财路后的人很容易剑走偏锋。但开弓没有回头箭，石传文早就意识到"打非治违"是一场你死我活的斗争，于是鼓起勇气告诉对方："政府关停令早就下达，岳云矿不仅新买了发电机和柴油，发烫的电机证明还组织进行了非法生产，对你执法已经没有余地，也没有价钱可讲。"之后一声令下装上炸药，彻底将岳云矿摧毁，这也是在三十六湾核心区首次实施炸矿。不过这件事后，临武县矿山执法队员很长时间都心有余悸，不敢轻易从山下蓝山地界的最乐亭过境，而是绕道走本县境内的香花岭回到临武县城，那时很多临武人——从政府官员到矿山老板都在最乐亭遭遇过提心吊胆的惊魂一刻。

2008 年冰灾后，随着采矿和选矿企业死灰复燃，原本投入不大的毛毡厂又沿着陶家河纷纷开张洗矿了。临武县矿山联合执法大队还是把执法工作的重点选择在这里，执法过程同样惊心动魄。2008 年 6月，石传文带领执法人员来到三十六湾两江口南吉岭下方。紧靠采选矿的地方也是毛毡厂最为集中的地方，两公里长的河岸上，全是密密麻麻的毛毡厂，毛毡厂底层是生产车间，第二、三层是住家的地方。只见所有人都爬到二楼，手里拿着砍刀。他们淋湿墙体与毛毡，与上百名执法队员对峙。对毛毡厂的处理方法就是烧毁，还必须确保没有一人烧死烧伤。侦察兵出身的石传文想出的办法是激怒对方，瞄准其中最嚣张的一家：两个光膀子男人手握刀具，把守大门，嗓门大调子高，声言执法队员进来一个杀死一个。石传文派出五名身强力壮的执法队员进行偷袭，将两个光膀子男人摁住制服。对整个区域形成震慑后，原先坚守在二、三楼的人才纷纷走出毛毡厂。在反复清理所有毛毡厂并确认绝无一人的情况下，一把火起，几公里长的毛毡厂火光四起，沿线厂棚瞬间灰飞烟灭。熊熊火焰照耀整个河谷，甘溪河因此成了一江沸水。这是一把与旧生产决裂之火，也是一把拥抱新生产的希望之火，三十六湾最难啃的硬骨头被打掉了！

剪掉矿山和综合选矿厂的电线，烧毁陶家河沿线的毛毡厂，三十六湾打非治违取得阶段性胜利，为下一步的矿山整治和环境治理奠定了基础。不过，打非治违从来就没有平坦的道路可走，2008 年冰灾期间以及之后的铁腕整顿，虽然给整个三十六湾的非法矿山予以沉重打击，但好比一个身患肿瘤的人，任何疏忽大意都会遭遇病毒的反扑，稍有松懈便会旧病复发，人们对财富的追求太过执着，多年下来当地农民对矿山经济的依存度太高，矿山和选矿厂常常凭借一点点星火，便从死灰中复燃。虽然整治从未停止，其间还经历过 2009 年一次大的集中整治，顺带查出临武县环保局陈剑波、黄双普正副局长两人利用职务便利非法占有矿主现金和违规入股，给予开除党籍、行政撤职处分，但到 2011 年时，各种采矿选矿厂又恢复了相当大的一部分。据此时担任临武县环保局局长的吴汶回忆，有证和无证采矿点大概已经多达一百家，毛毯厂在一千家以上，虽然规模程度已小于 2008 年冰灾前夕，明火执仗地跟政府对着干的气焰低了很多，但总体而言，非法矿山采选还十分严重，陶家河满河的"米汤水"对下游水质影响依然十分突出。而香花岭矿区则通过武水河影响到广东境内，并引起国务院领导关注。2011 年 6 月 29 日，一则"武水河锑浓度异常超标"的中央领导批示传到郴州市。当晚 11 点 30，临武县组织专题会议，再次研究部署三十六湾、香花岭矿山整顿工作，决定继续采取矿山整治"七个不留"要求，组织数百人的队伍，对沿河非法采选企业进行地毯式的清整，执法队开展集中整治 30 余次，在武水河上游共取缔非法选矿厂 29 家，非法毛毯选矿点 186 家，同时从查处非法采选、非法排污、非法供电、破坏林地等违法案件入手，拘留涉案人员 21 人，训诫 100 余人。

坚守在临武打非治违一线长达 11 年，尤其是作为现场执法组负责人的石传文再次披挂出征。他还记得对花塘乡排形村一家选矿厂的整治：临武县再次整顿的动员令下发后，排形村连夜组织会议，决心团结起来抵制县里的专项行动，齐心协力"保家护厂"。面对双方严重对峙的局面，石传文给村子里的"带头大哥"邝孔章打电话，这位复员军人脾气暴躁，在村子里有一定的号召力。同样作为复员军人，石传文决定靠着这份共同的人生经历说服对方，希望利用他的声望做点工作。一番"共情"终于起了作用，原本"抗法"的邝孔章，提议组织村民再次召开会议。配合县里组织的矿山整治行动，排形村的选矿厂就这样被摧毁。与此同时，吴汶组织对临武茶场一处选矿厂的摧毁，则有些硬碰硬的味道。一年前，组织上决定任命时任县委办副主任的他到县环保局任局长时，时任县委书记对这位在自己身边工作的人说："环保局长这个岗位，是我最放心不下的，因此决定派自己最信任的人去干。你一定要好好工作，尤其是要把三十六湾这件头等大事干好。"这次县委书记得知临武茶场这边一个选矿厂，三次行动都没搞下来，于是把电话打给吴汶，让他在必要时代行县委书记的权力，第一时间把选矿厂搞定，这时吴汶已经三天三晚没有合眼，正想回家休息一下。在从县城去现场的十多公里路上，吴汶用电话调来两台挖机，两个小时即把选矿厂推掉了。

在武水河沿岸取缔关闭非法采选、河流水质恢复达标的同时，临武县再次把工作重心聚焦在三十六湾，在打掉矿山所有非法采选的同时，高度重视巩固"打非治违"工作成果，仍然由县矿山联合执法大队牵头，连续三个月实施驻矿制度，24小时不间断，用"晴天查了雨天查，白天查了夜间查，工作日查了节假日查"的"疲劳战术"，直

接拖垮试图非法组织生产的矿主；同时进一步落实各级党委政府责
任，由矿山所在乡镇对辖区实施网格化管理，每个乡、每个组的行政
一把手任矿山整治"网格长"，直到所有抱着观望、等待态度的人看
到政府对矿山整治的坚决态度后，这些非法生产的矿主们才真正泄了
气，就连那些持有有效证件的合法企业，也全都按照"休克疗法"的
整治要求，拉闸停产。此后对三十六湾、香花岭地区矿山执法的高压
态势，一直持续到 2012 年下半年，来之不易的矿山整治成果才总算
巩固下来，公开的对抗几乎绝迹，零星的非法开采只能躲到地下窿
洞，至少明面上是看不到了，曾经喧嚣一时的三十六湾终于回归
平静。

整 治

当喧嚣的三十六湾回归平静，剜毒疗疮的矿山治理就可以按部就
班、有条不紊地推进了。铁腕打非之后，三十六湾综合整治大致经历
了四个阶段：优化整合实现对矿业生产的治理，以生态修复项目为抓
手实现矿山治污，以覆土还绿为重点实现绿满青山，以民为本实现一
江碧水。

整合的目标，就是按照临武县自然地理分布，以万水乡跃进九一
八福利矿为分界线，将三十六湾、香花岭矿区分为东西部两个矿区。
这一工作思路实际上在 2008 年冰灾实现对矿山"休克疗法"之前就
已经开始实行。2007 年 12 月临武县人民政府印发的《香花岭三十六
湾矿区资源整顿整合实施方案》提出矿山整合的目标任务是：以实施

"整顿—整合—联合"为步骤，统一规划开发香花岭三十六湾矿区矿产资源，规范矿山秩序，优化资源配置，实现矿山安全生产条件和生态环境明显改善，从根本上化解矿区资源矛盾纠纷，理顺矿山与当地村民的利益关系，确保经济、社会、自然和谐稳步发展。文件确定的四条基本原则是：坚持矿区可持续发展，坚持明晰矿区产权关系，坚持依法妥善处理矿区各方面利益，坚持矿区资源勘查、开采、深加工、综合回收利用和科研一体化发展。

对于香花岭矿区八个持有采矿许可证的企业，临武县要求按照"尊重历史、保护合法、打击非法"的原则，通过市场运作，依法依规整合重组、股份制改造或收购持有采矿许可证矿山。尊重历史，就是以 1951 年成立的香花岭锡业公司为主体，将黄宝塘铅锌矿、黄新矿、顺发矿、兴塘矿、郴州运发矿、塘官铺千禧矿、跃进九一八福利矿 7 家矿通过联营、参股、补偿的方式进行整合。三十六湾矿同样设置一个矿权，九一八福利矿以西，拥有兴龙矿、万金矿、黄金矿、六八矿、鸿源矿、易鑫矿、宏发矿、邱玉莲矿、高崎山矿、五星矿、八八矿等 11 家矿，但总体而言，这一区域开发时间短，缺乏香花岭锡矿这样的行业老大，临武县要求按照"统一规划、规范开采"的原则统一组成具有唯一法人的矿业有限责任公司。直到 2010 年，无论西部的三十六湾，还是东部的香花岭，打非治违成效一直都不太稳定，虽然谁都想当行业老大，但谁整合谁还是一道难题，因此 2007 年制定的整合方案并未如期推进，连此时已经崭露头角的夏生公司还在缓慢成长中，所属六八矿和鸿源矿一度在县矿山联合执法大队眼皮下公然违法生产。有过各种股权斗争和分红争执的三十六湾，所有拥有合法手续的矿山都想努力把自己做大，而不是在股权合并后被人吃掉，受制于人，因此整合的事一直被向后延迟。

2011年武水锑浓度异常事件成了加速三十六湾、香花岭矿山整合的催化剂。临武县利用这次事件加大了打击非法矿山的力度，以及河道污染治理的力度。河道治污其实非常被动，在对所有矿山企业实施停产切断污染源的同时，唯一的办法就是向武水投放聚合硫酸铁。短短几十公里河道上，五处电站河坝以及新建的四处临时拦河坝，共九个点位作为投药点，在污染严重的泡金山、罗坪、三江水等河段专门制作了四套自动投药设施，每天不间断投药，一个月的时间总投药量达1300余吨，水质是达标了，但武水河成了满江红水。这种不计成本的污染治理方式，使得临武县越来越清晰地认识到，不加快矿山整合，所有治污手段都不过是头疼医头脚疼医脚。加快矿山整合的步伐，实现源头治污，成为全体临武人的共识。

三十六湾、香花岭矿区完成真正意义上的打非治违后，矿山整合的基本条件已经具备，香锡公司在历经一番波折后，最终完成了东部7家企业的整合。西部三十六湾矿区，夏生实业有限公司此时羽翼渐丰，基本具备了充当"带头大哥"角色的实力。夏生实业有限公司老板为出生于香花岭锡矿的尹夏生，在整个三十六湾、香花岭矿区，他的生意起步并不太早，当周兵元、周龙斌等人早在20世纪90年代就在山上攻城略地、开出一个又一个矿的时候，他还只是香花岭锡矿一名默默无闻的职工。周兵元命殒"天湖爆炸案"那一年，他才拿着从矿上下岗买断的钱与兄弟们在广东阳山县一家铅锌矿赚得人生第一桶金。此后在周兵元、周龙斌你死我活、鹬蚌相争时，尹夏生顺利收获了塘官铺地区六八矿、鸿源矿等重要矿权。到 2011 年岁末，当时代需要对三十六湾进行整合时，时势造英雄，尹夏生力压众人，一举摘得三十六湾矿区的开采权，这不能不说是他人生的一个奇迹。

游戏规则制定后，由时任县长亲自挂帅的新的整合领导小组成立了，在矿山整合过程中切实做到公平、公正地进行清资核产、资产评估，并通过内部定向竞价方式确定公司控股权，妥善处理内部股东之间的利益关系，加快临武县南方矿业有限责任公司的筹建。南方矿业公司的创建，实现了对三十六湾矿区一个矿权、一个法人、一套独立的生产系统和一个独立经营团队的管理，彻底结束了长达数十年你争我夺的无序开采。随着矿山环境恢复保证金制度、矿山环境影响评价制度、企业清洁生产制度和矿山环境监督检查与强制执法等一系列制度的建立与完善，三十六湾真正实现由乱到治。此后，新组建的南方矿业公司才开始统筹生产与生态环境保护的关系，先后完成了采矿工业园和选矿工业园的建设。通过建设日出矿能力 1000 吨的开采提升系统，三十六湾实现由过去遍地开采变成如今一个作业点开采，矿坑废水送污水处理厂处理回用的转变；选矿是矿山污染的重点环节，选矿药剂和多种重金属污染历来是环境保护的重点难点，南方矿业公司通过建设新的选矿厂，大大提升选矿能力，彻底改变过去一个选矿厂后面拖着一串毛毯厂污染的历史，以及一个矿山绵延 10 多公里毛毯厂的采石"奇观"。而在区域环境管理方面，由过去飞沙走石、多点发散的污染源，到整合后，只要对一个排口进行自动化的在线数据管理就行；在矿山生产方面，由于矿权都属一个法人，不再"吃抢食"后，三十六湾可以根据市场需求，有序组织生产，实现由过去疯狂采原矿、卖矿石，向精细加工的转变，产品附加值大幅度提高。

三十六湾打非治违和矿山整合取得全面进展之际，湖南对湘江水污染治理的要求也在不断升级当中，2008年5月25日湖南省人民政府印发《湘江流域水污染综合整治实施方案》，提出从2008—2010年用三年时间，整顿矿业开采秩序，取缔关闭非法采选企业，采取集中选矿、集中建设尾矿库等措施，全面整治临武县香花岭、三十六湾。2011年3月，国务院正式批准《湘江流域重金属污染治理实施方案》，这是全国第一个由国务院批复的区域性重金属污染治理试点方案，中央希望湖南为当时备受国人关注的重金属污染治理探索出一条可复制、可推广的道路，在这个方案中，对三十六湾的治理已经列入全省五大重点片区层面。根据湘江流域综合整治的要求，临武县编制了《湘江支流三十六湾地区甘溪河陶家河流域水污染防治总体规划》，确定按照"固源分流、先上后下"的治理思路，采取"打非治违，砌墙挡石，拦河阻沙，清淤护堤，废水深处，覆土还绿"的措施对该区域进行集中治理。这个治理思路的基本考虑是，只有通过在矿区打非治违，固定污染源并疏散矿区人员，才能推进山下与河道的工作，而河道治理的重点，是通过清除淤泥、建设挡土墙和拦沙坝、减少尾砂尾矿向下流动等系统工程，在此基础上，对重金属废水和土壤进行深度处理。

2012年首个三十六湾水污染综合治理项目启动，当年完成塘官铺矿区重金属治理项目一期工程建设。塘官铺矿区一度是六八矿、八八矿、二三八矿、万金矿等矿企高度集中的区域，通过项目的实施，恢复了治理区域的生态植被；通过固化尾砂废矿石，减少地表水对重金属的淋溶浸出，陶家河交界水断面实现从原来的长期重金属超标到短期季节性超标，原来各项指标超标数十倍到现在在临界点超标，也就是说污染物超标的浓度和频次都在降低。首个生态治理项目取得如此巨大的成功，极大地鼓舞了临武人进一步工作的激情。据参与项目申报、时任临武县环保局局长的吴汶回忆，作为湘江和武水河共同的源头，临武县同时启动了三十六湾和武水河流域两个重金属污染综合治理工程项目，从 2010 年起连续两三年都把主要精力放在项目争取上，不是在跑回项目的路上，就是在去跑项目的路上，光北京就去了七八次，待在长沙的时间比临武多，有时还在从长沙回临武的路上，结果又被叫回长沙。2012 年至 2014 年 11 月，临武县共获得重金属污染治理专项资金项目 20 个，获得中央专项资金支持 3 亿元，由于制度的原因，必须"跑部进京"，这种状况后来饱受诟病，但它确实为三十六湾治理提供了切实的资金保障。项目设计包装是项目成功的关键，必须符合国家项目的总体要求。吴汶得到两位助手的鼎力支持，一位是局党组成员、工会主席李忠兴，另一位是环境监测站站长李彩丽。对一个方圆 48 平方公里的地方推进矿山生态恢复和污染治理，是前所未有的事情，临武县相关的工作人员在毫无基础的情况下，靠着一股拼命的精神在努力工作，他们在山高路陡湾急的三十六湾，每天用自己的双脚丈量着脚下这片支离破碎的土地，身上背着的就是两瓶矿泉水、两罐八宝粥和两个馒头，从三十六湾瞭望台上转水湾或是南吉岭，需要先下一个陡坡，走到梓木冲，接着上转水湾和南吉岭矿区，然后原路下坡、上坡，一次行程下来就是几个小时，这都是在天气晴好的日子。2009 年冬天，山上寒风凛冽，冰雪刺骨，从湖南有色金属研究院请来的环境专家周永坤向山上出发了，进山的车子被迫老早就停了下来，这时离目的地南吉岭还有很长一段距离。为了取样，李忠兴、周永坤和司机骆奇冰几个人硬是靠着一双皮鞋，踢开前面的冰雪，走出一条路来。同样为了做好项目设计，李彩丽和她的监测团队需要沿着陶家河从上到下对两江口、梽桥、新桥、浸槽、大坪电站、谷冲电站、马家坪电站共 7 个监测点位来回取样，其中浸槽这样的监测点位需要步行才能走到河道，这样一次取样需要 3 个小时。在多次出现的环境应急事件中，或者是在陶家河环境治理的某些关键节点上，环境监测往往需要增加一次，这样李彩丽他们就得在山道上来回跑上 6 个小时，山道崎岖，车轮爆胎是常有的事情。

　　不管过程如何艰难，三十六湾还是从乱走向了治，陶家河由米汤水变成了清溪水。但站在环境保护专业的角度看，"清水"还不一定是达标的水，实际上，很长一段时间里，陶家河是湖南省内少数几条不能做到水质稳定达标的河流之一，主要问题是砷浓度超标，这一问题在 2016 年 10 月南方矿业公司选矿厂投入运行后就一直存在。我因为长期发布全省环境质量状态的缘故，经常被媒体记者和社会公众问及个中原因，于是趁着这次在三十六湾开展采访调研的机会，对坐落在香花岭镇芹菜村的南方矿业公司选矿厂尾矿库进行了一次实地踏勘。青山绿水之间，选矿厂显得非常醒目，尾矿库顺着山势设在洼地，紧挨着一段 2 公里长的地下溶洞河，不到 500 米远便是人口密集的芹菜村，不到 3 公里的地方是临武县和嘉禾县交界处的马家坪监测断面，站在环境专业的角度看，这意味着存在三个方面的问题：在地质条件脆弱地带建设重金属污染项目，环境保护卫生防护不够，在省级环境监测点位上新增敏感污染源。在我看来，前两者似乎违背了关于建设项目选址的相关法律规定，后者则将临武县人民政府置于更加严格的环境质量管理监督之下，因为按照我国环保法规定，地方人民政府对当地环境质量负责，行政区域交界点断面水质则是诸多环境质量指标中最重要的指标，是约束性的硬指标。当然，站在公众健康角度我们鼓励这样一种置之死地而后生的自我加压。马家坪监测断面既已确定为临武县的出境水质断面，临武县是否切实做到了对辖区内环境质量负责，很大程度上取决于马家坪水质监测点水质的稳定性。实际上马家坪断面水质问题已经成为临武县不容小觑的大事，我在临武期间，适逢该县十三次党代会，刚刚上任的县委书记在大会报告中明确指出要巩固三十六湾环境治理成果。我在马家坪电站实地采访时，偶遇了在此调研的郴州市副市长、临武县县长候选人一行，他们正在寻找陶家河水质重金属超标的解决方案，最新的努力是将其纳入郴州市国家可持续发展议程创新示范区科技攻关项目，积极争取技术专家精准把脉。陶家河在新时代面临的新问题，再次印证了环境问题的复杂性，以及依法治污的必要性。

更多部门参与了三十六湾、香花岭区域环境治理，在三十六湾矿区转水湾和香花岭癞子岭一带，过去满目疮痍的山岭长出片片新绿，这些都是国家第三批山水林田湖草生态保护修复工程试点项目，涉及9个乡镇河道整治、修复5种类型土壤的1042个治理点，其中癞子岭项目所在地地势险峻，施工条件十分复杂，工程材料常常需要肩挑马驮、二次运输才能送到山上。项目执行期间，共平整场地2000亩，覆土47万余方，栽种了耐寒耐旱耐低温乔木15万余株，灌木2

万余株，藤本植物 17 万余株，过去被废渣压占的土地植被重新恢复生机。

村庄

2011 年 8 月份，天气燠热，我陪同中央电视台《新闻联播》的记者赴三十六湾采访，彼时，国务院已经同意《湘江流域重金属污染治理实施方案》，湘江流域污染防治普遍行动起来，在流域内的 5 个重点治理区域中，三十六湾由于之前的矿乱，反倒是各项工作走在整个湘江流域其他各区域前面。站在湖南的角度，我希望能在央视《新闻联播》这种重要新闻平台上，展现湖南污染治理的新举措、新进展。上山的采访非常顺利，央视记者在瞭望台采访了当时主管环保的副县长唐国林，这里既是汽车能够去到的最远的地方，也是最能反映三十六湾矿区风貌变化的地方。但回程走到门头岭村时，采访车被拦住，拦路的门板上用排笔写着"还我绿水青山"几个大字。我紧急联系到在山上执法的临武县综合执法大队后，我们才被及时解救下山。老实说，我对意外出现的情况非常担心，如果一次目的在于展示湘江母亲河受到保护的新闻采访，最终在央视《新闻联播》播出的是当地群众"还我绿水青山"的民众抗议，在我是工作失职。好在这种担心并未出现。我一直都对淳朴的农村人心存好感与赞赏，但是这件事发生以后，我对三十六湾及其原住民的思考与认识又多了一层：曾经的矿山开采带给了他们什么，改变了他们的什么？

以门头岭村来说，矿藏极为丰富的塘官铺矿区就在他们辖区内，那里诞生了周兵元、周龙斌等一拨又一拨来自附近白竹、上横和大汉等邻村的富翁，也是整合后的南方矿业公司总部所在地，高耸的竖井就在门头岭村部附近，意味着巨大的财富从地底源源不断地向外输出。但即使在流金淌银的时代，门头沟的村民也很少从中分得一杯羹，矿主们连用工都不用本地人，因为矿难死人的事情总是避免不了，精明的矿老板宁愿雇用四川、重庆以及湘西等地的矿工，这样解决矿难纠纷的成本就会低很多；当然，担心本地人向外携带矿石，也是他们不得不时刻防备的事情，毕竟随身携带的一布袋石头常常就值几百块钱。因此，门头沟的人只能眼睁睁地看着满目青山变成满山废石，尤其是塘官铺一带，短短 20 年就面目全非，看着人家在自己的土地上日进斗金、发着横财，这样的对比任谁见了也不会淡定。长此以往，这种内心的不平便会走样，对当地政府和社会的对抗就会从一种情绪变成一种习惯，以至于 2012 年组织的对塘官铺区域矿山生态环境修复这样纯粹的民生福祉工程中，仍然存在阻工。

原本淳朴的村民，想要在政府所有的项目中分得一杯羹，至于是否合理合法，他们是不管不顾的。类似阻工情况，在陶家河治理中同样存在，而且由于工程范围更广，受到的阻挠便也更加突出，我曾经去过的香花岭镇芹菜村和甘溪村甚至将其演变成更为突出的司法事件。

2019 年，从陶家河一个叫浸槽的尾砂库下游的溶洞进口至南力村拦河坝河段治理项目启动，浸槽是一个让我常常联想到浅滩、静流、漩水和水潭等一系列河流概念的名称，它们一起构成了水中生物的地图，蜿蜒曲折的河流也因此变得丰富与深邃。这个项目的建设内容包括：河道地板封闭面积 4.3 万平方米、溶洞堵塞和河道护岸长 1.8 公里、建设堆场 1.8 公里、尾砂及废石处理量 19 万立方米、堆场封场面积 7 万平方米以及绿化覆土面积 10 万平方米。这里是陶家河重金属治理项目中比较重要的一个标段，行政范围则在香花岭镇芹菜村。2019 年 7 月至 2020 年 2 月，正是项目建设全力推进的时候，为了获取陶家河河道治理工程运输业务，芹菜村王周武等 15 人采取堵车、堵路等方式驱赶外来车队，以延误工期作为威胁，强迫各标段接受芹菜村车队的运输服务，涉及强迫性交易额 210 万元，对当地社会治安、生产秩序造成了较坏的影响。待项目完工后，王周武等人被"秋后算账"，分别判处 6 个月至 2 年不等有期徒刑，并追缴违法所得，没收涉案车辆。以上是临武县人民法院 2020 年 9 月 30 日宣判时的法律表述，但这样一份判决结果并未得到当地群众认可。我们姑且尊重这一法律判决，但我的目光放得更远，需要在更大范围内考量中国的社会背景，因为同样在这个项目上，栽跟头的还有临武县水利局局长，而且他的黑手伸得更早。陶家河水环境治理工程的两个责任单位分别为临武县环保局和水利局，其中县环保局负责上游两江口到浸槽 4 个标段，县水利局负责下游浸槽到马家坪 4 个标段，2018 年 8 月到 11 月正是下游项目招标阶段，先后两次废标，个中原因引起各方猜疑，后来来自纪委的通报显示：临武县水利局党组书记、局长唐济国，利用职权帮助他人借用公司资质等方式，中标陶家河河道马家坪至浸槽段治理工程项目，违法收受他人财物。由于三十六湾矿区无序开采，陶家河一度沦为一条灾难深重的河流。沿河的每一个人都应该关爱她、守护她，慢慢为她疗伤，我们难以理解的是，面对这样一条河流，从政府到民间，从党员干部到村民，何以演绎出这么多难以想象的故事？金钱何以让人迷失做人的本分与方向？

　　同样的事情还发生在陶家河上游不远处的甘溪坪村。甘溪坪村地处从县城通向香花岭锡矿的咽喉地带，交通便利。五百多年前蒋氏祖先步履匆匆走到这里，但见远处青黛如烟，近处山清水秀，便认定这里是福泽传家之地，才看一眼，就决定在这里生根发脉。青砖青瓦、屋檐卷翘处，成了第一代蒋氏祖先的家，几百年下来蒋氏一脉繁衍生息，终于发展为当地一个巨大家族，村部和祠堂毗邻，意味着族权与政权交相融合。直到20世纪70年代，临武县还将这里树为"农业学大寨"的玉米样板基地，足见河谷地带土地之肥沃。然而随着三十六湾、香花岭矿山开采，河谷地带1200亩沃土良田全部被尾砂淹没，河床每年几米几米地往上抬升，通往香花岭镇的老路完全被淹没；土地被覆盖后，失地的村民只能靠"吃低保"来生活；尾砂覆了农田和道路后，进一步向村庄逼近，很快就覆盖到了村民的屋基，悬河就此形成，村民们不得不在门前筑起一道防水墙，防止尾砂逼近，直至最后无法居住。2007年底临武县财政拿出3000多万元对甘溪坪村126户家庭实施整体搬迁，村民们才结束提心吊胆的生活。如今再次踏访，但见这里残存的一片林子古树森森，藤缠枝绕，蒋氏祖先的青砖灰瓦旧舍和甘溪小学的残垣断壁依然还在，仿佛叙述着这个村庄的久远历史。临武县国土局退休职工蒋规武老人就住在甘溪新村，至今还记得村子里清流环绕、河水甘甜的幸福生活，也记得后来黄沙漫天、眼睛都睁不开的日子。当然，作为返老回乡的退休职工，或者说纯粹作为一名本地居民，他目前面临最大的生活难题还是饮水问题，政府的引水工程早就进村，但破坏的山体导致水源枯竭，每到干旱少雨的夏季，整个村子就只能实施每天两小时用水配额，这位银发老人望着水流枯竭的水龙头，一脸无奈。这也说明，三十六湾无序开采带来的自然环境破坏和影响，仍将持续很长的时间，山体下那些相互连接的窿洞甚至告诉我们，回到过去已经没了可能。我无法理解，一个在县城工作一辈子的人，为什么要回到连饮水都得不到保障的村庄，或许正如著名作家刘亮程对于故乡的理解：一个人心中的家，并不仅仅是曾经拥有一间属于自己的房子，而是长年累月在这间房子里度过的生活。尽管这房子低矮陈旧，墙角挂满蛛丝，但堆满房子角角落落的那些黄金般珍贵的生活记忆，只能你和你的家人共有共享，别人是无法看到的。故乡是每一个人的羞涩处，也是一个人最大的隐秘，常常也是珍藏无数生活记忆的地方。因此很多人在外单枪匹马闯荡生活，到了退休年龄，都毅然决然地走上奔向故乡的路，回到故乡的家中。

然而，故乡已不是那个故乡，改变远非停留在表面的生活中。甘溪坪村是陶家河流域灾难最为深重的村庄，这个村庄自然环境的改变过程，何尝不是村民们人性改变的过程。大山深处这个原本民风淳朴、睦邻友好的村庄，发生了多次法律诉讼事件。上述 2016 年甘溪坪村引水进村工程，施工人员很长时间拿不到合同费用，引发项目实施人与村委会的一场付款纠纷，同是蒋氏后人，结果为了工程结算，撕破脸皮打起了法律官司。2011 年 7 月，临武县法院的另一起官司再次显示了矿山人与人的关系：曾经因为盗窃于 1990 年被判处 2 年徒刑的甘溪坪村村民蒋阳知，出狱后被视为村里的能人，先后当选甘溪坪村村委会主任、临武县第十五届人大代表，任职期间纠集刑满释放人员采取威胁、停工、打砸机器设备等方式，先后敲诈附近花石龙矿6.8万元、清水塘矿23.6万元，并于2009年3月在甘溪坪村冲头岩非法开采铁矿石6000吨，破坏矿产资源价值20万元。蒋阳知因为犯敲诈勒索、非法买卖枪支弹药、非法持有枪支、非法采矿罪，被数罪并罚判处有期徒刑14年。或许是法律的震慑作用还不够，2017年7月郴州市发改委一则通报显示：当年4月份实施的陶家河甘溪坪村标段河道治理中，甘溪村村民李美能、蒋筛英等10人到该工地阻工，临武县公安机关依法对10人给予5—6天行政拘留。

狂潮已经退去，三十六湾开始恢复平静，但曾经改变的，显然短时间回不去。我多方努力，寻寻觅觅，试图寻找这些村民变化的轨迹，答案在《管子》的哲学智慧中——水若纯洁则人心正，水若清明则人心平易；人心正就没有污浊的欲望，人心平易就没有邪恶的行为，终究是水质污染导致了人性的崩塌。答案在诗人李汉荣的《河流记》里：眼中无水，唯有猎物；手中无水，唯有猎枪；心中无水，唯有欲望。一个缺水的世界，是植被和草木凋零的世界；一个人若是缺水，他的美德和情义就会欠缺。答案似乎还在这些矿石中，自从18世纪末英国人瓦特改良蒸汽机以来，工业革命便以不可逆转之势席卷全球，尽管人类很早就发现这种文明形态的弊端，1885年《大清一统志》中喻国人所写《郴州矿厂十害论》就详述了开矿对生态环境和农业生产的极度破坏，当时，郴州辖区包括三十六湾在内基本上都属于鸿蒙未开状态，但几十年来，围绕矿山开采上演了一幕又一幕暴富神话。村民们的生活依靠矿石，他们参与过矿山的开采，某种程度上他们都是自毁家园的参与者，他们渴望财富，甚至迷失在对金钱的欲望中，因此即使是从三十六湾和陶家河修复这样改善乡村生态的民生工程中，他们看到的也不是呼之欲出的绿水青山，而是想象中的金钱，从这个角度来说，修复三十六湾地区人民群众的心灵，比恢复这里的自然生态更难、更费时日。

水口山

———

2021 年 6 月 29 日，水口山工人运动纪念馆隆重开馆。作为湖南省建党百年庆典重要活动之一，时任省委书记许达哲出席了当天的开馆仪式，称赞水口山是一座有色之山、红色之山和绿色之山。是日，天清气朗，远处青山含黛，近处湘江绿水扬波，水口山工人运动纪念馆就坐落在湘江之滨开阔的河谷上，广场上立有"咱们工人有力量"的巨大雕塑——一位健硕有力的矿工抡起大锤敲山破石，塑像后方的纪念馆则呈炸裂的山体形态。整个纪念馆广场，使人很容易想起这个城镇与矿山之间共生共荣的关系，以及水口山有色金属集团大门前"山仁水智　金石为开"八个大字。

铅都

水口山百年工人运动史与其漫长的矿冶文明相比，不过是历史最新的一页，很早之前人们就在这里找到了开采于宋朝的老鸦巢遗址，2014 年湖南省文物考古研究所又在康家溪汇入湘江处发现了震惊业界的"江洲城遗址"，在此发掘出的西周时期冶铜作坊遗迹，填补了湖南商周时期青铜冶炼业的空白，更把水口山矿冶历史向前推了 3000 多年。历史学界的主流观点认为，冶炼与文字、城市和公权力一起，构成了进入文明时代必须具备的四个条件，于是，我在这些遗迹中寻找文明的痕迹。我也注意到让水口山在近代史上暴得大名、赢得"世界铅都"美誉的关键人物，当数晚清开明人士、湖南巡抚陈宝箴，我还要从这里探寻湖南近代工业发展的足迹。

1895 年 10 月，陈宝箴继任湖南巡抚，开始了在湖南领全国时代之先的洋务运动，于 1896 年设水口山铅锌矿局，任命晚清秀才、湖南著名实业家廖树蘅为其首任总办；1905 年水口山铅锌矿建成老鸦斜井，这是近代中国第一个自行设计建设的机械化有色金属矿井；1909 年，在水口山矿区兴建小型重力选矿厂，这是近代中国第一座新式选矿厂。重力选矿厂的建设，大幅度提高了水口山的选矿能力。自官办开始到辛亥革命爆发，清廷共支付建矿开采经费白银 119 万两，获利 600 万两以上；累计采出铅精矿 21 万吨、锌精矿 51 万吨，当时水口山的铅锌产量占世界总产量的三分之一，居全球首位，由此奠定了其"世界铅都"之地位。

水口山铅锌矿的大规模开采，催生了湖南有色冶炼，促进了湖南的商业繁荣：当时国内没有铅、锌矿冶炼能力，原矿需运至湖北汉口售给英商亨达利洋行等洋商。矿石作为初级产品，遭到外商的肆意压价盘剥，我国损失巨大。为此，湖南省矿务总局决定兴办冶炼厂：1905 年，水口山矿务局在距离常宁松柏镇 4 里的东岸创设土法炼锌厂，初设炼炉 20 座，这是水口山最早的炼锌厂；1908 年，在长沙南门外六铺街设立中国第一家炼铅厂——长沙黑铅炼厂，在专家陈澂的主导下开西法炼铅之先河。进入民国时期，湖南官办矿山继续把水口山当作"提款机"，残酷压榨工人。1922 年，在毛泽东的指导下，蒋先云、宋乔生等人领导的水口山工人运动取得了胜利，宋乔生、耿飚等老一辈无产阶级革命家由水口山踏上革命征程。但不管时代如何变迁、风云如何变幻，水口山采、选、冶体系仍日臻成熟。一战时期为水口山的"黄金时期"，因战争需求，铅锌产量激增，年产铅砂近 1 万吨，年产锌砂近 3 万吨，"世界铅都"名声日炽。但这一时期尚处于土法冶炼向西法冶炼转变过程中，直到 1930 年才通过西法冶炼产出中国第一炉纯铅；在西法炼铅取得成功后，1932 年湖南省任命冶炼工程师饶湜主持西法炼锌的试验。饶湜在长沙南郊金盆岭上租赁工棚，通过反复调试，完成横罐炼锌工业性试验，成为我国采用西法炼锌的第一人。随后于 1934 年在长沙河西三汊矶开办了当时中国唯一的炼锌厂，这也就是后来水口山矿务局一厂，每月可炼锌砂 300 多吨，结束了我国 1000 多年来的土法炼锌历史，同时也打破了国内市场洋锌一统天下的局面。

水口山矿务局自身的发展可以说是筚路蓝缕，充满艰辛，其隶属关系也随着历史变迁，经历过多次变化。近 130 年的历史中，企业名称变化包括 1896 年的水口山矿务局、2001 年的水口山有色金属有限责任公司、2003 年的湖南水口山有色金属集团有限公司，2009 年隶属于中国五矿集团。作为从铅锌采矿、选矿到冶炼的第一家企业，水口山矿务局对支援国内冶炼企业建设从来都是不遗余力，以其多年的技术积累，派出技术力量，给予技术支持，尤其是新中国成立后，相继援建了湖南桃林铅锌矿、黄沙坪铅锌矿、株洲冶炼厂以及广东韶关冶炼厂等国内十几家有色企业，为中国有色工业的振兴和地方经济发展作出了突出贡献，被誉为"中国铅锌工业的摇篮"。而 1958 年开始铍生产的水口山六厂，则为我国国防事业的发展作出了独特的贡献。我国第一颗原子弹爆炸、第一颗导弹发射、第一颗人造卫星上天、"神舟"系列载人飞船成功飞行，均有水口山提供的特殊材料，水口山六厂因此多次受到国家通令嘉奖，当然，这些都是新中国成立后的事情。

1908 年西法炼铅在长沙南门外取得成功后，因 1938 年日本侵华，炼铅厂迁往衡阳松柏镇，成为后来的水口山矿务局三厂，经认真安装调试生产设备后，于 1940 年正式投产。此后铅冶炼一直是水口山矿务局最为重要的生产，采用的技术则是烧结锅焙烧鼓风炉还原工艺。至今我们还能在这里看到一溜儿排开的 32 台烧结锅，2007 年熄火停机后，已经被作为国家工业生产遗迹保留下来。其炼铅的工艺是：在炉膛上铺上稻草，将硫化铅均匀地放在稻草上，矿石在烧结锅融化后倒入附近的容器，形成蜂窝状烧结块，烧结块送鼓风炉冶炼形成金属铅。这种炼铅工艺生产效率低，能耗高，污染重，32 台烧结锅年产金属铅才 3 万吨，但每年排放的二氧化硫超过 1 万吨，然而，这就是"世界铅都"早期的铅冶炼，代表那一时期中国最高的炼铅水平，既印证了美国生态学家巴里·康芒纳在其 1971 年出版的《封闭的循环：自然、人和技术》中指出的"新技术是一个经济上的胜利，但它也是一个生态学上的失败"，也时刻提醒我们不要忘记革命导师恩格斯的那句"不要过分陶醉于人类对自然界的胜利。对于每一次这样的胜利，自然界都对我们进行了报复"的著名告诫。随着生产量的提升，炼铅产生的烟气量也在增大。对此，水口山人最初想出的解决办法就是提高烟囱的高度，让烟尘在空中扩散，飘到更高更远的地方。1983年水口山建成高达 148 米的砖砌大烟囱，成为同一时期最高的工业烟囱，号称亚洲之最，也代表着同一时期建筑工艺的最高水平。

烟囱，既是工业的象征，也是污染的象征。正是这根高耸入云的烟囱，把水口山炼铅污染物送到更远的地方，以水口山三厂为中心，北到衡南，南到常宁，西到耒阳，东到桂阳，都受其大气污染的影响。风向决定了污染物的流向，刮北风时常宁人受影响，刮南风时衡南人受污染。无风的日子，大气污染物则如锅盖一样压在水口山的头顶，压得当地人喘不过气来。

风力作用下，飘到远处的是相对较轻的二氧化硫尾气。二氧化硫易溶于人体的体液和其他黏液中，长期作用会导致呼吸道感染、慢性支气管炎、肺气肿等多种疾病；二氧化硫遇水变成亚硫酸，并进一步形成亚硫酸盐，从植物气孔周围的细胞开始危害，逐渐扩大到其他部分，受害的细胞叶绿体被破坏，组织脱水坏死，导致农作物减产；二氧化硫与水结合便形成具有广泛腐蚀性的酸雨，可导致土壤酸化，改变土壤结构，致使土壤贫瘠化，影响植物正常发育。因此我国将二氧化硫作为"十二五"时期重点控制的大气污染物，在往后历次环境质量标准提质中均有列入。

风力作用下，飘到近处的则是含有多种重金属污染物的粉尘，这些粉尘几乎没有经过任何处理，对水口山周边地区土壤造成很大的影响，对环境健康危害极大；而铅污染可能是 21 世纪初最让国人谈之色变的污染类型，浏阳、嘉禾、衡东、武冈以及水口山镇对岸的衡南县松江镇等地都发生过影响范围极广的"血铅"事件，持续数年才稍稍平复。

为此，水口山矿务局及其下属三厂均设立有不同层级的农赔办公室，很长时间里，农赔一直都是维系水口山矿务局及其周边农民之间厂群关系的重要手段，耗费物力、人力甚巨。2021 年 8 月，我在水口山做采访调查的时候，遇到过多位具体从事过农赔工作的人。现任五矿铜业公司安环部部长的周军就是其中一位，20 世纪 80 年代他在水口山矿务局任职社会事务科副科长时，这个部门的主要职责就是负责农民损失赔偿工作，赔偿对象包括衡南、常宁几个县的100多个村子。

湖南省环境统计资料显示：20世纪70年代湘江流域水污染最严重的166家企业中，水口山矿务局所辖铅锌矿、一厂、二厂、三厂、四厂、五厂、六厂全部上榜，意味着其累计排放量更是在全省任何一家企业之上；1990年水口山矿务局产值仅仅1.4亿元，新鲜用水量和耗煤量分别为1022万吨和8万吨，铅和二氧化硫的排放量分别为60吨和1.4万吨。这些当时以污染物形态表现的排放物，放在现在看都是价值不菲的资源，这印证着环境界的一句经典名言：污染原本就是放错了地方的资源。1940年迁至新址后投产的水口山三厂，最初所有生产废水、工业窑炉和设备冷却水、地表水，都是通过三条地下水沟排往湘江，给湘江带来汞、镉、铅、砷等多种重金属污染。直到1984年，省人民政府下达限期治理的通知，才选用清污分流、循环使用和石灰乳中和技术，建成日处理能力150吨的废水处理站，而且设备设施极为简陋，仅有一个1500立方米的循环池和几个简陋的沉降池、砂滤池和石灰搅拌池。这种简易中和法治污效果很不稳定，因此很长时间内衡阳松柏断面都是湘江干流水质主要超标断面，1990年松柏断面铜和镉两项重金属分别超标2倍和4倍。2010年湖南省工业废水铅排放37.7吨，其中衡阳19.3吨，这一数据大致体现出水口山区域有色冶炼在全省铅排放中的比重。三厂对于环境的影响持续了非常长的时间，至少2019年中央环保督察组组织的一次对全国有色行业的专门督察中，还指出了其历史遗留的污染物处置问题，尽管这时距离其粗铅生产线的关停已经 12 年。

回到水口山矿务局这座亚洲第一高烟囱，1983 年建成后，以其无可比拟的影响力辐射着周边地区，但其污染远不止从烟囱中排放的烟尘，实际上水口山大量排出的废渣，衍生出了遍地开花的关联企业，也加剧了"世界铅都"的环境污染。金属矿石具有共生、伴生的特点，但过去我们"攻其一点，不计其余"，仅仅专注于某种或几种金属冶炼的时候，其他金属就连同矿渣一起被丢弃了，这种被丢弃的金属的价值也历来未被其他人所重视。1990 年水口山矿务局产生工业固体废物 25.9 万吨，其中含有 8.9 吨镉、60 吨铅和 5 吨砷，其他的小企业尤其是彼时如火如荼发展起来的乡镇企业和私营企业，对此趋之若鹜，视之为求之不得的资源和生产资料。20 世纪 80 年代改革开放后，水口山地区形成了以粗铅冶炼和氧化锌、硫酸锌为主要产品的乡镇企业群，一时间，常宁的松柏镇以及湘江对岸的衡南县松江镇，各种企业如雨后春笋。在水口山有色金属公司对面的松阳社区，方寸之地上，就密密麻麻地挨着大宇锌业、华兴冶化等好几家冶炼企业，而且周边都是密集的住宅。而紧靠湘江的松渔社区，自古就是一个传统的渔村，人们有着对财富的执着追求，村口最显眼处的家族祠堂门联就写着"公是摇钱树，婆是聚宝盆"，从 1970 年由村上公认的能人刘松林建成第一个集体企业氧化锌厂起，高峰期间衍化成六家氧化锌企业和一家焦炭厂。这个千百年以来的传统渔村，从此烟尘四起、噪声不绝，终年飘荡着化工气味，湘江松渔段因此再没有鱼的影子，渔船、鱼篓和渔网被束之高阁，仅仅留存在村民的记忆当中。全村的工作都以企业为核心，村民要么是哪家企业的老板，要么是哪家企业的工人。如今 60 多岁的刘芳端成了其中一家叫凯威的化工厂的老板，这家企业虽然在后来的企业整合中进入了工业园区，但因产品选择的原因终至停产；1981 年嫁到村子里的朱运秀成了工厂的一名质量化验员，退休后如今还在社区工作。无数废渣直接倾倒入河或随雨水进入湘江，到后来全部由常宁市政府兜底买单。建成固体废物处理站、清还环境污染的历史欠账时，从这个村子拖出固体废弃物 8.3 万立方米，共计 10 多万吨。从传统浪漫的渔村到容纳 10 万吨工业废渣的渣场，其中一定有着一个个人类文明与大自然相互掣肘的故事，夕阳下张网捕鱼的动人景象隐去，村民们在不断增加财富的同时，也创造出一个规模巨大但又危险而脆弱的人工生态系统，这个新的生态系统几乎完全是由四溢的废气、废渣和废水组成，与绕村而过的湘江和远处的青山是那么不搭，在大自然心血来潮实施的报复面前，它不堪一击。人类最早的渔村可能是 4.5 万年前位于印度尼西亚群岛海边的某个村落，它是非洲智人慢慢向外扩张时的一个驿站，也是人类历史上第一次出现的定居聚落，时间要远早于农业革命。我对这样的渔村总是怀着莫名的向往与好奇，因为它代表着一种文明的形态，更是一道独特的风景以及江河的特殊记忆。绵延八百公里的湘江边，"松渔"这样的渔村少之又少，我对渔村和渔业的没落感到无比惆怅。

而这座亚洲第一高烟囱对岸的衡南县松江镇，同样聚集了一大批氧化锌企业，以及大量用于筛选铁质的摇床。在那个乡镇企业和私营小作坊家家点火、户户冒烟的时代，没有人把环境污染当一回事，当地政府对污染企业"挂牌保护"，企业主将守法经营、按照环境保护法配套建设污染处理设施，当作一件没有能耐和很没有面子的事情，

2006年6月《湖南日报》记者赵成新采写的一篇题为《常宁多家污染企业得到"挂牌保护"》的新闻稿,大体反映出当时的情况:

　　本报6月22日讯　衡阳水口山地区,是我省湘江流域污染的重灾区。6月20日至22日,省环保局环境监察总队现场执法发现,这里涉砷、镉、铅企业39家,有30家受到常宁市优化经济环境治理办公室的"挂牌保护",而这些企业绝大部分都存在违法排污行为,其中有10家企业未办理任何环境影响评价手续。

　　今天,记者随湖南省环境监察执法队首先来到该市松柏镇华兴化工公司。这家企业设计年产2万吨硫酸锌,现已基本建成,但到目前为止未向环保部门申办任何环保手续。在柏坊镇惠丰工业园,记者看到湘江河边多个排污口,污水哗哗地直接排进河内。沿着排污口,记者来到了工业园内的开泰化工公司,这家企业排放的含锌废水超标严重。2004年,该企业被监测到所排废水锌超标800倍。今年5月23日监测锌仍超标10多倍。旁边的衡安金矿就是利用开泰化工产生的废渣炼金,这本是资源循环利用的好事,可经加工产生的废渣,却成为含氰化物的危险废物,一个大坪内,废渣堆积如山,未按环保部门要求进行防风、防雨、防渗漏处理,致使危险废物中的氰化物成分渗入地下,污染地下水质。走进柏坊镇水口山金铜发展公司所在的大兴、铜鼓、大柏等村,多个山头寸草不生。80岁的胡玉秀老人告诉记者,10多年前,这些山头树木葱茏,是该公司排出的硫烟把树都熏死了。近年来,市里每年发动人员来此植树造林,年复一年就是难以成活。

污染如此严重，难道环保部门不作为？常宁市环保局一位负责人面有难色地告诉记者，这些是市里"挂牌保护"的企业，环保执法难度大。华兴化工公司的负责人刘建华说："周围20多家企业都未办任何环评手续就上马，我去办别人还笑话我呢。"

据了解，常宁市为促进县域经济发展，督促市优化经济环境办对一些重点企业实行挂牌保护，并下文明确要求，所有执法部门和收费单位必须征得市优化经济环境办的同意，方可进入，环保执法自然就形同虚设。由此，也就导致这一地区污染问题日趋严重，今年一季度湘江衡阳段就发生一次重金属超标事件。该市副市长张军在接受记者采访时说，"挂牌保护"，优化经济环境，本是促进经济发展的好事情，但是在实际操作过程中变了样。

改变"铅都"环境状况的努力一直都在进行，毕竟靠农赔建立不了良好的工农关系，即使在经济快速发展的时代，人民群众对良好的生存环境都怀有期待，清洁的水质、新鲜的空气始终是每个人最基本的需求。1983年水口山矿务局成立了独立的环保所，成为这家百年老矿最早的环保管理机构。湖南省最早下达的环境污染治理限期项目中，就包括水口山矿务局的环境治理项目。1985年水口山矿务局三厂开始综合废水治理，2年后三厂完成了废水综合项目治理。但环境治理的速度远远赶不上经济生产的水平，三厂新上马电铅生产线和磁选生产线，在粗铅和稀贵金属基础上新增电铅、铁精矿和水煤等产品后，企业造成的污染更加严重。

铅烟气的主要问题是二氧化硫污染，由于硫铅矿中的硫在冶炼过程中以废气的形式释放出来，而且浓度低，无法收集制酸，水口山公司决定组织多方面力量，将这项难题作为重大技术攻关项目。1982年，提出了水口山炼铅法，1983—1985年，花了近3年时间从事基础理论研究，确立了富氧底吹熔炼和鼓风炉还原熔炼的技术创新路线，水口山矿务局由此开始了新中国成立后最重要、最艰巨和最漫长的一次技术攻关，组成了以总工程师陈汉荣挂帅的铅烟气试验攻关团队，1986—1987年在三厂成立试验车间进行第一次半工业性试验，试验关键是如何进行最好的技术设计，将硫化铅和氧化铅经过一系列氧化还原，经过两次出铅过程提高出铅比例。然而技术探索的过程漫长而多艰，尤其是如何在技术创新中融入对环保科技的考虑，成为关键因素。经过10年的艰苦摸索，1997、1998年水口山矿务局又进行了实现工业化前的试生产试验，该工艺最终进入了可实用的阶段。水口山炼铅法是中国独立自主开发的一种直接炼铅工艺，它是先进的氧气底吹炼铅工艺与传统的鼓风炉还原工艺的有机组合，从而形成一种污染少、投资省、成本低的炼铅新工艺。

1997年，曾经因为环保工作缺乏存在感、深感前途无望的洪国良，在外下海经营、漂泊4年后回到水口山。这一年水口山公司领导层对环保人才的渴望，让洪国良感动至深，他也觉得，环保已经从企业的边缘走向了工作的中心，成了影响企业生存与发展的关键，渐渐地，他觉得属于自己的、属于环保的春天来了。在参加列入日元贷款的"水口山矿务局水污染治理工程"的同时，洪国良与安环部的同事们加入了水口山炼铅法工业化生产试验攻关课题组。在洪国良下海的日子，水口山有过一段环保专职人员集体"出走"的黑暗时期，这意味着那段时间里，湘江干流这家污染物排放最严重的企业，缺乏哪怕是一名专业的环保技术人员处置其巨量的各类污染物，污染排放失控，湘江水遭遇肆意污染，人们的健康备受危害。时过境迁，大家又回来了，而那一年洪国良 32 岁，正是干事创业的好年龄，于是与同事们一起经常爬进烟道，采集水口山炼铅法试验样品和数据，不顾含砷烟尘对身体的危害，一身灰尘一鼻子血，模样虽然吓人，但为技术创新采集到了非常重要的参数。到 1998 年，历经 16 年探索和反复试验完善，采用密闭熔池熔炼代替传统烧结锅，富氧底吹熔炼和鼓风炉还原熔炼的新技术臻于成熟。由于在熔炼过程中采用微负压操作，整个烟气排放系统处于密封状态，从而有效防止了烟气外逸，将收集的二氧化硫浓度从过去 0.5% 提升到 6%，达到了工业制酸的浓度要求。这意味着，一项新的炼铅技术诞生了，这项技术将二氧化硫烟气回收率提高了十多倍。此时已经更名的水口山有色金属集团有限公司攻克的富氧底吹熔炼和鼓风炉还原炼铅技术，让深受炼铅大气污染困扰的中国冶炼行业看到了希望。1998 年方案成熟后，由中国有色工程设计研究总院牵头，组织池州冶炼厂、河南豫光金铅集团、温州冶炼厂和水口山公司五方集资，进行氧气底吹熔炼鼓风炉还原工业试验，取得成功。由于该工艺的提出、摸索和研发地均为水口山，这种氧气底吹熔炼鼓风炉还原的工艺被称为"水口山炼铅法"，采用"水口山"汉语拼音的第一个字母，简称"SKS 法"。SKS 法被国家发改委、工信部、环保部作为国内实施有色产业升级转型的首选工艺予以大力推广应用，成为引领这一时期中国铅铜冶炼的最新技术。此后，全国百分之八十以上的新建铅厂都采用了 SKS 法。SKS 法的诞生，既显示出水口山公司作为百年老矿的人才与技术积淀，同时也反映出后工业时代资源型企业进行探索与开拓的必要性，但不管怎样，水口山公司为改善炼铅环境再次作出了自己的努力，捍卫了"世界铅都"的尊严。

SKS 法成功推出后，1999 年原国家计委、国家经贸委分别批准该技术首先在安徽池州冶炼厂年产 30 万吨的示范性工厂和河南豫光金铅集团年产 50 万吨的铅冶炼厂运用，两个项目的产能都把昔日铅都水口山远远甩到了后面。SKS 法在安徽和河南等省得到很好的运用后，这一科研成果获得了国务院颁发的"国家科学技术进步二等奖"。而彼时的水口山公司由于自身经营状况不佳，困难重重，并未成为首先采用这一技术的企业，依旧还在三厂那老旧的工厂里，采用烧结锅加鼓风炉的方法，用亚洲最高的烟囱肆意向周边排放污染物，可谓"墙内开花墙外香"，这也让水口山公司自己感到非常沮丧。2000 年，水口山公司提出实施铅烟气治理工程，主要做法是关闭水口山公司三厂粗铅冶炼，在附近用 SKS 法建设新的粗铅生产线，这也就是现在的水口山公司八厂。八厂的建设得到时任总理朱镕基的关心和支持。2001 年 4 月 10 日，朱镕基总理来湖南视察，召开湖南省部分大型企业负责人座谈会，应邀参加的水口山公司负责人刘振国汇报了企业面临的经济困难，以及新技术推广使用的瓶颈，朱镕基总理听后，立即责成中国人民银行研究和提供资金支持，如果不是这一次资金支持，在中国现代炼铅发源地的水口山，能否建成和保留一条适应现代生产和环境保护要求的炼铅生产线，还很难说。2005 年 8 月，水口山公司八厂在三厂以南 0.5 千米开外的曾家溪畔建成。彼时的中国，节能减排已经成为国家政策，湖南省也同时拉开了湘江治污的序幕，对环境保护提出了更高、更严的要求，由于该项目建设过程中未严格执行环保"三同时"的要求，因此八厂建成一年多时间未被准予生产。在按照环境影响评价要求，增设了碱液喷淋装置、将一级动力波改为二级动力波，大幅度提升二氧化硫去除效率后，八厂于2007年5月正式投产，同年水口山公司第三冶炼厂粗铅冶炼生产线永久性关闭停产。

水口山公司八厂在磕磕绊绊中蹒跚起步了。作为这一时段湘江污染治理工作新闻宣传的组织者，我每年都组队到这里采访宣传，我希望它展示出SKS法的新技术、新成就和新风貌，但事与愿违，在众多记者的眼前，八厂的滚滚浓烟总是不争气地时时飘出，而且由于工厂建在高地的缘故，排污状况常常显得非常扎眼。管理粗放是造成这种局面的十分重要的原因，三厂粗铅生产线关闭后，作为铅都主要粗铅生产企业，八厂承载着最重要的责任，员工们期盼能够引领大家熟练采用自己SKS法原创技术、认真开展清洁生产的管理层出现。

水口山公司需要一个顺应时代新要求、具有家国情怀的企业领导。2010年，吴世忠担任总经理后，继任为董事长，并当选为全国人大代表，在要么企业消灭污染，要么污染消灭企业的政策背景下，上任后就将环保高级工程师洪国良任命为安全环保部副部长。在湘江重金属治理背景下，吴世忠注重将污染治理投资和治理技术研发相结合，配备精兵强将，成立全流域首个企业"湘江流域重金属污染治理项目办公室"和"水口山专项湘江课题办公室"，总工程师关亚君任办公室主任。关亚君领导的项目办公室密切配合北京大学完成了"湘江水环境重金属污染整治关键技术研究与综合示范"国家专项项目之"水口山复合重金属污染控制技术与集成"在水口山的研究和实施，并配套建设了两个示范工程；综合考虑渣型、气型、水型污染的现状，向国家、省级发改委和环保部门申报了三个湘江流域重金属污染治理项目：铅系统含重金属烟气综合治理工程、含镉渣综合治理改造工程、铅锌选冶重金属废水综合治理循环利用工程，总投资 4.73 亿元。为了争取项目申报成功，身材瘦弱的关亚君经常挤着绿皮火车往返于北京—长沙—衡阳，没有座位就站着，站累了就把鞋子脱掉，她是以瘦削的肩膀担负历史重任的人。

水口山公司八厂定的第一条规矩，就是绝不搞过度生产，面对再好的产品行情、再高的利益诱惑，也绝不将生产量提高到设计能力以上，因为那样会造成整个环保设施超负荷运行，导致各种环境事件发生，以及环境质量不稳定；同时建设一支具有专业水准的环保队伍，抓好人才这个关键——于是一支思想素质高、专业能力强的环保队伍在分厂层面组成了；恢复过去时开时停的治污设施，对全厂实施精细化管理，排污量、用电量、药剂用量全部实施表格化管理。2009 年，陕西金禹科技发展有限公司自动反洗表面过滤技术成功应用于八厂的生产废水处理，解决了铅冶炼废水治理和循环关键技术瓶颈，开启了铅冶炼废水零排放的序幕，取消了三条排水沟。短短几年时间，水口山公司八厂基本建成完备的治污体系，工厂北面围墙一溜儿都是密密麻麻的废水处理设施，生活污水、生产废水、污酸废水、厂区雨水、综合深度废水回用一组五套污水处理系统的应用，实现了粗铅冶炼废水零排放，这是水口山冶炼历史上开天辟地的大事。水口山公司曾经在产能远不及现有规模时，每天废水的排放量居全省所有企业之首，常宁松柏断面因此长期成为被重点关注的水质断面。2012 年从基层干起的陈学兴走上八厂副厂长岗位，作为兼管生产和环保的副厂长，他成为这一关键时期企业环保政策的主要执行者。

在对水环境治理实施一系列设施建设的同时，大气污染治理的两次关键性技术选择也非常重要，其中一次是采用富氧侧吹代替鼓风炉实现氧化铅还原，另一次是采用离子胺技术处理生产中的二氧化硫。

2007年投产的水口山公司八厂，氧化系统采用SKS法代替了烧结锅，但还原环节还是使用鼓风炉。鼓风炉还原技术作为1000多年前炼铁时代诞生的冶炼技术，存在污染排放重、对健康影响大等缺点，由于使用时烟气冲天，鼓风炉甚至被人直接称作"冲天炉"。而此时河北一带已经引进了一种富氧侧吹的还原技术，该技术的特点在于对原料的适应性广和快速熔铅，可减少焙烧、破碎等环节带来的大气污染，因而受到市场的欢迎。一直走在技术前沿的水口山公司立马把这一技术引进过来。这项名为液态铅渣直接还原炼铅工程的项目，投资近2亿元，主要做法就是用富氧侧吹还原炉代替原有铸渣机和鼓风炉，并配套建设一台烟化炉用于回收还原炉渣中的铅、锌等。项目于2014年建成投入使用后，水口山公司八厂的排污状况完全改观。

历经2011、2012年中东部地区绵延千里的全国性雾霾事件后，国家对各行各业大气排放的要求越来越严，实施了大气污染物排放限值的环境政策，二氧化硫、氮氧化物等排放标准在短短几年提高了几倍。离子胺脱硫技术在2014年走进了水口山人的视野。技术实施单位是长沙华时捷环保科技公司，这项技术就是将炼铅烟气处理分为预处理、二氧化硫吸收和再生，以及胺液净化三个阶段，其中第二个环节是整个工艺的核心：在吸收装置中二氧化硫与有机胺吸收剂发生可逆性反应，从而达到除尘和脱硫的双重功效，解决侧吹炉和烟化炉残余的二氧化硫污染问题。运用这项技术进行的最初的试验得到了环保部门的认可，部分人却因害怕"第一个吃螃蟹"，导致项目很长时间不能在企业落地。水口山公司虽然对离子胺脱硫技术高度认可，但由于该技术没有实施业绩，如果盲目采用不成功的话，将要对相关责任人进行追责。第一责任人自然是公司董事长吴世忠，任职以来，他都坚持让专业的人干专业的事情，环保项目基本上让环保专业人员说了算，这也让环保专业人员直接坐上了火山口，于是他们找来技术施工单位，反复讨论热能和处理设施腐蚀性等关键问题，直到心中所有的疑点被消除后，果断上马离子胺脱硫技术。虽然历经磨难，但总算各项指标超过预期，甚至优于国家大气污染物特别限值标准，这下，吴世忠心中的石头才终于落地。7年后，时任水口山公司安环部副部长的洪国良见到我时，仍然心有余悸地说："这事真要搞砸了的话，感觉最对不住的就是吴世忠了，他对改善企业环境质量的期望值那么高，又最大限度地让我们放手工作，给予了那么多支持，从不过问和干涉工程招标，技术施工单位前前后后在水口山公司跑了好几年，从没有和他一起吃过一顿饭，但真正追责的话，他还是第一责任人。"

2015年，我与吴世忠有过一次深入接触。作为湖南省贯彻落实新《环境保护法》研讨会嘉宾，吴世忠是唯一的企业代表，在会上做了《环保从"新"开始》主题演讲，我这时才知道，整个"十一五"期间依然是水口山经营最困难的时期，在经济下行、资金匮乏、生产经营亏损和人员安置压力日益加剧的背景下，公司完成了历史上最大的结构转型，2010—2014年期间关闭水口山公司三厂和铜矿粗铅生产线、三厂铟生产线、金信公司水泥生产线、四厂锌粉生产线、金信公司锌挥发窑生产线，淘汰八厂铅鼓风炉、第二冶炼厂等的一批落后产能和工艺。同时，全力推进重金属污染治理工程，投入污染治理资金8亿元，相继实施铅系统含重金属烟气综合治理工程、镉污染综合治理工程、铅锌选冶重金属废水综合治理循环利用工程、液态铅渣直接还原炼铅工程、八厂铅冶炼废水综合治理利用工程、四厂和六厂防渗工程、柏坊铜矿废水处理工程、含铊冶炼废水处理工程、水口山冶炼废渣无害化工程、四厂和八厂制酸尾气治理工程等24个重金属污染治理项目。这是什么样的企业家精神？这是什么样的责任担当？如果没有企业家的付出，没有企业的责任担当，守护湘江母亲河不过是一句空话。实际上，后来臻于成熟的《环境保护法》构筑的环境保护责任体系是：党委领导，政府主导，部门联合，企业主责，社会参与。

在污染治理新技术创新方面，作为"铅都"水口山的水口山公司，除了研发出世界著名的具有水口山自主知识产权的"水口山炼铅法"和"水口山炼铜法"外，针对有色金属废水废气污染治理，与长沙华时捷环保科技发展有限公司共同研发电絮凝处理重金属废水技术和有机胺再生脱硫处理二氧化硫废气技术，与中南大学共同研发生物制剂处理重金属废水技术，这三个技术创新，均在水口山首家获得成功应用，开了我国有色金属行业污染治理的先河，不仅解决了水口山本身的环境污染问题——2017年与2009年比，全公司工业废水量减排68%，二氧化硫、工业烟尘、工业废水中主要重金属污染因子铅、砷、镉均减排90%以上，松柏段湘江干流水质稳定在Ⅲ类水质标准，同时也为国家重金属污染防治提供了强有力的技术支撑。

◎ 2021 年建成的水口山纪念馆（水口山纪念馆供图）

◎ 水口山最早的矿井，已被列为国家级文物

◎ 水口山三厂最早的炼铅工艺，现已列为国家级文物（水口山纪念馆供图）

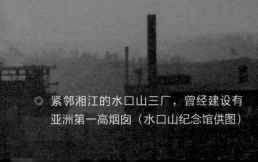

◎ 紧邻湘江的水口山三厂，曾经建设有
亚洲第一高烟囱（水口山纪念馆供图）

◎ 水口山八厂全景（水口山纪念馆供图）

◎ 康家湾铅锌矿机械出矿场景（水口山纪念馆供图）

◎ 搬迁到衡阳水口山镇后焕然一新的株冶公司

◎ 水口山四厂早期的冶锌工艺，层层包裹作业方式被称为"披麻戴孝"

（水口山纪念馆供图）

◎ 柏坊铜矿铜冶炼场景（水口山纪念馆供图）

◎ 水口山建设有专用的瓦园铁路（水口山纪念馆供图）

◎ 水口山公司机关大院（水口山纪念馆供图）

◎ 常宁市对涉重金属企业实施整治整合，这是重组后唯一保留的民营炼铅企业

◎ 舂陵江在水口山附近汇入湘江，作为湘江的
支流，与湘江同样发源于蓝山县（刘科摄）

© 水口山一带的池塘已恢复
江南水乡自然美景

◎ 实施生态修复后的水口山镇松渔社区

水口山公司三厂、四厂已然不在，如今的八厂，拥有湖南少数几条年产 10 万吨粗铅生产线，虽然产量不是很大，但毕竟承载着"铅都"的责任与荣光。走进水口山八厂，但见厂区内绿树成荫、芳草萋萋，厂区围墙外被彻底淘洗过的曾家溪，不时有白鹭、噪鹏等多种鸟类飞过，看来，湖南省政府和中国五矿集团欲将水口山打造成铅锌铜绿色有色高地的目标越来越临近实现。今日的水口山八厂与不远处作为工业遗迹保留下来的水口山三厂及其 148 米高的亚洲第一烟囱形成鲜明对比，三厂与八厂，历史与现实，在相距不到 1 公里的地方，相互交融，相互印证。

智锌

2021 年 7 月底的一天，我在水口山沿着凹凸不平的常青路从北往南走，路边依次为全部归属中国五矿湖南有色旗下的三家企业：水口山冶炼厂、五矿金铜和五矿株冶。而在新规划的松柏工业园，五矿株冶和五矿金铜分列在宽阔的新园路两侧，厂区巨大的标语是"珍惜有限 创造无限"，彰显这家中央企业的文化追求，这对于一家资源利用型国有企业来说，有着非常实际和确切的意义。中国的矿产业生产，很长时间都伴随着严重的重金属污染，作为有色金属之乡的湖南，尤其是湖南母亲河湘江更是如此。我们在观照了"铅都"，了解了炼铅的发展之后，自然会要提到炼锌了。

铅锌简直就是一对无法分开的孪生兄弟，因此我们看到的所有矿山都是铅锌矿，而少见独立的铅矿或者锌矿，与此相对应，所有炼铅的冶炼厂，必然同时炼锌，毕竟丢掉其中的任何一部分都是浪费。选矿厂的铅精矿、锌精矿、硫精矿被送入铅、锌、铜冶炼厂分别冶炼后，之间一定还有一次物料再分配，基于此，中国五矿对于湖南水口山铜铅锌产业基地项目的构想是这样的：水口山公司炼铅后，含锌物料送五矿株冶，含铜物料送五矿金铜；同样，五矿金铜含铅物料送水口山八厂，含锌物料送五矿株冶；五矿株冶含铅物料送水口山八厂，含铜物料送五矿金铜。当然，生产中金、银物料还有不一样的物料分配。通过这种分工协作和内部协同，实现五矿集团内部，在同一个工业园内对所有有色金属渣料的"吃干榨尽"。这样一套新的运营模式建立之前，水口山集团与株冶集团都有完善的内部物流，分别在湘江干流的中游和下游开展循环经济的尝试，不过建立在老厂、老线上的技术改造，犹如戴着镣铐跳舞，离真正的循环经济还差那么一点，包括其中的锌冶炼。

1934年，坐落在长沙市三汊矶的水口山矿务局一厂采用火法横罐锌炉，炼出我国第一炉锌，结束了我国1000多年的土法炼锌历史，翻开了中国现代炼锌工业的新篇章；1941年，坐落在衡阳市石鼓区的水口山矿务局二厂氧化锌工程竣工投产，成为我国最早炼制氧化锌的厂家，氧化锌就是锌锭的深加工产品。抗战时期，湖南省炼锌厂也过起了颠沛流离的日子，水口山矿务局一厂先后迁往益阳和衡阳，1946年日本投降后迁回长沙三汊矶。1949年10月衡阳解放，属于国民党政府的水口山矿务局由人民政府接管，在相继接收水口山一厂和水口山二厂后，1952年在松柏新建炼锌厂——也就是后来的水口山四厂。可见最初的企业架构中，"铅都"炼锌生产线比炼铅的还多。1954年水口山炼锌厂就产出 99.99% 高纯锌，受到当时的《人民日报》《新湖南报》高度称赞："劳动经验与技术理论相结合创造的奇迹""火力炼锌，全国创举"。

初期火法炼锌非常辛苦，我们从水口山工人运动纪念馆留存的照片中依稀可见当年炼锌的场景：工人们披着麻袋，扎着长长的护脚套，头戴拖帽，再套上层层叠叠的口罩，从头武装到脚，不露出一点肌肤，然后在麻袋上涂上厚厚的湿泥巴，全身工作服重达十多公斤。全副武装的工人在浓烟刺鼻、炉膛温度高达 1300 度的高温炉前，浇铸高纯锌锭。这样的特班工人每班两小时，其间需喝水 6 公斤、排汗 8 公斤，才能维持肌体的水分平衡，这副笨重的装束被水口山人戏称为"披麻戴孝"。10 多年前曾任水口山公司四厂电解锌车间主任的朱兵回忆，这样的工作条件直到 1991 年改为湿法炼锌后才有所改善。水口山四厂在提高效能、降低污染的道路上一直在努力，1965 年起采用横罐和竖罐炼锌技术，代替平罐炼锌技术，算是其中的一次飞跃。这样的竖罐如今在炼锌生产中早已淘汰，我自己则有幸在湘江长沙西岸三汊矶长沙锌厂旧址见到过。1978 年水口山四厂开始研究湿法炼锌，获得湖南科技大会科研成果奖；1980 年与中南矿冶学院合作研发热酸浸出—针铁矿法炼锌工艺，获得湖南省科技成果二等奖；1991 年 5 月 1 日采用湿法工艺终结半个世纪的"火法"炼锌历史，湿法炼锌与火法炼锌前段焙烧工艺都一样，但后端改为浸出、净化、电解、阴极锌的熔铸等系列工艺，使工人们的工作条件有了很大改善；1996 年开始筹建挥发窑，用于回收湿法炼锌渣料中的锌；1998 年通过日元贷款获得首批湘江治理专项资金，淘汰过去长期使用的 10 平方米沸腾炉，建成 24 平方米、42 平方米沸腾炉各一套，采用"两转两吸法"代替"一转一吸法"制酸，二氧化硫利用效率从 60% 提高到 98%。尽管这样，炼锌的四厂与炼铅的三厂，仍是水口山公司最大的污染源。我们已经很难复述当初炼锌产生的污染，但相关人员还记得，四厂工业废水外溢进入排污沟后，常常被当地农民扒开，让污水自然流入农田，积累一段时间后，便挖出这些富含多金属的泥土去卖钱，也就是说这些流入农田的污水实际上是在"流金淌银"。

2008 年，水口山四厂实施了关键性的废水治理技术——电絮凝技术实施废水综合利用。电絮凝法处理废水是利用铝或铁阳极，原位生成高活性的多形态聚铝或聚铁絮凝剂，将水体中污染物微粒聚集成团并沉降或气浮分离的除污工艺，早在 1889 年就在伦敦建成了全球首条电絮凝法处理海水与电解废液的车间，但这一技术很晚才进入中国人的视野。据洪国良回忆：电絮凝法处理重金属废水在四厂落地过程非常艰难，因为水口山这样的冶炼企业，习惯从冶金的角度来看待这项技术，认为电絮凝法原理太过简单，不能解决废水达标问题。但实际上电化学并不是一个单纯的冶炼过程，而是低浓度废水进行耦合电解的化学过程，属于环保技术而非冶炼工艺。公司层面多次召开会议对此进行否决以后，安环部仍然坚持从实际出发，力推电絮凝法。关键时刻，时任水口山有色金属集团有限公司总经理的唐明成给予了坚定支持，提出搁置争议，先做试验再做决定。长沙华时捷环保科技公司经过 10 个月现场试验获得成功以后，项目正式投入建设，项目包括废水电絮凝深度处理工程、制酸废水预处理工程、制酸工艺板式换热器改造、排污沟规范化改造等内容。通过项目实施，减少废水排放量 8900 吨/日，外排废水铅、镉、锌、砷达到国家要求并于 2009 年通过湖南省环境保护局验收。该项目为湘江干流水质扫除了一颗定时炸弹，往后电絮凝法和生物制剂法成为有色金属之乡湖南处理重金属废水的主打技术之一。

就这样，水口山四厂一步一步向前走，环境质量不断改善，企业产能也一步一步提高到年产 8 万吨。但对于这个行业来说，年产 8 万吨是一个极不具有市场竞争力的生产量，特别是与株冶集团年产 50 万吨的产能来比，简直就是天壤之别，因此水口山公司四厂职工在比较自己与株冶集团炼锌的差距时，清晰地认识到，产能过低、员工包袱重是四厂长期亏损和无法与株冶炼锌抗衡的主要原因。出于市场的考虑，同时也主要出于保护环境的考虑，中国五矿决定在株冶搬迁到水口山后，关停水口山公司四厂炼锌，实现株冶独家炼锌。2019 年 5 月，水口山公司四厂在近 20 年来首次盈利的这一年，结束了自己 68 年生产历史，一百多名熟练技术工人转岗到新近搬到水口山的株冶集团。

株洲冶炼厂始建于 1956 年，到搬迁出株洲清水塘前具备的每年 50 万吨炼锌产能也是不断扩张形成的，因此有着 3 条工艺不同的炼锌生产线，包括 2 条火法—湿法联合炼锌工艺生产线，其中锌 I 系统建有 5 台 42 平方米沸腾炉，锌 II 系统建有 1 台 109 平方米沸腾炉，这也是当时亚洲最大的沸腾炉，另外一条富氧常压高酸直接浸出工艺生产线年产 10 万吨锌。2004 年株冶进入国家首批循环经济试点企业，2007 年长株潭城市群获批国家两型社会试验区试点，作为清水塘区域的龙头企业，株冶在清水塘的发展完全是奔着循环经济的道路努力的，直到 2010 年，株洲市编制的《清水塘循环经济工业区核心区规划》还提出：实现以株冶为龙头，构建科学合理的生产产业链，通过清洁生产和绿色工业达到以"零排放"为理想目标的最低环境污染，推动整个清水塘工业区经济增长模式的根本改变。为了继续更好地生存下去，株冶实施了以基夫赛特直接炼铅系统建设为抓手的循环经济建设，名为直铅系统，实则主要是解决锌系统废渣问题，同时大力推进废水零排放工程。2013 年实施总废水综合改造后，株冶总废水站排放量历史上首次减少到每年 200 万吨以下。但是，2014 年国家批复清水塘老工业区整体搬迁方案后，株冶也只能按照国家总体要求，按照清水塘发展规划，以及中国五矿在湖南有色发展的新思路重新布局。五矿在湖南的最新布局是跨越衡阳、株洲两市，整体推进株冶集团和水口山集团战略整合，这次整合以建设"中国第一、世界一流"铜铅锌基地项目为愿景，立足衡阳常宁市现有产业基础，集合各方力量倾力打造，通过整合株冶、水口山公司和刚刚投产的五矿铜业公司，实现"老企业退城入园、湘江流域环保治理、传统产业转型升级"的有机结合。2017 年起，在水口山兴建铜铅锌产业基地正式进入实施阶段，该基地一期建设总目标是建成年产 10 万吨铅、30 万锌和 30 万吨铜的产业基地，同时关停原株洲冶炼厂，水口山公司三厂、四厂以及六厂的稀贵冶炼生产线。腾笼换鸟的产业转型升级工作，得到衡阳市及下属常宁、衡南县的大力支持与配合。

2017 年 10 月，新株冶在水口山经济开发区正式奠基建设，瞄准建成国内领先的绿色工厂的目标，不遗余力地打造绿色冶炼标杆，环保投资高达 7 亿元，相当于全部建设投资的三成。在继续采用湿法炼锌先进工艺的基础上，新株冶做了几项关键性的技术变革：将过去直接浸出工艺变为改良型常规浸出，较好解决了过去直接浸出后硫渣量大和难处理等问题，含铅、硅高的锌精矿在这一新工艺中有了很好的适应性；采用大型化、智能化设备，由过去多系统运行改为单系统运行，其中建成 2 台世界上最大的单体面积达 152 平方米的沸腾炉。锌精矿采用流态化焙烧后，烟气经余热锅炉和收尘后送制酸，焙烧所得焙砂送浸出，建成世界最大单系列 30 万吨浸出系统，浸出渣经银浮选后送渣处理，回收渣中的有价元素，实现废渣无害化；锌浸出液采用四段砷盐净化工艺，去除其中的铜、镉、钴、镍等杂质元素离子，净化渣送综合回收得到副产品铜精矿和精镉，炼锌净液然后经过电解、熔铸，形成热镀锌合金、压铸锌合金以及锌锭产品；电解车间采用国内独创兼顾分时效益的大极板电解和自动剥锌技术。项目在新址建厂上创造了中国建设多项第一：2017 年 11 月奠基，2018 年 12 月 26 日竣工带冷料试车，全部建设工期仅仅 13 个月；2019 年 6 月投产，避免了生产空档期过长造成的客户丢失，特别是宝钢、首钢这些重要客户得以继续保留下来。

工艺的介绍或许令人眼花缭乱，但这一系列冶炼后，戏剧性的效果产生了。最新污液处理工艺直接减量 3 万余吨污酸渣，工业废水零排，减少几十万吨中和液。老株冶时为了堆存每年几十万吨废渣，1957 年建设了一个占地几十亩的老渣场，然后又建了个库容量很大的新渣场，还配套建成一个占地 1.2 万平方米的渣棚抑尘降灰；五矿新株冶建成后，通过浸出、深度净化、自动剥离、直接萃取、智能化等核心技术运用，实现有价金属的回收和尾渣的无害化综合利用，仅仅只要一个 3000 立方米的危废库，渣料越来越少，完全在园区实现综合回收利用。

针对有色冶炼行业关键的废气资源化环节，技术人员开展了沸腾炉烟气二氧化硫转化效率提升攻关，实现与污酸处理能力匹配。在系统污酸减量的基础上，同时对污酸处理工艺进行大胆创新，彻底解决了系统氟氯平衡问题。通过源头降低污酸产量，优化处理工艺流程，顺利产出 70% 以上的高浓度成品酸，产出电渗析淡水氟氯含量均达到生产标准，均在工艺中实现回用。通过"高效金属过滤材料""高效陶瓷过滤材料""离子胺脱硫"等新工艺技术的运用，解决备受困扰的二氧化硫问题，其排放浓度按照国家标准的五分之一即按照 80 毫克/立方米设计，与老株冶相比，每年减少二氧化硫排放 6000 吨。通过采用臭氧脱硝工艺，氮氧化物的脱出效率保持在 90% 以上，排放浓度稳定控制在特别排放限值 100 毫克/立方米以下，较搬迁前每年减少氮氧化物排放 1000 吨。站在技术角度，做到无烟排放成为可能，但世间万物都有个平衡的问题，我们在努力降低污染物排放的同时，付出的却是能源的代价，换一句话说，影响我们正在努力实现的 2030 年碳达峰和 2050 年碳中和目标。

技术上可行而且真正做到的是冶炼工业废水零排放。在清水塘时，且不说株冶高峰期每天万吨以上的废水排放，就是实施循环经济系列改造后，实现每年废水减排 400 万吨，2017 年关停前一年，排放的废水也在 140 万吨左右。关键是处于长沙株洲湘潭核心段的湘江干流，受制于老系统的设备、技术和控制水平，时刻处于高风险状态，时刻对湘江母亲河的生态和饮水安全构成一定的威胁。搬出清水塘以后，如今的株冶，蓝天白云下，厂区宽阔，空间布局合理，一派现代化新型企业形象，只有少数几根烟囱冒着白色的水蒸气。自 2012 年以来一直任株冶安环部部长的熊智，在亲身经历了新老株冶的不同发展时期后，深有感触地说：过去在老株冶由于建厂较早，厂房结构和密闭程度相差较大，开放和半开放厂房不可避免对周边环境带来影响；生产布局凌乱，管网规划无序，无法做到雨污分流、清污分流和污污分流等"三污分流"，导致废水产生量大，特别在雨季时地表会产生大量污水；在老的生产线上无法做到工业废水零排放，重金属废水虽经达标处理排入湘江，但总量还是很大；而不同水质污水合并处理，导致污水处理废渣量较大，难以做到有效的回收和处置。在水口山这片新土地上，一切都是新的，正好绘制新的图画，就环境管理来说，废水零排放已经不存在技术上的问题，而是如何精细化管理，实现厂区内的高效清洁生产，始终保持地坑干净，确保收尘设施稳定运行，牢牢掌控厂房的密封度，时刻保持厂房围堰清洁，做到雨污分流，严控渣料内部转运，做好了以上几个环节，厂区内就没有沉积的灰尘，就算是雨水来了也不会形成污染，顶多把骤雨带来的积水送到应急池储存。当然这个过程中会选择最好、最清洁的技术，如物料运输过去较多采用车辆，现在全部改用皮带廊刮板转运后，就避免了车辆行进中的扬尘污染和渣料散溢；炼锌过程中的酸性废水过去采用石灰沉淀调节酸碱度，石灰消耗带来每年几万吨的废渣，新株冶采用石灰除氟、二氧化碳除钙等工艺，回用水可替代生产水使用。而采用离子胺法脱硫代替过去钠碱脱硫，一次性解决脱硫脱硝等难题，直接将排放值降到大气污染物特别限值以下。自然环境发生根本改变的同时，职工工作条件和劳动强度也大幅度改善，曾经有过"披麻戴孝"历史的中国炼锌工人，随着全部自动化的实现，只要坐在干净舒适的中控室，密切注意各个环节的运营情况，对偶尔出现的问题及时加以解决即可；即使是过去剥锌这些纯手工环节，现在也全部改为机械手代劳。

正是这些改变，带来了企业生产成本的降低，老株冶时拥有员工6000余人，而新株冶核定职工人数为950人，这也直接将炼锌成本从原来的行业中低水平提高到现在的行业一流水平。同时，随着新技术的采用，炼锌生产综合回收效率从过去的95%提高到现在的97%以上，达到国际领先水平。两个百分点的提高看似不大，但对于一个年产30万吨锌的企业来说，这一增幅对铅、锌和金、银等稀贵金属回收率的提高，其价值就殊为不同了。在水口山，我经常听到的词就是"综合回收率"，这体现了资源稀缺时代人们价值观念的变化。过去铅锌冶炼，企业都是希望矿石品位高，而现在高品位矿石稀缺，大家口中提到的都是效益型物料。株冶作为一家以炼锌为主的企业，过去希望炼锌原料中含铅在1.5%以下，现在原料含铅在1.5%以上甚至2.5%也行。因为炼锌工艺适应性提高了，物料中含锌可能低一些，但铅、银高一点就行，企业在生产中一视同仁地把它们当作资源提炼出来，这些提炼出来的有价金属，就变成了生产中的综合回收效益，特别是含银的物料，过去综合回收率只有70%，现在提高到了89%，这些都得益于整个系统装备的改善。生产成本下去了，综合回收效益上来了，一减一增之间，便是新株冶效率的提升，2020年企业实现营销收益143亿元，盈利2.9亿元，而过去株冶在株洲市貌似家大业大，员工人数多，产品类型多，但年利润也就几千万。

株冶从株洲清水塘退出，在湘江上游的水口山征地新建，曾经被很多人视为噩梦，认为在污染负荷极大的湘江水口山再建一个大型有色企业，势必对湘江水环境带来严峻考验，然而两年下来，人们看到的不是噩梦的开始，而是株冶的涅槃重生，这刷新了我们对冶炼企业的新认识、新理解。2020年年底，由中国工程院院士、中南大学教授桂卫华领衔任组长的专家组，对湖南株冶智锌工厂项目建设进行了总结评审，专家们对这一项目给予了高度评价和认可，认为该项目以建设"世界一流"、打造有色冶炼智能工厂标杆企业理念为引领，为锌冶炼的绿色、安全、高效生产发挥了重要作用，不仅是有色行业的首创，也在国内树立了样板和标杆。2021年11月3日，株冶集团"锌冶炼过程智能控制与协同优化关键技术及应用"项目，在全国科技大会上荣获2020年度国家技术发明二等奖。

何以称为智锌工厂？锌本身就具有益智健脑的作用，在我看来，在这个资源稀缺、环境瓶颈突出的年代，就是说我们要坚持用脑子炼锌！

金铜

对于水口山铜铅锌冶炼基地，我们在述说了铅、锌之后，接下来自然要说到铜了，毕竟在七种最基本的有色金属中，锌是最后被发现的，而铜几乎是人类最早发现和广泛使用的金属。早在史前时代，人们就开始采掘露天铜矿，铜在古代广泛地被制作成铜器皿，铜和锡的合金很早用于制造刀具、钱币和工具，铜的使用对早期人类文明的进步影响深远。整体来说，有着"有色金属之乡"称号的湖南，却是一个少铜省份，幸运的是，有着"世界铅都"之称的水口山，就有着一个柏坊铜矿。

柏坊铜矿最早是属于常宁县的地方国营企业，1959年由水口山矿务局接管后，成为该矿直属企业之一，为湖南最大的铜矿。1982年电铜生产线投产，柏坊铜矿由此成为湖南唯一的采选冶工艺完善的铜冶炼企业，一度拥有60万吨铜铅锌采选、20万吨铜铅锌冶炼、1吨黄金和240吨白银生产能力。它实际上也是一个缩微版的水口山矿务局，有一个高耸入云的烟囱与水口山矿务局三厂的亚洲第一烟囱遥相呼应。很多时候，人们甚至不知道湘江上下游之间相距10公里的两根烟囱，谁的污染物排放更多。但随着柏坊铜矿资源日趋枯竭，企业不可避免地走向衰落破产边缘，湖南人开始思考如何在少铜的省份，保持既有的市场份额并努力做大。早在1972年，有人就开始尝试采用硫酸细菌浸出回收尾矿中的铜，过去习惯于粗放经营的企业生产者开始对每一座矿山进行深耕细作，他们在废弃不用的主力坑口寻寻觅觅，努力做好残矿回采工作，也加大了对过去随意丢弃的砷冰铜和转炉渣的处理力度。但这种小打小闹已经无法挽回炼铜生产的颓势，也无法改变环境恶化的趋势。前述《湖南日报》记者2006年关于常宁市挂牌保护污染企业的新闻稿中，也记录了当时柏坊镇的自然环境景况：走进柏坊镇水口山金铜发展公司所在的大兴、铜鼓、大柏等村，多个山头寸草不生；10多年前这些山头树木葱茏，后来都被铜矿排出的硫烟熏死了。

　　水口山人在炼铜的道路上似乎越走越窄，但是当我们换一种角度看问题时，又仿佛前途一片光明，希望正在灯火阑珊处，毕竟资源在那里，技术也在那里。在铜矿资源日趋枯竭的年代，"铅都"水口山各种冶炼还如火如荼，区域内每年生产 10 万吨以上的难以处理的含金砷硫精矿，含金量每年达到 1 吨以上；尤其是水口山集团本身在铅锌冶炼过程中，就有近 1000 吨金属量铜资源可以回收，而湖南有色其他下属单位也有 4000 吨以上金属量的副产铜资源；另外湖南省内每年能可靠提供 5 万吨废杂铜和 5 万吨冰铜。这些以危险废物形态存在的物料，若是向外省转运的话，需要按一定系数向危险废物接受省份转移一笔数额不菲的污染治理资金，带来很大的经济压力；更不用说湖南境内还有 300 万吨以上探明的铜矿资源储量。而在技术层面，当水口山矿务局开始着手"SKS 炼铅法"研究的同时，针对硫精矿中稀贵金属的回收，已经联合中国有色金属研究总院等单位，研发了氧气底吹熔炼—造锍捕金工艺，也就是"水口山炼铜法"，并获得国家发明专利。该技术利用铜精矿混合硫精矿熔炼，制造铜锍捕集黄金，效果非常好。该技术具有投资省、工艺流畅、操作简单、物料适应性强等特点，适用于大型铜冶炼及资源综合回收项目的建设，符合国家产业政策，并已在国内外成功实施。山东东营等地利用"SKS 炼铜法"取得良好经济效益的时候，水口山人只能眼巴巴地看着自己辛辛苦苦研发的技术在其他地方开花结果。

　　2007 年，水口山公司八厂在采用"SKS 炼铅法"正式投产的同一年，提出了采用"SKS 炼铜法"进行金铜综合回收技术改造的项目方案并立项，在完成了可行性研究、初步设计、征地、安评、环评等所有前期工作后，2008、2009 年连续两年，该项目被列入湖南省推进新型工业化"双百工程"计划。而此时，中国五矿集团与湖南有色公司战略合作正在紧锣密鼓的洽谈中，湖南省对建设高规格的炼铜生产线表达了强烈的意愿，时任常务副省长陈肇雄指出：水口山发展潜力巨大，在资源、技术、产业和地域方面都有优势，要利用五矿在湖南建设大型铜冶炼厂的机遇，适度扩大该项目规模，申报建设金铜综合回收产业升级改造工程，将"SKS 炼铜法"技术优势尽快转化为现实生产力。而另一方面，意欲进入湖南市场的中国五矿集团也将给湖南有色拿出一份大礼。经过多次富有成效的磋商，双方终于敲定五矿铜业项目在"铅都"水口山落地。2010 年 11 月，中国五矿决定在常宁水口山镇正式实施年产 10 万吨金铜综合回收产业升级项目；2013 年 2 月金铜综合回收产业升级技术改造项目通过国家环保部环境评价审批，项目投资近 30 亿元，建成投产后将新增销售收入 60 亿元，是中国五矿和湖南有色战略重组后在湘的重大投资项目中投资额最大的项目；2013 年 8 月 26 日金铜项目奠基时，时任水口山集团董事长吴世忠发言时，其中一句"二十年梦想，水口山炼铜法，终于回家了"，让在场所有人热泪盈眶，压抑和委屈、困苦和喜悦，各种复杂的情感瞬间迸发，水口山人对这片土地的挚爱与深情从中可见一斑。在"有色金属之乡"湖南，有色行业作为湖南经济发展的支柱，在经济与环保的双重压力下负重前行，从业者既要在资源枯竭、竞争加剧的压力下过"苦日子"，也要在环境恶化尤其是重金属污染令人谈虎色变的背景下背负恶名、夹着尾巴做人，企业职工还是环境污染首当其冲的受害者，个中艰辛与困苦只有水口山人自己知道，他们有着治理和改善环境最强烈的渴盼与动力。作为落后产能淘汰项目，2016年5月27日，五矿铜业阴极铜板成功下线，柏坊铜矿于当年一月份关停了1.5万吨炼铜生产线，水口山人为之欢呼雀跃。

五矿铜业项目采用的"水口山炼铜法"是我国自主开发的"造锍捕金"工艺，其中粗铜冶炼采用富氧底吹熔炼炉熔炼+PS转炉吹炼+阳极炉精炼技术，与"SKS炼铅法"一样，解决了原冶炼工艺冶炼过程中低浓度二氧化硫收集制酸的重大难题，在高效、节能、环保上具有冶炼企业无可替代的优势。当我走到五矿铜业公司宽阔的大门前时，一眼就看见耀眼的电子液晶屏显示着"为实现全年营销83亿元奋斗"的红色大字，它标志着新的炼铜生产线已经崛起。每一个员工满怀希望和憧憬，柏坊铜矿冶炼厂关闭前的没落颓唐景象在这里早已荡然无存。

工艺的先进性决定了生产的环保性，在五矿铜业公司安环部部长周军看来，对包括有色冶炼在内的所有企业来说，环境问题归根结底就是生产组织和经营决策的问题，水口山炼铜法很好地解决了本地硫金矿中的高硫、高砷问题，同时金铜项目建设过程中一次性投入环保资金4亿元，占项目建设总投资的18%，而且项目2016年投产后，面对越来越严格的环境质量要求，就一直在新增环保投入：2017年建设了制酸尾气双氧水脱硫、废水电化学深度处理项目，为尾气达标排放和废水达标回用提供了有力保障，这再次印证了在有色冶炼领域，环境保护不只是技术问题，更是管理问题；2018年投资120万元改造污酸石膏渣压滤系统，将板框式压滤机改为离心压滤机后，产渣率降低50%，直接创效1500万元/年，且有效缓解了下游处置压力，既取得了可观的经济效益，又取得了良好的社会效益；投资 600 万元建成熔炼渣库房，实现了固体物料规范堆存；2019 年投资逾千万元建设尾气电除雾系统，解决了烟囱白色拖尾的所谓"视觉污染"问题，及时消除了老百姓对尾气排放认识偏差带来的疑虑心理；2020 年全年受新冠肺炎影响，经济滑坡，尽管公司经营困难，仍然拿出 200 万元实施了风机变频改造，提高了公司清洁生产水平。

清洁生产的道路没有止境，铜业公司计划投资 8000 万实施白烟尘高值化利用示范线项目，将物料中的砷产品化，有效解决铜冶炼系统的砷开路问题，拓展铜精矿原料的砷适应能力，降低采购成本，达到企业降本增效、绿色安全环保生产的目的。

在水口山工作多年的周军，如今对于发展与保护有了更加深切的了解，在他看来，环境保护将是企业高质量发展的永恒主题，国家标准日新月异，对于企业而言只有超前考虑，提前布局做领跑者才能立于不败之地。当前，全国炼铜能力已达 1000 万余吨，五矿铜业 10 万吨产能只能算是九牛一毛，但它却是中国五矿在湖南的重要布局。水口山经济开发区作为湖南省唯一的有色循环经济集聚区，以及国家级循环化改造示范试点园区铜铅锌产业链中重要的一环，甚至还是湖南炼铜的一粒火种，承载着有色金属之乡的诸多梦想，因此水口山人每天都抱定"一天也不耽误，一点也不懈怠"的企业精神，在环境保护上不断做深做细。作为湖南省首张新排污许可证颁发单位，他们将走出一条属于自己的绿色之路。

园区

　　7月底的一天早上，我站在连接松柏镇和松江镇的湘江大桥上，往下游望去，天上还挂着一弯残月和几颗疏朗的星星，但太阳在缓缓升起，慢慢苏醒的河面泛起无数涟漪，正在迎接着朝阳的到来。远处的城镇和市场仍在按部就班地运行着古老陈旧的体制，而近处水面上则是波光粼粼中的晨泳者，我陡生羡慕，心想，这样的时光多么令人期待，一切忧虑和辛劳都在大自然无尽的悠闲中归于平静。沿着这条河去崇尚一种高贵体面的生活，才是我们最美好的向往。这样沉思默想着，我不禁顿生"云水不是景色，而是襟怀；日出不是早晨，而是朝气"之类的感慨，同时猛然发现，湘江干流在此处竟然是东西走向，陡然间颠覆了我自己"湘江北去"的固有认识。翻阅地图，我才了解到水口山正是湘江流向的重要转折点。水口山以上，无论是传统发源地之一的广西海洋山，还是新发现的蓝山县野狗岭，湘江大体都是一条东西走向的河流，而在衡阳水口山，湘江几乎转了一个90度的弯，构成了"湘江北去"的河流走向。有了这次偶然的发现后，我才意识到，水口山镇几乎就在衡阳、永州和郴州等湘南三市的地理中心，同时也处于湖南省域"一点一线"发展主轴线上。这个发现，既让我惊异，也不乏激动。2018年水口山地区确立为省级水口山经济开发区，继而升级为国家级循环化改造示范试点园区后，它还承载着大宗固体废物处置基地、湖南省新型工业化产业示范基地和铜业特色小镇等多重概念，我也开始从行政区域的角度审视它。

　　为打造国家级循环化改造示范试点园区，不仅是国有企业中国五矿、湖南有色作出了不懈的努力，百年老矿水口山公司、行业龙头株冶集团体现了良好的大局意识，衡阳市及其所辖常宁市和衡南县也付出了艰辛的劳动。而在 2011 年国家发改委、环保部批准《湘江流域重金属污染治理实施方案》的背景下，重金属污染治理成为推进这一转型升级的抓手，衡阳市重金属污染和湘江流域水污染综合防治委员会成立后，制定了工作方案，重点推进常宁市水口山镇、衡南县松江镇产业结构升级，同时启动一批重金属污染治理项目，完善区域环境保护基础设施建设。

　　彼时的水口山、松江地区，各种民营的炼锌、炼铅企业遍地开花，所谓结构调整，就是企业关停，意味着一大批企业关门歇业，一大批工人下岗失业，一大批地方利税大户反而因为企业关停需要付出大笔搬迁安置经费。然而不调整的话，水口山地区就无法实现产业升级，为新型企业上马腾出环境容量。曾几何时，在松江镇临近湘江的坡地上，密密麻麻地拥挤着新达、立丰、鼎力、汇金等 18 家企业，这些企业均以涉及粗铅、氧化锌等重金属污染的生产为主，其中粗铅冶炼还以烧结机、烧结锅为主，炼锌企业则以转窑、平炉煅烧为主。我经手面对的无数环境舆情事件，就包括隆丰冶炼、鼎力铅业无序排放导致的血铅超标事件——松江镇中心小学多名学生血液中铅含量都在 300 毫克/升左右。这些事情经历多了，我也越来越不喜欢某类舆情应对神操作，它既剥夺了公众的知情权，也不利于保障好良好环境这一最普惠的民生福祉。我更加确信，消除负面的环境舆情，最好的办法就是消除污染本身。湘江南岸的松柏镇，企业数量更多，规模更大，产品种类也更多，拥有 192 家小、散、乱、污企业，其中涉及重金属污染物排放的企业 40 家。这 40 家企业中除了生产粗铅、氧化锌的企业外，还有文旺、双泉、天弘等 10 家生产冰铜的企业，沿江、星河等 17 家生产硫酸锌的企业，大禹、龙鑫等黄金冶炼企业，以及开泰、冶金化工等生产能力 6 万吨以上的硫酸生产企业。无论松江镇还是松柏镇，它们的主要生产材料的共同特点是，主要依托水口山公司大量产生的含锌废渣、含铅废渣乃至外购的铅酸电池。水口山公司及其周边企业，共同造成了区域内环境污染。

衡阳市政府在"十一五"期间实施了湘江整治两个三年行动计划，显著加强了对水口山—松江地区环境污染综合整治的力度，以 2005 年编制的《衡阳市水口山地区污染调查及区域污染综合整治对策》为蓝本，先后关停了该地区 32 家镉、砷污染严重企业，2008 年水口山地区重金属污染整治被列入了"国家水体污染控制与治理科技重大专项"，在资金争取和项目安排方面优先向水口山—松江地区倾斜。同时进一步加大了对这一地区环境安全隐患排查与整改督办的力度。当时在衡阳市环保局主管环境执法的蒋宏伟多次向我描述，连续几年枯水期间，他日日夜夜驻守在水口山—松江地区，那个时候环境风险太大，湘江饮用水安全随时都可能出现问题。

历史走到环境压力更大的"十二五"期间，尤其是 2011 年国家批复《湘江流域重金属污染治理实施方案》后，水口山—松江地区在结构转型和重金属污染治理方面取得突破性进展，该区域实现净削减铅 1 吨，镉和砷分别削减 1.4 吨。衡阳市危险废物处置中心也在此时加快建设，为区域工业危险废物和医疗废物无害化处置创造条件。

常宁水口山和衡南松江镇等重点片区采取了一些新的工作思路和更强有力的措施，通过以奖代补、奖补结合等办法，以最小的社会反弹突破结构调整的工作瓶颈。对于只争朝夕推进结构转型的地方政府来说，时间成了关键点。衡南县对在 2012 年 4 月 15 日以前与衡南县松江工业小区签订关闭、拆除协议并在 2012 年 5 月 31 日以前关闭并自行拆除生产设施的企业，按实际厂房面积每平方米给予 150 元的以奖代补资金；对于未按时间要求签订关闭、拆除协议和自行拆除生产设施的企业，整治工作领导小组自 2012 年 6 月 1 日开始，组织公安、法院等相关职能部门进行清算并强行予以关闭、拆除；对关闭的企业，按市场化程序优先进入相应的新规划整合升级项目。每平方米150 元的补助虽然不高，但是逾期未进行搬迁的企业，一分钱都拿不到，这就是大势已定背景下的利益权衡，个中得失企业主自己明白。

经过整合，原来遍地开花的松江镇仅仅剩下衡阳百赛化工实业有限公司一家企业。1981 年建厂的这家乡镇企业，最初的厂名是衡阳市松柏化工二厂，如今从其保留在湘江沿岸尚未拆除的厂房，完全可以想见其当年肆意排污的情景；但一走进易地建设的百赛公司，会发现厂容厂貌焕然一新，锅炉除尘脱硫、污水除铊设施一应俱全，废水实施"三污分流"，二氧化硫和氮氧化物均在大气污染物特别排放限值以下，实现污水零排放。

常宁市松柏镇企业关停和结构调整任务更重，牵涉面更广，采取分步实施的办法，在对所有小作坊、摇床进行一轮清理后，2011 年启动对硫酸锌、氧化锌、粗铅、冰铜四个行业产业结构升级一期工程，累计关停涉重金属污染企业 23 家，其中以工艺设备和产能落后原因关停硫酸锌生产企业 11 家和氧化锌生产企业 5 家，以未批非法生产和环境敏感等原因关停粗铅冰铜生产企业 7 家，并及时做好设备设施拆除和固体废物清理整治方面的工作；同时确定 2013 年前的工作目标，即对非法企业全部取缔关闭，落后产能按期实施淘汰，涉重金属行业 80% 企业达到国内先进水平。对照目标，对淘汰退出企业制定了奖励资金管理办法，对淘汰退出搬迁企业的机械设备、厂房、所缴税收进行核算，并将核算结果予以公示，对按期淘汰退出企业分别按照其机械设备、厂房、所缴税收的 40%、40%、20% 的比例进行奖励。同年底常宁市市属的 37 家企业全部关闭淘汰退出，涉及硫酸锌、氧化锌、粗铅、冰铜等四个行业。

至此，常宁市松柏地区从过去的 192 家企业，变为整合后的六家企业，其中一家粗铅企业为金翼公司，五家硫酸锌、氧化锌企业分别为沿江锌业、凯威化工、华兴冶化、大宇锌业和湘江化工。这些企业都按照园区统一规划建设，与之相适应，常宁市为园区配套建设了重金属污水处理厂并于 2017 年正式投运。

金翼公司由过去的春华工贸、东升、金炉、黎盟有色几家企业整合而来，其中春华工贸紧靠湘江，主要利用含铅铜渣料和含锌渣料，每年生产 5000 吨冰铜、1 万吨粗铅和 2 万吨氧化锌，并向自然水体排放铅、砷、镉等重金属物，由于企业规模相对较大，因而成为 30 多家涉粗铅企业中唯一保留下来的企业。在严格的环境治理中，活下来，就是最大的成功。我们从水口山经济开发区双园路尽头一处山脚走进了新建的金翼公司。公司门外两侧的马路上停满从各地运输过来的废旧铅酸电池，作为全省唯一具有收集铅酸电池资质的单位，其市场价值正日益凸显。经营几年后，衡阳市将其作为先锋企业进行了上市前的辅导，衡阳市国资委将对其进行注资。这样一来，金翼公司将成为国有控股的一家上市公司，公司法人陈春华对未来充满信心，对未来将升格为新型国有企业充满自豪。2021 年前 5 个月金翼公司就实现营销收入过 5 亿元，已经在附近新购地 100 亩，拟对原先的生产线进行重新建设，效益更高、环境更美的新企业前景呼之欲出。

在曾家溪附近，我们走进了志辉化工公司。这家成立于 2004 年的冶炼企业，也是最早进入水口山经济开发区的企业，因而也成为这一轮整合中唯一未拆除重建的企业，但是也适应新形势的要求，关停了其过去年产 2 万吨粗铅的冶炼厂，目前主要从事电铅及其金、银等附属产品加工，企业环境已经大为改观，而且金、银等附属产品加工利润似乎比主产品电铅更大，在其新建的雕梁画栋全木质结构的职工食堂，我们甚至见到清一色的阴沉木餐桌，显示出企业日子的滋润。企业老板朱志辉情绪激动地告诉我们，将要在厂区新辟一片地建设职工篮球场。

在加快有色行业升级改造的同时，水口山区域花费了很大的精力归还重金属污染历史欠账，对曾家溪、康家溪等被污染河流进行清淤和治理，收集和治理区域内历史遗留废渣。"十二五"期间，湖南省实施湘江保护与治理省"一号重点工程"以来，共为水口山区域的 51 个项目安排重金属治理资金，其中常宁市政府作为项目主体的有 31 个，水口山公司作为项目主体的 12 个，其他民营企业作为主体的 8 个。政府层面上，实施了水口山历史遗留重金属废渣无害化处置工程、水口山重金属污染处理厂建设等项目，其中曾家溪底泥污染治理项目，投入资金 2000 万，实现对 11.4 公里长河道、9 万多立方米底泥进行清除和安全处置；建成工业废渣处理厂，实现对区域内 50 万吨废渣进行无害化处理；2015 年起，重金属污水处理厂投入运行，结束水口山历史上区域重金属废水无法集中处理的难题。

商战风云变幻，企业的生生死死都是自然的事情，在其中最难熬的或许是华兴冶化。2006 年《湖南日报》记者采访这家无证经营的企业时，企业老总刘建华声称大家都不办理环保审批手续，他怕人家笑话。历经多次整合才拿到进入水口山经济开发区的通行证，成为松柏镇保留下来的六家锌冶炼企业之一。2017 年在循环经济园区的新园路建成投产，一时产销两旺、无限风光，沿着这条路继续走下去，华兴冶化应该有着更好的发展前景。但 2020 年一着昏招几乎毁了它：将工厂闲置的反应釜租借给一位叫王龙生的人，租赁期间，对方非法加工铁烟灰 2700 吨，同时通过槽罐车将生产过程产生的高浓度含重金属废水外运偷排、倾倒，又让跑冒滴漏的废水流入华兴冶化废水池。2020 年 11 月 18 日，衡阳市公安、环保部门联手破获这一环境污染案件，抓获犯罪嫌疑人王龙生等 4 人，顺藤摸瓜找到华兴冶化后，对企业及负责人罚款 197 万元；2020 年 12 月 23 日，衡阳市以污染环境罪依法对王龙生等 4 人实施逮捕，并于 2021 年 3 月 22 日提请公诉。华兴公司负责生产安全的副总经理刘忠义在接受笔者采访时称，公司对此十分痛心，为了一点点蝇头小利，公司遭受了经济和名誉的双重损失，教训十分深刻。然而正是这一记记警钟，提升了园区企业的守法意识，毕竟我们到了一个环保法长出了牙齿的年代。

宏兴化工遭遇市场危机，华兴冶化被法律制裁，这些都不过是市场经济下的小插曲，整体而言，水口山经济开发区已经走上健康发展的轨道，打造有色园区的优势已经显现：铜产业形成了以五矿铜业为龙头，隆源铜业、高诺产业集团为支撑的铜产业链；锌产业形成了以株冶有色为龙头，天辰新材料、沿江锌业、大宇锌业等企业为支撑的锌产业链；铅产业形成了以水口山公司八厂为龙头，康家湾铅锌矿、志辉冶化、金翼铅业等企业为支撑的铅产业链。2021 年前 5 月，湖南株冶有色金属公司产出硫酸 23.5 万吨，锌产品 13.2 万吨，实现收入 28.8 亿元；五矿金铜生产硫酸 34.4 万吨，阴极铜 5 万吨，阳极铜 5.9 万吨，实现收入 34.4 亿元；1986 年在康家湾找到 1600 万吨储量新矿、重回全国四大铅锌矿行列后，水口山公司 2021 年前 5 月完成出矿量 29 万吨，实现营业收入 25 亿元，利润总额 1.3 亿元。昔日"铅都"已经展现出崭新的风貌！

在水口山采访的最后一天，我才安排时间走访"铅都"发源地。站在拥有百年历史的水口山铅锌矿 2 号、5 号和 7 号矿前，我思绪万千：作为一个宁静、古旧的村落，哪怕它有千年高寿，在大地母亲的襁褓里，也永远像嗷嗷待哺的婴孩，在辽阔的苍穹之下，它高高耸立的铁塔和贴着地面平铺的轨道运输线，形成优美的天际线，仿佛舒展身体紧贴大地，吸纳天光地气；而作为现代湖南有色金属的发源地，它又赢得了极大的尊重与敬意，因为它经历了日本侵华背景下的颠沛流离，经历了从新中国建立到改革初期漫长历史阶段的粗放采、选、冶，重金属污染的阴影长时间笼罩着我们的经济与生活。永不停歇的湘江带着穿越历史时空的记忆负重前行，从晚清时期湖南"新政"的蹒跚起步，到新中国"一五"期间的而今迈步从头越，尤其是改革开放后发展动能的全面释放，湘江两岸的发展如百舸争流，给湘江带来经济的发展腾飞，也让湘江远离"漫江碧透、鱼翔浅底"的景象。母亲河在享受荣光之时更有无言之痛，这也是三湘儿女的愧疚之痛。湘江为此付出了太多。作为有色金属和非金属之乡的湖南，一部有色工业发展史即使不全部是当代湖南经济史，至少也是它极其重要的篇章；而一部当代湖南环保史，差不多主要是由湘江展开和演绎的，以至于2011年经国务院同意批复《湘江流域重金属污染治理实施方案》时，湖南省人民政府专门配套印发了《关于促进有色金属产业可持续发展的决定》。好在时过境迁，随着水口山铅锌铜有色基地的成功建设，历史上最沉重的一页已经翻过，昔日"铅都"已经呈现万木逢春、欣欣向荣的景象。

清水塘

———

湘江以东，法华山以西，九郎山以南，石峰山以北，便是株洲清水塘，法华山下纵横交错的湘黔铁路和京广铁路，连接着祖国的东西南北，发达的交通孕育了株洲这个被火车拖来的城市，1952 年"一五"期间国家将株洲列为全国重点建设的八大城市。这成就了清水塘这个方圆 15 平方公里土地的盛名，催生出株洲冶炼厂、株洲化工厂、湘江氮肥厂、株洲电厂和株洲玻璃厂等一批知名企业。同样，因为这些企业的存在，清水塘这个地名变得名不符实，很长时间内，株洲清水塘成了工业与污染的代名词。但或许是工业文明先天不足，导致其生也速，其亡也忽。随着 2017 年 2 月 18 日株洲市清水塘老工业区搬迁改造动员大会的召开，以及 261 家工业企业整体退出，曾经热闹与辉煌的清水塘一切归零，一切重新出发。带着怀念，也带着沉思，我再次来到曾经多次来过、有着太多记忆的清水塘，开始新一轮的探寻之旅。

株冶

清水塘在鼎盛时期拥有 300 多家企业，株冶似乎一直就是其中的龙头老大，它既是清水塘最早破土新建的企业，也是这一区域最后搬离的企业。在很多人眼中，2018 年基夫赛特炼铅生产线的下线，就是清水塘老工业区落幕的标志性事件。

1956 年 6 月，株洲冶炼厂作为"一五"期间国家 156 个重点项目之一，在清水塘甑皮岭打下第一个桩基。在水口山矿务局和沈阳冶炼厂等有色系统一批老师傅的帮助下，1959 年株冶第一条铅阳极板投产。几十年来，株冶培养出柳祥国这样享受国务院政府特殊津贴和荣获"中华技能大奖"的技术工人，更形成了自己的拳头产品，主要生产铅、锌及其合金产品，同时综合回收铜、金、银、铋、镉、铟、碲等多种稀贵金属和硫酸，形成年产10万吨铅和50万吨锌的生产能力，接近全国总产量的13%，有价金属综合回收率居全国同行业领先水平，铅锌出口占全国出口总量的20%，成为中国主要的铅锌生产与出口基地。株冶"火炬"牌铅锭、锌锭、银锭先后在伦敦金属交易所和上海期货交易所认证注册，"火炬"牌商标获"中国驰名商标"称号；株冶还是国家级高新技术企业、国家第一批循环经济试点和"两型建设"试点企业。

与邻近的化工企业动辄十多个分厂、数十个产品相比，株冶的生产线总体相对简单，主要为铅系统、锌系统和多种金属综合回收系统，其中铅系统主要处理锌系统的含铅物料。很长时间内，锌系统的烟气都是送紧邻的株洲化工厂制取硫酸，锌系统既占有一成以上的全国市场，也是株冶的主要盈利点。锌生产系统分为锌焙烧、锌浸出、锌电解和锌成品四套装置。锌焙砂浸出是锌浸出的常规方法，就是通过沸腾炉对硫化锌精矿焙烧，变成流态化的锌焙砂。锌浸出是指使用浸出剂——通常使用的浸出剂是稀硫酸，使含锌物料中的锌选择性地溶解在水溶液中的过程。浸出是湿法炼锌流程的重要组成部分，按浸出作业所控制溶液的最终酸度划分，浸出有中性浸出、酸性浸出和高温高酸浸出；根据浸出的含锌物料不同，分为锌焙砂浸出、硫化锌精矿浸出和氧化锌物料浸出等。锌电解则是锌冶炼产出电解金属锌的过程，就是对通过锌焙烧、锌浸出形成的硫酸锌液，经除杂质净化处理后，送锌电解沉积生产金属锌。

株冶在清水塘长达六十年的生产历程，是技术不断更新的过程。对其铅冶炼关键的烧结鼓风炉工艺，株冶分别于 1987 年和 2000 年进行了旨在改善环境的系统化改造。1987 年改造后，该生产线使用的是当时在国内尚属先进工艺的烧结机，处理铅精矿能力强，脱硫效果也不错；2000 年 10 月起，历时一年半时间，株冶共投资 1.5 亿元，引进了美国孟山都公司的动力波洗涤技术净化烟气、丹麦托普索公司的低浓度二氧化硫烟气转化专利技术制酸，在国内首个实现了低浓度非稳态二氧化硫制酸。该烟气治理系统自 2002 年 2 月投入运行后，尾气二氧化硫浓度均可控制在 400 毫克/标立方米以下，达到了国家当时最新的环保排放标准要求。

与此同时，不断对锌焙烧进行技术改造，锌焙烧分为锌Ⅰ、锌Ⅱ两套系统，虽然两套系统采用火法—湿法混合冶金工艺炼锌、两转两吸工艺制酸，产能规模也差不多，但先期建设的锌Ⅰ系统，不管是道尔型还是鲁奇型沸腾炉，炉膛面积均为 42 平方米，虽然比水口山四厂长期使用的 23 平方米沸腾炉大很多，但与株冶后来的锌Ⅱ系统 109 平方米沸腾炉焙烧的工艺相比，显然有着很大的差距。这样的工艺改造，贯穿于整个株冶发展历程中，如对于含氟、氯较低的硫化锌精矿，采用氧压浸出工艺，省去硫化锌精矿流态化焙烧作业，且硫化锌精矿中的硫可以通过元素硫的形态回收，既减少焙烧带来的废气排放，所得元素硫也较传统炼锌厂产出的浓硫酸更便于贮存、运输和装卸。工艺的选择和改造，就是在点点滴滴中赋予劳动者完全不同的结果。

受制于规模和行业影响，历史上株冶就是清水塘较大的污染排放企业。1985年全省首次工业污染源普查结果显示，株冶年排放废气50万标立方米，年排放二氧化硫2.1万吨、镉7.6吨，均列全省首位。1990年，株洲冶炼厂年产值4.3亿元，新鲜用水量590万吨，煤炭消耗量14万吨，全年排放废水491万吨，排放废气46.7亿标立方米，二氧化硫2.6万吨，排放固体废物78万吨，其中含重金属镉8.3吨、砷3.5吨、铅16吨。株冶在清水塘存续期间，随着生产工艺水平的提高和环境管理手段的加强，重金属污染物排放有所降低，但废水总量还处于排放高位，2007年株冶废水排放量仍然高达641万吨。

如此巨量的污染物排放，给株冶带来巨大的压力，他们甚至采取互补的方式，在清水塘寻求跨厂解决的方案，如将锌系统排放的二氧化硫烟气，送到紧邻的株化制酸系统制酸。1988年这一经湖南省人民政府亲自批准的方案，意在通过将吸风烧结改为鼓风烧结，将烟气中硫的浓度提高到2.5%以上，以适应硫酸制取。株冶和株化尽了最大努力，分别投资7300万元和3400万元。株化建成了年产4万吨硫酸生产线，但株化烟气制酸系统由于设计单位盲目照搬日本技术，且采用的是水洗净化流程，污水量大、汞含量高等问题难以解决，同时二氧化硫低空排放，导致污染的产生和有价金属的损失，加剧了设备、厂房的腐蚀。随着我国对环境保护要求越来越严格，2004年上半年，株冶联合株化上马锌烟气脱汞改造工程。新建的烟气净化系统特意采用丹麦进口脱汞设备，具有除汞效率高、污酸量小的多重优势，每年可减少向湘江排放1.6吨汞，削减量占全厂汞排放量的95%。项目投产后，可明显改善清水塘工业区大气污染及湘江流域的汞污染。汞是

世界公认的剧毒污染物，曾经引发 1956 年日本水俣病。当汞在水中
被水生物食用后，会转化成甲基汞，这种剧毒物质只要有挖耳勺的一
半大小就可以致命。总汞也是我国控制最严格的第一类污染物。汞在
居住环境中的每立方米最高容许值是万分之三毫克，在饮用水中最高
容许值是每立方米千分之一毫克。

　　尽管经历了与株化比不算太成功的厂际循环，株冶一直深悉作为
一家大型冶炼企业，实施循环经济和清洁生产的极端重要性。2004 年
株冶成为国家首批循环经济试点单位后，制定了企业循环经济"十一
五"发展规划，提出了铅锌联合冶炼循环经济产业模式的总体目标和
具体实施方案，采用了一批循环经济的关键技术，在资源能源消耗、
资源综合利用、清洁生产方面取得了长足进展。株冶循环经济试点的
核心是构建锌系统、铅系统以及硫酸生产系统的内部的物质循环，通
过将上一生产环节的污染物变为下一环节的生产物料，最终减少污染
物的排放，实现资源的减量化、资源化和再利用，这一直都是循环经
济的关键点。搭配处理锌浸出渣基夫赛特直接炼铅项目，是整个循环
经济建设的重中之重，主要通过改进浸出渣处理工艺，淘汰落后的铅
烧结鼓风炉工艺，解决株化长期存在的硫酸生产系统与株冶铅锌烟气
不配套的环境问题。整个项目分为四步：新建一座 10 万吨基夫赛特
炼铅炉，搭配处理锌系统每年 11 万吨含铅废渣，淘汰锌 I 系统三条
挥发窑，将铅系统制酸能力从年产 13 万吨提高到年产 23 万吨，每年
削减铅尘 2.2 吨，浸出渣减量化和资源化；新建 10 万吨常压富氧清洁
生产工艺，处理锌 II 系统锌浸出渣，并淘汰其两三条挥发窑，每年削
减铅尘 7 吨，削减二氧化硫 3789 吨；新建第二台 10 万吨直接炼铅系

统，取代传统的年产 6.5 万吨铅烧结鼓风粗铅生产工艺，实现铅的清洁生产；建设 10 万吨常压富氧浸出系统，用一台 109 平方米沸腾炉取代锌 II 系统四台 42 平方米沸腾炉，实现锌的清洁生产。但这个循环经济的项目，自 2008 年上马后就一再拖延。2009 年株洲市在环保督察报告中指出：株冶搭配处理锌浸出渣基夫赛特直接炼铅项目进度滞后，废气重金属污染治理进展较缓慢；废气中含多种重金属问题无法解决，废水回用率达不到预计水平；虽经株洲市主要领导多次现场办公解决，但群众期待的企业搬迁依然未果。直到 2012 年这一项目才勉强投产，但这一年离其最终关闭的时间仅仅剩下 6 年，怎么算起来，都是一个亏损项目。

虽然基夫赛特不能一揽子实现循环经济的目标，但株冶在污染防治的道路上从未停止前进的脚步。2007 年株冶对污酸处理装置系统进行了升级改造，便是其中十分重要的一例。在铅锌冶炼的制酸工艺流程中，经电收尘后的熔炉和转炉烟气，经过两段动力波洗涤器，产生的酸为污酸，这是株冶这类企业的主要污染源。为降低废水处理总站的污染负荷，提升废水处理总站出水水质，株冶建成处理能力为每小时 100 立方米的污酸处理站，该废水站采用硫化中和法处理流程，对原有污酸处理装置进行升级改造，集中处理锌 I、锌 II 和铅系统制酸系统污酸，实现铅、镉、砷、汞等第一类污染物达到《污水综合排放标准》一级标准要求后，进入厂废水处理总站处理。

2006—2013 年实施的废水处理总站废水零排放与资源化项目，被视为株冶循环经济项目之一，但在整个循环经济中有着一定的独立性。株冶各个时期的综合废水治理我都见过，1985 年它在湘江流域所有企业中第一个建成污水处理设施，这也是我国自行设计建成的有色冶金系统第一个大型废水处理工程，主要处理各生产系统的生产废水和地面冲洗水，废水中的主要污染物为硫酸以及铅、锌、砷、镉等重金属，不过最初的处理就是两段石灰中和沉淀处理工艺，这种方法投入少、设备简单、操作方便，但投加的药量难以控制，处理效果较差，难以稳定达标，而且耗费大量石灰，新增不少废渣。处理后的废水仅 40% 回用于生产系统，60% 排放到霞湾港进入湘江。这是株冶第一代污水处理技术，此后经过三次改造，实现各项工艺指标运转正常，项目建设后，1987 年湘江霞湾断面水质显著好于 1983 年，镉、铅、锌和砷浓度基本满足地表三类水质要求。在酸碱中和法基础上，2002 年株冶不断通过厌氧—好氧处理，实行深度废水处理，提高污水处理的稳定性，这是株冶的第二代废水处理技术。到了 2006 年，湘江流域发生镉污染事件，株冶在这件事上被推到风口浪尖，废水处理面临更加严峻的挑战。已经是病急乱投医的株冶，对当时各项领先的重金属污水治理技术都充满渴望，当中南大学柴立元教授领衔的生物制剂法在水口山六厂含铍废水处理中取得成功，并获得了国家专利后，株冶的一位负责人立即找到中南大学。据说当时这位负责人将一桶冶炼烟气洗涤废水提到柴立元面前，诚恳地说：这桶废水处理好了，株冶厂就有救了。而此时的柴立元，也希望自己的技术能在株冶这样的大企业得到应用，于是派出王云燕老师带领团队驻厂反复试验，将生物技术与化学方法进行融合形成生物药剂，采取用多只手同时抓住众多重金属离子的办法治污。株冶通过这一技术，到 2009 年实现每年减排废水 400 万吨，这是株冶生产史上单次最大的减排，年排放废水首次降低到 200 万吨以下，废水回用率由传统的 50% 提高到 90%，也同时大幅度减少了铅、锌、镉、砷等重金属污染物排放，原先不稳定排出的废水变得可以养花养草。就是从这时起，株冶人心中首次有了"废水零排放"的信心与梦想，这是我记忆中株冶废水整治技术的第三代。通过生物制剂和两级沉淀处理的废水，用泵提升到废水中间池和混合反应池，经脱钙处理后投加聚合剂进行沉淀处理，然后进入多介质过滤器、超滤—反渗透处理装置，也就是膜系统进行处理，这就是株冶第四代废水处理技术。这一技术采用的具体时间大约到了 2013 年，株冶人将通过膜处理后的污水引入一个玻璃缸，缸中一尾尾金鱼在水草中嬉戏的情景，我至今历历在目。鱼类作为最重要的水体生物，是衡量水体质量最重要的指征物。而膜处理车间外，便是体量巨大的株冶渣场。

除总废水零排放与资源化项目，株冶还以循环经济、环保、深加工为主线，加大技改力度，共实施总投资达到 7.33 亿元的 77 项技改项目。"十一五"期间，株冶集团铅锌总产量由 42 万吨提升到 60 万吨，新鲜用水总量与废水排放量却一路走低，工业用水重复利用率达到 93% 以上，平均每年向湘江取水总量减少 60 万吨。2010 年同 2005 年相比，该公司废水产生总量下降约 50%，外排水重金属污染物排放总量减排达 90%。当株冶不断向环保治理砸钱的时候，那几年它的日子其实并不好过，作为上市公司，我们能查阅到它 2008—2010 年连续三年的财报记录：2008 年，株冶集团投资活动产生的现金流量净额为 -3.7 亿元，主要就是该公司对循环经济项目的投入所引起；2009 年，株冶集团投资活动产生的现金流量净额为 -2.18 亿元，依然是公司对循环经济项目的投入所引起，筹资活动产生的现金流量净额为8.5亿元，主要是由于公司增加原料储备和为循环经济项目投资而相应增加银行贷款；2011年株冶集团年度净利润巨亏5.89亿元，主要原因除了铅锌价格剧烈波动外，还有市场加工费低迷，煤焦、电力、辅材价格上涨。每一年的环保支出都在往上增，环保投入只增不减，2011年在利润巨亏的情况下，环保支出又较2010年增加了3800万元，其中包括出资1200万元向湖南省主要污染物排污权储备交易中心购买2000吨二氧化硫排污权，以及缴纳高达1300万元的排污费。我国的排污费按各项污染因子和排放量进行核算，这说明2011年株冶的污染排放量依然很大。

2010年国家环保部印发《关于上市公司环保核查后督查情况的通报》，涉及湖南两个未按期完成整改的环保问题中，就包括株洲冶炼集团有限公司铅烟化炉未安装自动监控系统，以及2006年批复的外渣场环保综合整治项目尚未申请环保竣工验收。这些2010年发现的问题，账务支出一般在第二年的财务报表中会有所体现。烟化炉主要用于在吹炼工艺中处理电热前床渣，综合回收原料中的锌、铅、银等有价金属，但这一还原过程中也会产生一些挥发性含铅气体，这些含铅气体一直都是株冶重点监控的污染源；而外渣场环保综合整治项目涉及株冶巨大的废渣排放，前述1990年株冶废渣产生量为78万吨。1957年株冶就建成占地面积72亩、储量330万吨的老渣场，主要堆放锌挥发窑渣、铅烟化炉渣等一般固体废物。长年累月地堆积，使这个山头一样的株冶老渣场成为清水塘地区十分扎眼的一道"风景"。由于株冶废渣中含多种有价金属，20世纪90年代起，株冶开始向外销售废渣，最初以铁渣和有色金属矿粉回收企业最多，后来由于环保原因关闭一批小散乱污企业。2006 年起，株冶按照"渣铁分离、铁煤分选、银富积"的方法开发老渣场。在政府引导下，清水塘区域形成了几家以废渣为物料的综合利用型企业，如株洲市清水冶化有限责任公司、株洲市鑫达冶化有限公司、株洲新科宏有限公司、株洲市宏基锌业有限公司。株洲市清水冶化有限责任公司实际上就是株冶关联企业，而株洲市鑫达冶化有限公司老总也自称，从 1992 年起，就一直在处理株冶的废渣。但这几家企业也无法消耗株冶废渣。2006 年株冶申请在附近建设了一个储量为 494 万吨的新渣场，但因为种种原因竣工后迟迟未申请验收，因此引发上述通报。辖区内的关联企业，就依靠新、老两个渣场，维系着自己的生产，这些以重金属废渣为物料的企业，累计利用量在 50 万吨以上，但在生产过程中又产生了新的污染，以致当地环保部门屡次都有对其实施关闭的想法，但这些企业已经成为株冶生产线上的一环。随着时代的发展、技术的进步，株冶每天的渣量虽大幅度减少，但也有 200 吨左右，这就使得环保部门对其关联企业实施最严格的处罚乃至关停时，每每都有投鼠忌器的感觉，毕竟这一时期按照新的法律规定，株冶的废渣必须在清水塘本地处置消化，以避免危险废物的非法转移带来新的环境风险。譬如 2011 年为了确保株冶集团的正常生产，株洲市环保局就根据所在的石峰区政府建议并经湖南省环保厅同意，决定对清水塘地区包括宏基锌业在内的四家次氧化锌生产企业进行整合，以现株洲清水冶化公司生产场地为厂址，按新标准提标改造，对接处置株冶重金属废渣。针对株冶老渣场的治理，这一时期株冶还实施了一期综合利用项目，回收铁渣、焦炭和有色金属矿粉，但由于渣量太大，处置量仍十分有限。2021 年 9 月，我在清水塘地区采访时发现，新霞湾港建设施工中，原本计划清除河道底下的废渣，因为投入过大改为原位安全管控，也就是沿着作业面进行垂直防渗，挖掘深度在 20 米以上。

株冶的尴尬还在于，作为排污大户，在 21 世纪初多次发生湘江干流干旱的背景下，屡屡被要求限产限量，减少污染排放的负荷。如 2011 年 1 月初，湘江水位低于历史最低水位，水体自净能力急剧下降，从元旦起株洲全市进入枯水期水环境安全应急工作状态。株洲市环保局环境监察支队组织了一次执法检查，在对湘江沿岸 30 家企业进行突击检查后，由株洲市环保局向株冶等大型企业下达限产减排通知，以确保废水稳定达标排放。当然这也绝非针对株冶、株化等企业，对其紧邻的智成化工公司措施更加严格，要求该公司在当年 1 月 10 日前停止涉及氨氮排放的所有生产线生产。毕竟彼时以饮水安全保障为首要目标的环境保护管理制度已经建立，并在严格实施当中。

不过，株冶在任何情况下，均未停止过改善环境状况的努力，其中 2011 年就投资 1.7 亿元，实施了含砷铅废渣综合治理重大环保项目。含砷铅废渣来自株冶稀贵金属银转炉产生的稀渣、烟灰、铜转炉烟灰。过去长期以来，所有砷烟灰一直都是外售作金属提炼物料，给环境带来铅、镉、砷等重金属污染，在物料运输和第二次加工过程中也存在一定环境风险；项目实施前，由于铅精矿的变化，含砷铅废渣砷浓度进一步提高，无法像过去一样返回铅生产系统或者外售。总量达 6000 吨的含砷废渣堆存在临时渣棚，其中部分还堆放在没有防渗措施的隙地用彩条布简单覆盖，环境风险极大。含砷铅废渣综合治理，每年可处理包括硫渣、高酸渣、铁渣在内的各种渣料30万吨，其中还包括1.2万吨金属锌，实现了对废渣的综合回收利用，消除了湘江沿岸这一重大环境风险。

2015年，新《环境保护法》实施的当年，株冶坚持"预防为主，防治结合，科学管理，持续发展"的环保工作方针，大力推进环境风险点网格化管理工作，年初制定并实施了《实施安全环保风险点网格化管理方案》，明确环保风险点网格化管理清单，划分了责任区、责任人，并针对每个隐患点制定了相对应的环保管理目标和措施；修订废水、废气、固废、噪声和现场管理等13项环保管理制度，上半年共查出问题点260个，整改237个，公司总废水处理系统各重点环保设备设施运行稳定，废水总处理率保持100%，外排水总量达到预期控制目标，外排水在线监测实际合格率100%，锌Ⅱ系统制酸尾气达标率99.7%，省、市环保主管部门对公司外排水所有取样监测结果全部达标；同时按照国家批复的清水塘老工业区搬迁方案的要求，陆陆续续关停烧结及鼓风炉生产、铅电解、烟化炉生产、煤气炉制造、硫渣处理、直接浸出工序、锌电解Ⅱ系列及Ⅷ系列等生产系统；严格按照渣料处置方案，加大厂区渣棚库存14万吨硫渣和污酸渣的处理。到2017年，上述措施使株冶公司持续实现废水污染零事故，废水处理率、外排水达标率、在线监测达标率、回用净化水水质合格率全部达到100%，为未来新址建设摸索出了成熟的发展道路，此时的株冶，将更多的心思都放在了积极寻找新的生产基地上。

整体搬迁，对任何一家企业都是伤筋动骨的事情，从竹埠港或者是清水塘整体退出来看，关停后依旧能够活下来的都是其中非常少的一部分。株冶对于新基地的选址十分重视，既要从原料的方面考虑，也要从市场角度统筹。当然，作为一次环保搬迁，区域发展规划和环境容量成为这次搬迁首先需要考虑的问题。而且在全国环保政策普遍收紧的背景下，"绿水青山就是金山银山"的理念已经深入人心，即使株冶这样的大企业落地，也并未像过去那样令所有地方政府张开双臂，恨不得开出各种优惠条件招商引资。从那时起，各地党委政府对新项目的选择，都需要从区域规划、环境容量以及经济发展等多方面综合考虑，不然的话，便是给自己戴上枷锁，这也使得工厂新址的选择变得异常艰难复杂。在株冶集团安环部部长熊智的记忆中，新址考察既包括四川、内蒙古等外省，也包括省内的岳阳临湘、郴州桂阳和资兴，以及衡阳水口山等。远离湖南背井离乡，这是从上到下每一个职工都不愿意的，就这样，"铅锌冶炼省内绿色转移、产业升级市内转型"的搬迁、转型思路，很快就成为公司上下的共识。自2004年列入国家首批循环经济试点以来，株冶已经在循环经济建设方面积累了一定的经验和教训，这个时候，连教训也成了财富。按照株冶的选址标准，就是要在同一个园区内，形成物料、产品乃至工业"三废"的内部循环，这样一来，郴州桂阳工业园的优势就显现出来了，这里既靠近郴州三十六湾等铅锌矿产地，也有着相关金属冶炼企业，能够在园区实现物料的闭环，因而成了株冶新址的首选。郴州永兴县有国家级的循环经济工业园，一直都有中国银都之称，但县域内拥有太多涉及重金属污染排放企业，环境容量接近饱和，曾经提出过大规模整合方案，但因各方分歧太大，都没有如期完成，因而多次被上级环保部门提出整改要求。湘西泸溪县靠近铅锌矿的原料供应地，也被纳入株冶考察视线，但毕竟还是远了点。株冶人逐渐把目标锁定在岳阳临湘，紧邻长江干道的临湘市有着天然的交通优势，区域内有现成的儒溪工业园，更重要的是，株冶很多产品的主要客户就在长江北岸的湖北省，更加贴近客户市场的优势，使得株冶与临湘方面相谈甚欢。在完成工厂建设"三通一平"的同时，水利部和长江水利委员会基本同意专门为株冶在长江南岸开设新的码头，株冶迅速完成了环境影响报告书的编制，为了守住老客户，他们必须将时间往前赶，但考虑到国家越来越严格的环境管控要求，株冶将环评报告改了又改，甚至将新址从离长江干流两公里处退到了七公里处。拿到了国家和湖南省多部门的批复后，一切看似势在必行，就等着择定良辰吉日奠基开工了。在等待新址奠基期间，2016 年 1 月 5 日，中央在重庆首次组织召开推动长江经济带发展座谈会，习近平总书记提出，要把修复长江生态环境摆在压倒性位置，共抓大保护，不搞大开发。往后每两年，推动长江经济带发展座谈会又分别在武汉和南京召开，以推动长江坚持走生态优先绿色发展之路，让中华民族母亲河永葆生机活力。株冶在捕捉到这一时代风向标后，已经感受到国家对长江干流冶炼和化工行业越来越严格的环境管控要求。当重庆长风化工厂和湖北宜化公司纷纷搬离长江干流流域的时候，株冶果断选择从临湘抽身，转而将目标投向他处，也就是后来大家看到的常宁水口山。

常宁因水口山矿务局闻名，这里是湖南铅锌冶炼的发源地，最早支持株冶建设的一批技术工人中，有一部分就来自水口山矿务局。但水口山多年累积的环境问题不少，污染负荷重，它是湘江干流除清水塘外，另一个污染重镇。但是 2009 年后，同属湖南有色控股的株冶和水口山有色金属集团有限公司，此时共同归属到了中国五矿旗下。中国五矿对于湖南有色行业的发展，有着更新、更高层次的考虑，根据湖南铜铅锌产业现状，开始通盘考虑对株冶集团、水口山集团、闪星锑业和金铜公司的重新布局，决定通过工艺、技术、设备升级，在常宁水口山地区建设铜铅锌产业示范基地，在解决企业生产经营困难的同时，统筹解决水口山地区的环境问题、株冶集团在株洲清水塘老工业区退出等问题，实现企业和政府双赢的格局。衡阳和株洲两级地方党委政府对这一想法表现了极大的热情，给予了很大的支持，衡阳市已关停水口山集团四厂每年 8 万吨锌冶炼系统、三厂每年 7.2 万吨电铅冶炼系统、六厂稀贵综合回收冶炼系统，并对水口山集团八厂铅冶炼系统进行环保技术改造，同时以关闭淘汰常宁市水口山 43 家化工冶炼企业和衡南县松江镇 27 家化工冶炼企业为条件，欢迎株冶集团入驻常宁水口山，共同打造水口山铜铅锌产业基地，形成每年 30 万吨锌、30 万吨铜和 10 万吨铅的产能规模。2017 年 11 月 29 日，株冶新基地在水口山经济开发区的园区奠基。通过短短 13 个月的紧张建设，像很多在湖南开展的重大建设项目特地选择在毛泽东诞辰这天竣工，2018 年 12 月 26 日，30 万吨锌项目开始点火投料，标志着新株冶在水口山这片热土上重新扬帆起航。

关于新株冶在新起点上的新发展，我已在本书《水口山》的《智锌》部分向读者报告，话分两头，各表一枝，我暂时仍然需要把笔墨继续留在清水塘，讲述株冶在株洲的未尽事宜。2018 年 12 月 30 日上午 11 点 18 分，株冶集团铅厂厂长廖舟带队走入车间二楼虹吸口。过去好多年，这条路他一次又一次走过，但今天他要在这里发出停炉指令，结束株冶在清水塘长达 62 年的历史使命。告别的伤感感染着在场的每一个人，一些人在不停地抽噎，泪水就挂在他们脸上，62 年的酸甜苦辣在心头翻涌。但这并不意味着株冶在清水塘全部工作的结束，抛开员工安置等一系列问题不说，现在它首先必须解决的问题是其巨量的残渣废液，消除对环境的安全隐患，这也是清水塘老工业区搬迁改造工作的重点。以株冶为例，它必须解决它 1.5 平方公里厂区范围内各种固态的、液态的污染物，为此株冶迅速制定了《株冶残留物处置污染防治方案》，对厂区内 67 种、共计 15.6 万吨遗留物料及污染物进行处理，尤其是其中 43 种、7.6 万吨危险污染物的安全处置成了重中之重。株冶本着一天也不懈怠、一天也不耽误的工作精神，严格规范，实际处置量大大超过预期，遗留物料增加 10 万吨，达到 27 万吨，危险废物增加近一倍，达到 13.5 万吨，均送至有资质的单位进行处置，全部 12.8 万吨原辅材料、产成品运送至常宁新株冶。处置生产废水、清洗废水等 16 万吨，通过株冶废水处理站处理达标后排放至霞湾污水处理厂，这家工业废水利用厂至今仍然是清水塘地区在正常运行的唯一一家污水处理厂。在达到《株冶集团清水塘基地遗留废渣残液调查与处置方案》各项要求，完成所有遗留废渣残液安全处置，走完"方案制定、专家认定、环保部门备案、清理处置、设备拆除、验收交地"全部流程后，2020 年 9 月 14 日，株洲市生态环境局主持召开株冶清水塘基地废渣残液处置项目验收会议，株洲市人民政府随后对其全部土地进行了收储，兑现了土地收储各项补偿要求，株冶由此实现了与清水塘的真正告别。

株化

湖南历来是重要的农业省份，所谓"湖广熟，天下足"，为确保湖南工农业生产对农药化肥的需求，1956年中央政府决定筹建湖南化工厂和湖南磷肥厂、湖南氮肥厂，负责选址的北京设计院在长沙、株洲和湘潭三地进行实地勘察后，最终选择了交通优势突出的株洲清水塘地区，两年后湖南化工厂与湖南磷肥厂、湖南氮肥厂三家企业合并为株洲化工厂。化工行业分为三大类，即石油化工、基础化工以及化学纤维，株洲化工厂属于其中的基础化工，占地2790亩。株洲化工厂的名称和隶属关系在几十年间屡有变化，其中主要的几次变化是：1965年6月，省政府批复株化分为三厂一司（化工厂、化肥厂、氮肥厂、福利公司）；1966年9月，株洲化工厂、株洲化肥厂、株洲福利公司合并为株洲化工厂，办公地址搬至株洲化肥厂，原株洲化工厂办公地址留给株洲氮肥厂，至此合成氨系统、热力系统自株化析出，后来组建湘江氮肥厂；1991年3月省政府同意株化、湘氮强强联合组建湖南株洲化工（集团）公司，1993年9月，株化、湘氮恢复工厂法人体制，归湖南株洲化工（集团）公司管辖；1996年湖南株洲化工（集团）公司解散，2000—2001年通过实行债转股等形式组建株化集团诚信公司和永利公司；2007年5月中国盐业总公司增资3.7亿元重组原株化集团，成立中盐湖南株洲化工集团有限公司。不管名称怎么变换，株洲人对它的称谓一直是"株化"，即株洲化工厂的简称。

湘江之滨，法华山下，来自国内最早的沈阳化工、大连化工、天津大沽化工、南京化工等几家企业的第一代株化人，靠着肩扛手挑，盖起了一排排厂房，建起了以盐为龙头的氯碱化工（烧碱、盐酸、PVC）、以硫为龙头的化肥（硫酸、磷肥、钛白粉）等生产线。六十年发展历程中，株化有着自己的多次辉煌：中南地区最大的基础化工原料生产基地，1989 年中国工业 40 年评选中被评为中国工业企业 500 强中的 379 位，直到 2004 年还被列为湖南省"十一五"推进新型工业化进程的标志性企业和省优势企业。株化生产围绕盐化工、硫化工、化学肥料、精细化工和化学建材这五条产业链进行，近 60 个产品中的主要产品有：年产 50 万吨硫酸、36 万吨普钙、30 万吨烧碱、30 万吨 PVC、3 万吨钛白粉、20 万吨复混肥、4 万吨液氯、6 万吨盐酸、3 万吨水合肼、20 万吨水泥、10 万吨塑料建材等等。这些产品在全国同行业中占有重要的位置：是全国最大的水合肼生产基地，液硫、氯油、氯仿居第三位，普钙居第四位，硫酸居第七位；产品因过硬的质量和规模效应的优势，在国内市场占有相当的份额，盐酸、烧碱、PVC、离子膜碱、钛白粉、塑钢门窗等多种产品远销国外。

作为发展中国家的企业，株化的生产本身就与国外发达国家同行存在技术上的弱势和信息不对称。当株化最早一批产品就决定上马六六六原粉生产线时，美国科学家蕾切尔·卡逊正埋头写作后来轰动世界的《寂静的春天》，深刻揭露六六六带来的环境灾难，向世人宣告它的高残留和高毒性，这部巨著标志全球绿色革命的曙光已经到来。但彼时的中国在经历百年沧桑后，积贫积弱，百废待兴，需要强大的工业和农业经济发展，满足人民群众日益增长的物质与文化生活的需要，六六六在清除虫类灾害方面表面上显示出了一定的优势，现代工业产品常常以这种及时、显性的功利性吸引和迷惑着人，这样株化便将其作为先期主要产品投入生产了。直到其高毒性、高残留成为世界各国共同认知后，株化才于1983年按照中央统一部署予以关停淘汰。不过1984年，株化又提出了采用甲基异氰酸酯单体法合成速灭威、叶蝉散，但这一年印度博帕尔农药厂污染事件，导致2.5万人直接死亡，泄漏的正是这种剧毒中间产品。这一举世震惊的污染事件，打消了株化拟在人口稠密的清水塘地区上马这种新农药生产线的想法。

化工行业一直是工业污染最严重的领域，官方资料记录了株化的污染程度。1972年株洲化工厂因二氧化硫污染，附近2.6万亩禾苗受害。1985年株洲化工厂年排放工业废水2528万吨，其中汞、砷排放分别为1.2吨和50.7吨，均列全省第一位。1990年株洲化工厂年产值1.6亿元，新鲜用水量为4630万吨，年耗煤量1.8万吨，废水排放3377万吨，废气排放29亿标立方米，二氧化硫排放2667吨，多项污染物排放居全省领先位置，其中重金属汞排放量3.8吨，位居全省所有企业第一，砷排放99吨，位居全省第三，悬浮物排放位居全省第二。曾经在株化工作的多位员工向我回忆了当年的污染场景。在株化磷肥车间工作过的文宇的记忆中，工人们每天上班，在设备出故障密封不好时，有时需要持袖掩鼻，快速冲过三道污染封锁线：首先是株化新厂门到老厂门之间的农药中间体气味，有机厂农药车间主要生产氯油、氯仿、液氯、次氯酸钠和盐酸并有氯气挥发；接下来是烧碱厂电解车间在生产氢氧化钠过程中挥发氯气；最里面第三道是硫酸厂制酸车间挥发二氧化硫。进入车间后，生产条件恶劣，在其工作的磷肥车间，产品出库没有任何收尘措施，散逸的物料到处都是，车间里全是黑乎乎、脏兮兮的肥料泥浆，天晴或是下雨都需要穿着胶鞋上班。而 1979 年进入株化硫酸厂工作的张湘东同样对雨天有着深刻的记忆：由于酸性腐蚀太重，酸雨滴落的时候，会在雨伞上打出一个一个的洞眼。原本在株化生产一线的张湘东进厂后就迷上了摄影，几十年间拍摄、保管的清水塘各个历史时期的照片有 8 万多张，视频片段 1 万多个，留下了清水塘各家企业和主要生产线的精彩瞬间。当清水塘企业整体退出、历史的风华烟消云散时，这些照片和视频成了再现清水塘工业历史的珍贵记录。

　　株化污染的严重性来自生产本身，以株化最早投产的硫酸厂生产为例：硫酸车间有着硫黄制酸、硫铁矿制酸和铅烟气制酸等三种不同工艺。硫酸厂初期的主要生产工艺为土法硫矿制酸，后来又技改增加了为株冶的铅烟气配硫黄制硫酸和硫精砂制酸，初期生产规模为 6 万吨/年。至 1983 年期间，株化生产工业硫酸共三套装置，均采用接触法生产浓硫酸，总设计能力为 36 万吨/年，其中硫铁矿制酸系统设计能力为 12 万吨/年，冶炼烟气制酸系统设计能力为 16 万吨/年，硫黄制酸系统设计为 8 万吨/年。2003 年硫酸厂才完成了 36 万吨/年，硫酸达标达产工程的工艺安全设计，并进行生产实践。硫酸厂于 2014 年停止生产，除硫酸罐外建筑物已全部拆除。直接用紧邻的株洲冶炼厂铅锌冶炼过程产生的含硫烟气生产硫酸，是最省事、最干净的办法了，从 1958 年投产之初开始，株化硫酸厂就设计配入株冶焚硫炉烟气制酸，但长期以来受设备影响和工艺不成熟制约，株冶锌系统烟气含汞问题未取得突破，硫酸生产产量一直都在每年 6 万吨左右徘徊。含汞铅烟气净化问题迟迟未能有效解决，直到 1982 年湖南省下达重

◎ 株洲被称为火车拖来
的城市（张湘东摄）

◎ 株洲冶炼厂一角（张湘东摄）

◎ 停靠在喻家坪货站的罐子车（张湘东摄）

◎ 停产待拆的株洲化工厂硫酸分厂（张湘东摄）

◎ 湘江氮肥厂全貌（张湘东摄）

◎ 工业鼎盛时期霞湾港全景（张湘东摄）

◎ 霞湾港汇入湘江的河滩，曾经寸草不生（张湘东摄）

◎ 曾经污染严重的霞湾港码头（张湘东摄）

◎ 2008 年 9 月 20 日，株洲电厂 125MW 机组烟囱第一次爆破

◎ 株洲旗滨公司从清水塘搬迁到醴陵后，建起了干净清洁的玻璃生产线

◎ 株冶和株化的部分厂区，拟作为工业文化遗址保留下来（李青山摄）

◎ 传统的化工、冶炼企业退出后，一批绿色环保型企业抓紧入场。图为建设中的株洲三一能源装备有限公司（李青山摄）

◎ 过去沉积着大量重金属废水的老霞湾港、
桔木塘，已经改造成株洲市民网红打卡
地——清水湖公园（李青山摄）

◎ 治理后的湘江清水塘段（胡俊摄）

点治污项目，其中包括利用株冶二氧化硫烟气净化制酸，重点是解决烟气中汞含量过高的问题。硫铁矿制酸同样是株化硫酸生产的主打工艺，这种工艺对二氧化硫的吸收率只有 90% 左右，因为环境污染重，早为市场所淘汰，而且株化使用的湖南本省硫酸铁矿中砷、氟含量高，去除难度大，株化砷污染排放位居全省工业企业第三，与其不无关系。株化硫酸生产唯一采取先进成熟的"二转二吸"接触法硫酸生产工艺的是硫黄制酸，不过因为硫黄属于国家限制进口物质，这一部分在总生产中所占比重并不是太高。株化硫酸厂虽然污染严重，但一直是株化人骨子里最深刻的记忆，以至于停产两年后的 2018 年 3 月 26 日，清水塘老工业区拆迁指挥部组织对硫酸厂转化器进行拆除时，很多老株化人都跑来合影留念，尽管它的保护层已经逐渐脱落，但人们依旧记得，无论是硫铁矿焙烧制酸、冶炼烟气制酸还是硫黄制酸等，也不管哪种原料、哪种工艺制酸，都要用到它，一代代工艺在这里呈现，因此它一直被株化人视为标志性的装置设备。

消除污染的努力一直在路上，自从 1996 年以来，株化集团加大环保投入，进行技术改造，治理水污染。据《1978—2002 年湖南环保志》记载：作为全省汞排放量最大的污染企业，1999 年株化完成聚乙烯除汞及废盐酸回收工程，每年减少 2.2 吨汞的排放，缓解了湘江株洲下游段水体中汞污染问题。而对于一直困扰株化硫酸生产的废水排放量大、空气污染严重问题，2007 年实施了硫铁矿制酸水洗改酸洗的工艺改造，改变过去几十年采用大量的水直接洗涤矿尘降温，洗涤后大量废水直排的方式；改酸洗后，洗涤液体循环使用，废水排放量大幅度降低到每小时二三十吨，与此同时，砷、氟等排放强度也同样降低了。上述我们提过，1990 年的株化，曾经是一个日排废水近十万吨的企业。

但绝对的排放量依然很大，环境问题依然欠账很多。2003 年 9 月，那个时候株化还算是全省"十一五"推进新型工业化进程的标志性企业，当时株洲已经被视作全国空气污染最严重的十大城市之一。国家层面对株洲的关注度空前地高，中央电视台《焦点访谈》记者随同国家环保总局到清水塘暗访，发现一条从株化排向霞湾港的污水。记者的暗访行为被株化发现后，污水处理厂刚刚还是平静无波的水面沸腾了，显然是重新启动了停运的污染处理设施。株化的解释是刚巧有一个污水泵坏了临时停产检修，但央视记者在设备运行记录本上赫然发现，各项设备运行正常，管道畅通，泵未停，而且把还未到来的 9 月 9 日的运行情况提前记录好了。央视记者还在现场发现，污水处理池的药物添加泵已经生锈，显然很长时间未使用，工业废水未进入污水处理系统，直接排入霞湾港，顺着霞湾港直接进入湘江。如果援用 2015 版新修订的《环境保护法》法律规定，上述行为涉嫌私设暗管、擅自停运治污设施和弄虚作假等多项罪名，需要进行刑事追责和行政追责多项处罚，但彼时的《环境保护法》还未长出牙齿，企业并未因此受到太多处罚，但同在现场的我，依旧记得株洲市主管副市长在长沙九所宾馆接受国家环保局约谈时，会场气氛的凝重以及约谈时的尴尬。2006 年 2 月国家环保总局再次将株化集团列入全国 11 家环境安全大检查挂牌督办企业名单，一口气列举了七方面问题：9 个贮存量达 2000 吨的硫酸贮罐未设置围堰、液氯罐区无应急处置设施、甲苯罐区围堰存在事故隐患、厂区跑冒滴漏现象严重、外排废水砷和化学需氧量超标、硫酸渣和钛白粉渣等固体废物堆存及电石渣安全处置存在问题、PVC树脂生产区卫生防护距离内有居民。国家环保总局制定如此严苛的措施的现实背景是，2005年11月13日，吉林石化公司双苯厂一车间发生爆炸，造成5人死亡、近70人受伤，约一百吨苯类物质流入松花江，造成影响中俄关系的跨境水污染事件，沿岸数百万居民的生活受到影响。株化集团下游，就是居民人数近千万的湘潭市和省会长沙市。现实面前，株化的环境责任和环境意识在进一步增强，针对国家环保总局提出的七大问题，当年投入资金7180万元完成整改，对存在重大安全隐患的硫酸储罐设置围堰确保在事故状态下能全部回收泄漏的硫酸，为硫酸渣和钛白粉渣建设了专用工业固废填场，对电石渣先是准备收购一家水泥厂制砖，后因渣泥中含水过高改为新建专门的干渣库。上述措施当年通过湖南省环保局的验收，株化摘掉了全国挂牌督办的黑帽子。

在株化走到最后破产前夕，株化治污的步伐还未停止，2011年株化含铁废水深度处理项目列入湘江综合整治工程之一——由于下游长沙航电枢纽工程建设，需要上游库区进一步加强环境治理，减少污染物的排放，该项目总投资3755万元，每年可削减总铁1500吨，外排废水达国家一级排放标准，消除了因水中含铁对湘江霞湾港水体色度的影响，因此当时我们也称这个项目为株化含铁废水变清项目。总体而言，霞湾港水体曾经出现赤橙黄绿青蓝紫七彩变化，这主要与株化排放有关，当然其他企业也排放了一定的污染物。现在看来，至少在2013年的污染处理项目中，既有废水处理也有废渣处理项目。当年5月3日，湖南省发改委对株化化工废水综合处理与回用工程项目进行了备案登记，建设内容为在化肥片区新建 400 立方米/时的酸性废水处理装置，在化工片区提质改造 6000 立方米的事故应急池和 800 立方米/时的污水站，两个废水处理项目总投资估算为 8012 万元，全部由企业自筹。废渣项目则是对公司产生的大量的钙废渣进行综合利用和送渣场堆放，毕竟一年 20 万吨的电石渣体量过大。

所有这些努力，都没有避免株化在 2014 年走上破产歇业的道路，这一年，国务院办公厅印发了《关于推进城区老工业区搬迁改造的指导意见》，湖南省人民政府办公厅随后印发了《关于支持清水塘老工业区整体搬迁改造的通知》。虽然 2005 年中国盐业总公司斥资 3.7 亿控股株化，希望借此挽狂澜于既倒，但株化内伤太重，作为"一五"期间的老企业，生产工艺技术落后，其中部分属于国家明文淘汰的工艺与技术，如硫铁矿一转一吸制酸、金属隔膜制烧碱和立窑制水泥等，同时，清洁生产和治污能力差，对环境保护投入不足，厂区地下管网复杂，无法实施清污分流，治理措施跟不上时代新要求。与此同时，经济上无法从根本上摆脱不断下滑的颓势。2009 年，经过国际金融风暴打击的株化，面对稍有复苏迹象的化工市场，力图以改善产品结构的方式，突破市场低迷、产能过剩的困局，但是 2008 年亚洲金融风暴这一年，湖南省人民政府印发《湘江流域水污染综合整治实施方案》，将湘江打造为东方莱茵河成了流域内人民共同的梦想；2011 年国家发改委、环境保护部两部委批准了《湘江流域重金属污染治理实施方案》，这是国家第一个批复的区域性重金属污染治理方案，国家希望从湘江试点，摸索出一条符合中国国情的重金属污染治理道路，在此背景下，2010 年编制的《株洲清水塘循环经济工业区核心区规划》明确要求株化 2012 年完成企业搬迁。此后各级政府对株化停止了除污染治理项目以外所有项目的审批，所有的技术改造项目在 2011 年以后戛然而止，尽管这个时候株化传统产品的名声还在，市场竞争力还在，甚至也看清了未来产品结构的前景，但是当企业的利益必须服从国家利益，小众的企业利益必须服从湘江流域几千万公众的利益的时候，株化未来的命运似乎已经注定，株化人也十分清楚地看到了这一点，不然的话，不会在这个节点上，把自己未来最赚钱、发展前景最好的复合肥生产拱手卖给安徽红四方公司。

在原株化复合肥分公司经理青先满看来，复合肥生产不仅市场前景好，与株化所有其他产品相比，最大的优势还是整个生产过程少有化学反应，环境污染最小。当时由磷肥产业链延伸到 2012 年的复合肥，已经倾注了株化人多年的努力，实现了五代技术更新：复合肥的源头是当时株化的土法生产硫酸，利用土法硫酸和摩洛哥的磷矿生产磷肥，这也是我国较早的大规模磷肥生产；后来在湖南浏阳永和发现了大型磷矿，国家不再进口磷矿石，株化就用浏阳磷矿为主矿来生产磷肥。最旺盛的时候，磷肥的产量是一年 36 万吨，当时是全国第二大的普通过磷酸钙企业。在 1999 年围绕延伸磷化工这个产业链，以磷肥作为最基本的原料生产复合肥，也就是以过磷酸钙为基本的原料，采用双圆盘造粒技术生产复合肥，这是复合肥生产的第一代；第二代复合肥是采用滚筒造粒技术生产肥料；第三代复合肥生产采用尿素熔融转鼓造粒技术，基本实现废气不外排；第四代复合肥采用氨酸料浆法，兼顾了生产和环保的需求，已经成为我国成熟的和普遍采用的复合肥生产技术；第五代复合肥生产采用尿素熔融高塔造粒技术。

青先满称，自己 2004 年就向公司提出达到 100 万吨复合肥生产规模的建议，但公司没有大力推进，翌年他便调离复合肥分公司。市场是配置资源的有力之手，2012 年，中盐总公司整合株化和安徽红四方复合肥资源，由中盐安徽红四方控股红四方湖南分公司，注资 6000 多万元，以株化复合肥分公司 10 万吨/年氨酸复合肥和 20 万吨/年高塔复合肥生产装置各一套，组建中盐安徽红四方肥业股份有限公司湖南分公司，2016 年复合肥销售 14.7 万吨，实现销售收入 2.48 亿元。2017 年公司响应株洲市实施清水塘老工业区搬迁改造的要求，选址于醴陵经开区东富工业园化工园区，并于 2019 年更名为中盐美福生态肥业有限公司。通过短短 8 个月的建设，一个占地 200 亩的新复合肥厂在这里建成，新建 20 万吨/年氨酸复合肥和 20 万吨/年高塔复合肥装置各一套，高 120 米的高塔造粒塔在蓝天白云下昭示着它的繁荣与兴盛。原本名不见经传的安徽红四方拥有了年产 300 万吨复合肥的生产能力，以及国内最先进的复合肥生产技术和产业工人，让我不得不佩服历史上就有名的徽商游刃于市场之中的巨大能力，而我目之所及的所有管理人员，从副总到部门经理，都来自株化，而这也是曾经巨无霸的株化留下的唯一一条"血脉"！

可株化的大多数产品和技术工人，就没有复合肥和这条生产线上的工人这么幸运了，他们成了真正的弱势群体，连还在正常的生产都不管不顾了，包括株化最赚钱的水合肼生产线上的工人也是如此，尽管每一天的生产能为企业赚回 50 万元钱，但对于整个株化的前景，他们从心底里普遍地感到了"凉凉"。在人均月收入数千元的时代，他们不满足于每人每月七百出头的生活费，他们担心停缴工人的医保社保以后下半生的生活和健康保障。一篇长达四千多字的《写在株化维权活动进行中》的文章在株化职工中传播，他们提出了从社保、医保到就业培训等多方面的诉求。株化建安公司陈娟的《我的梦想》，更是令人读之潸然泪下。

我的梦想

在我上小学的时候，我就有个梦想，长大以后能像爸爸一样每天早上提着袋子到株化上班，成为一名株化职工。但那时我的梦想很难实现。

高中毕业考上了一所大学，毕业那年老师在黑板上写了满满一黑板的招聘单位，有省城的名牌大学、设计院，市里的劳动局、机械局，还有许多效益好的大企业，当然也有株洲化工厂，我想都没想就在分配志愿上填了个株洲化工厂。老校长还特意跑来问我是否愿意留校当老师，因学校要新开一个专业，需要一些老师。我说我的家在株化。

1985 年 6 月 28 日，这是我终生难忘的日子，我穿上了蓝色的工装，走进了株化，走上了自己的工作岗位，实现了自己和父母的梦想，终于成为株化的一员。

一晃已在株化工作二十九年，一起分进厂的十五个大中专院校的学生也只剩下了寥寥几人，离开的人有的自己开公司当老板，有的被高薪聘请南下打工，但我不愿离开生我养我的这片土地，我会为她努力地工作着。

不久前，我还在盼望株化能脱离困境，我也有机会站在产业转移后的新株化的土地上，为自己仍是株化人而感到自豪。但我的梦想是不能实现了，今晚是我人生中在株化的最后一次加班，也是最后一晚听着立车的旋转声，那声音是那么动听，从没感觉过。坐在电脑边，泪水止不住地往下流，上午外请的师傅拿自己的工具回家，我还在说我们还要复工的，我知道这是不可能的，但他很高兴，他还要来，要我把车刀工具看好。

别了，生我养我的株化，明天我将走出株化大门，去迎接新的挑战，愿株化还有重振雄风的一天。

智 成

2007 年湖南省人民政府印发的《湖南省节能减排综合性工作实施方案》明确写道：认真总结循环经济第一批试点经验，进一步抓好株冶、智成化工等循环经济试点。基于此，2010 年株洲市报送的《株洲清水塘循环经济工业区核心区规划》将智成和株冶同时纳入整改企业名单，而对于株化采取的则是搬迁政策，这说明虽然同样是化工企业，株洲市在区域发展策略上，对智成与株化采取了两种不同的态度。

智成公司前身为湖南湘氮实业有限公司，始建于 1958 年，1970 年 2 月建成投产，企业占地 1084 亩，与株冶、株化一起构成一个三角地带，其中以智成最贴近湘江干流位置。智成的主要产品为合成氨、尿素、甲酸钠、纯碱、双氧水和热电站蒸汽，一度达到年产 11.5 万吨双氧水、50 万吨纯碱和 50 万吨氯化铵的生产能力。作为湖南最早的中型氮肥生产企业，它一生中经历了两次"卖身"：2003年卖给广东中成化工股份有限公司并更名为智成化工，2010年被广西柳州化工控股有限公司收购。作为一家肥料生产厂家，人们最初在兴建它时几乎从未设想过它在生产过程中带来的污染，甚至把它的排放物都视为有用物，以至于1973年由株洲市政府出面，兴建了湘江氮肥厂污灌工程，即用含氨氮污水灌溉农田。工程于1975年建成，污灌工程涉及株洲市郊、长沙县暮云和跳马等地共六个乡镇，以此解决含氨氮废水对湘江水质的影响。

但智成属于典型的煤化工企业，1990年，彼时还名叫湘江氮肥厂的这家企业，年产值7500万元，年耗煤50万吨，在清水塘区域仅次于完全以燃煤为原料的发电企业——株洲电厂；新鲜耗水量4691万吨，则超过了相邻的另一化工巨头——株化；工业废水排放量3284万吨，其中氰化物7吨，这已经比1985年高峰期的45吨削减了很多；工业废气排放量38.4亿标立方米，其中二氧化硫2977吨，烟尘9785吨，固体废物产生量14.7万吨。1993年列入国家3000家重点污染企业名录的前三百家企业中，湘江氮肥厂废水排放量位列湖南第一，是清水塘有名的污染大户。

2003年湘江氮肥厂归属于智成化工后，在坚持走循环经济、推进技术创新方面有着一番亮丽的表现，在其并购的前三年累计投入8亿元，按照"减量化、再利用、资源化"原则，先后进行了三期技改和清洁生产工程，从产品结构入手，用低煤耗、低能耗、高效益的产品替代高资源消耗的产品，停产高能耗、低效益的甲醇和甲醛，而高效益低能耗的纯碱由年产6万吨增加到16万吨，同时建成亚洲最大、年产能达 11.5 万吨的双氧水生产装置,完成 15 个技术改造项目和 65 个三废治理项目。通过这一轮循环经济建设,形成了年产 21 万吨合成氨、11.5 万吨双氧水、16 万吨纯碱、16 万吨氯化铵、14 万吨尿素、5 万吨甲酸钠的生产能力。发展循环经济让智成化工尝到了实实在在的甜头:公司万元增加值标煤能耗持续下降,由 2004 年的 70 吨降到 12 吨,平均每年下降 40%;二氧化硫排放减少近八成,化学需氧量排放总量减少 92.8%,固体废物资源化率达到 95% 以上,公司效益也由 2003 年的亏损到 2006 年盈利 6000 万元,这也使得智成公司在这一年被列为全国首批 42 家循环经济试点单位,这在中国数以万计的化工企业中,是十分难得的荣誉,说明智成在同行业中已经站在十分领先的位置。

成为国家循环经济首批试点单位后,2006—2009 年智成坚持以技术改造为手段,遵循新建项目采取绿色新工艺,以新带老治理老污染,运用清洁生产工艺达到节能、降耗、减污、增效的目的。大力推进废气综合治理及回收利用,改造造气吹风气回收装置,新建吹风气锅炉,年回收一氧化碳、氢气、甲烷等废气 1.3 亿标立方米,减排粉尘 1500 吨;针对锅炉烟气大量排放二氧化硫和烟尘的问题,建设国内首套中成碱法烟气二氧化硫回收装置,年回收二氧化硫 1 万吨、减少烟尘排放 6000 吨;合成氨和甲醇尾气综合利用,每年减排废气 3200 万标立方米。积极推进水环境治理,实现高浓度有机废水零排放,对含氰废水处理装置进行改造,年减排废水 97 万吨;锅炉冲渣废水循环利用,年减排废水 532 万吨;此外还对合成氨废水进行治理,建设尿素解析液处理装置,完善总废水处理装置。强力推进废渣治理，将煤粉炉改为循环流化床锅炉，较好地解决造气过程中每年产生的 12 万吨煤灰和烟囱灰，实现每年节煤 6 万吨，实现造气烟囱灰综合利用和粉煤灰综合利用。通过循环经济尝得甜头的智成化工，继续实施第四期清洁生产工程，2012 年公司投入 4600 多万元，对当时的环保装置、雨污水管网及总废水处理站进行改造升级，并将在年底完成，实现污染物稳定达标排放的目标；第四期清洁生产工程明显与前三期不同的是，着眼于整个清水塘区域，利用株冶废硫矿渣回收生产保险粉，利用株化废电石泥生产新型建材，使循环经济体系从公司小循环的基础上得以扩展，在株洲清水塘工业区实现中循环。

尽管如此，智成还是难改其资源型经济的特点，面临十分严峻的资源消耗和环境污染压力。2009 年智成各分厂具体情况是：热电站每年锅炉烟气排放量 20 亿标立方米，废水排放量 122 万吨，100 米烟囱排放电石干灰 4.6 万吨、电石炉渣 3.1 万吨、粉煤灰 9.3 万吨。尿素分厂废气主要来自尿素合成塔尾气、造粒塔尾气，由 90 米高烟囱排放，年产尿素 11.5 万吨，年排废气 1.7 亿标立方米。纯碱分厂废气主要来自碳化塔、过滤尾气、煅烧炉尾气和包装工序，主要污染物为碱尘，年排废气 9.6 亿标立方米，年排废水 69 万吨。合成分厂年排废水 57 万吨，其中化学需氧量 120 万吨、氨氮 192 万吨、废铜触媒 7.69 吨。好在 2006 年起，智成开始对总废水站进行扩建运行，2009 年全厂产生废水 496 万吨，废水处理量为 420 万吨。但化工企业高风险、高污染特性会时刻显现，2011 年 4 月 14 日晚 7 时，智成公司一存放着 1500 吨保险粉的仓库发生火灾，因技术、场地原因，救援难度较大，消防部门共出动 200 余名消防救援人员、近 40 台消防车，采取在消防水中加入脱硫剂的方法，吸收空气中的二氧化硫，历经数小时奋力扑救，才控制住火势，所幸火灾无人员伤亡。

很难说得清此次火灾究竟对智成造成了什么样的影响。此时智成也因为市场原因，经营出现严重亏损，原本通过循环经济改造，实现了企业的腾飞，无奈资金压力面前，只得遗憾地将企业转手给广西柳化控股，生产模式继续以合成氨、尿素、双氧水、纯碱和甲酸钠等为主。此时，整体转让给广西柳化的智成公司，依旧不能停止其技改和污染防治的步伐，以应对设备老化和污染防控日益严格的现实背景。2014—2015 年，生产合成氨和尿素的桂成公司共计投入资金 4000 万元完成 15 个技改项目。其中环保技改项目包括热电、纯碱技改、工艺节能技术改造；尾气回收、废水处理和排污治理项目有循环水系统改造、尿素系统新建年产 2 万吨二氧化碳回收装置、冷却水回收、气柜改造、空气改造、尾气回收利用制氢、雨污分流工程、与株化互供蒸汽、回收液氧、新建膜分离提氢装置、提高氨水回收制作能力等项目。与此同时，生产保险粉的中成车间实施的环保项目则包括保险粉包装改造、母液溶液回收干品改造、甲酸钠回收干品改造等。上述措施确保了智成化工污染物排放基本达标。不过此时在环保上的努力，难改其在经营上的颓势，加上同期开展技改和环保的投入，让智成的财务出现严重透支，各种欠债增多，到 2015 年公司债务本金超过 9 亿元，利息约人民币 3 亿元，拖欠各种原料款项、工资等经营性债务 2 亿余元。即使抛开清水塘老工业区搬迁这项压倒性的工作要求，站在经营本身的角度，智成继续沿袭颓势，还等不到 2017 年 2 月 18 日组织召开的清水塘老工业区搬迁动员大会，智成公司的合成氨、尿素、纯碱等主业生产装置就已于 2015 年 4 月关停，其他生产装置于 2016 年 12 月 27 日关停。停产前，智成公司投入了 300 余万元建成最后一套大气污染处理装置，即在热电锅炉新建一套烟气脱硫脱硝装置和氨水脱硝处理装置，以确保烟气中二氧化硫、氮氧化合物达标排放；另一项水污染处理装置，就是总废水站新上的一套保险粉废水处置装置，用以解决保险粉车间和综合车间有机物浓度较高的问题。

但是事故还是发生了，2019 年 4 月 22 日，曾经在智成多次上演过的火灾再次发生，不过这已经是在它主体生产停止两年多以后，发生在工厂构筑物拆除期间。当日上午 8 时，负责承担智成公司拆迁和残渣废液处置工作的株洲协成工程维修有限公司施工分区负责人赵元、作业班长喻太华进入智成制气分厂净化车间 3 号脱硫塔，开始螺栓切除工作。在同行的工作人员完成动火分析，清理了脱硫塔外的易燃物并对塔外周边洒水阻燃并开具动火作业证后，施工员着手对螺栓采用气割方式切割，上午 11 时左右完成了底部两个盖板的螺栓切割，下午 2 时继续上塔进行螺栓切割。当切割第四个盖板螺栓时，发现第三个已切割螺栓的上段卸料孔开始冒烟，火灾就此酿成。消防部门出动 10 辆消防车、46 名消防员，采取"稀释降毒、泡沫灭火"措施，于第二天下午 2 时将火扑灭，持续时间整整一天。事后分析，此次事故系切割中螺栓受热，引燃了塔内积存的单质硫和硫化物以及聚丙烯鲍尔环填料。智成公司、协成公司 6 名责任人受到处罚，这也是清水塘老工业区 260 家企业搬迁过程中发生的一次较大的安全环保事故。

柳州化工厂是广西最大的化肥化工生产企业，其产品与智成基本相同。柳化最赚钱的产品是硝酸铵，每年有着 60 万吨的生产能力。

与智成一样，也与中国几乎所有老工业企业一样，原先偏居一隅的柳化，后来成为柳州市的城市中心企业。2014 年 6 月，国家对包括株洲清水塘在内的 21 个老工业区实施搬迁改造试点，柳化虽然不在这一份大名单中，但柳州市迫切需要改变自己的城市规划与布局，柳州人对柳化污染环境的抱怨也已经由来已久。这一年 3 月，柳化就根据柳州市委、市政府要求，制定了企业整体搬迁改造工程初步方案，随即完成相关实施方案的编制，向柳州市政府提出柳化本部整体搬迁改造方案的申请。我们当然不能说曾经辉煌无限的智成卖身给柳化控股，属于所托非人，但一个再强大的企业，也经不住两头的拉扯，何况柳化和智成的搬迁，涉及面非常广，所需资金极大，利益权衡之下，柳化控股也只能从之前柳州市的老城区拆出，搬迁到几十公里外的鹿寨镇。属于智成的时代结束了。

石峰山

我在本章开篇部分提到，清水塘工业区南起石峰山，实际上石峰山下，有着南麓的株洲电厂和北麓的株洲玻璃厂等传统大型企业，两家企业同属于国家"一五"期间在株洲投建的 9 家企业，在我们的叙述中无法绕过。

株洲电厂是 1955 年由苏联援建我国的重点工程之一；株洲玻璃厂始建于 1957 年，是我国第一个自行设计、自制设备、自行施工安装建成的大型建筑玻璃生产企业。株洲玻璃厂工业产值年 5763 万元，新鲜用水年 809 万吨，耗煤年 13 万吨，工业废气排放量年 12.6 亿标立方米，二氧化硫排放量年 2476 吨。作为典型的耗煤企业，大气污染是其突出的环境特征。株洲人对于两家企业都有着印象深刻却又不乏无奈调侃的记忆。地处北麓的株洲玻璃厂，三根 120 米高的烟囱在石峰山的青山下显得十分突兀，虽然历经多次治理，但烟雾长期无法根治而且影响株洲市的城市景观。2011 年《平板玻璃工业大气污染物排放标准》实施以前，连国家层面对玻璃行业危害人民健康的氮氧化物污染排放都没有规定，株洲人滑稽地称这三根烟囱为"三炷高香"，湖南话"我给你磕头烧高香"实含无可奈何之意。清水塘人还学会了从停泊的汽车盖面上判别烟灰来源的窍门，汽车盖面上白色的烟灰来自于株洲玻璃厂，黑色的烟灰则来自株冶。株冶烟囱无数，其中一根高达 133 米的烟囱，曾经多年雄踞亚洲第一。

污染物排放严重的株洲玻璃厂也是较早一批陷入经营困境的国有企业，被列入湖南省首批建立现代企业制度试点企业后，1998 年以来株洲玻璃厂立足于改革和脱困，实行"分块自治、共同发展"战略，也就是主张各个分厂自己跑路、自寻出路，株玻人被迫在夹缝中生存。2005 年旗滨集团收购株洲玻璃厂，浙江商人俞其兵首次踏入玻璃制造业。短短 6 年时间旗滨玻璃保持强劲发展劲头，2011 年成功上市后，成为株洲市市值最高的企业之一，这时长株潭城市群两型社会试验区已经建设了好几年，国家批复了《湘江流域重金属污染治理实施方案》，加快清水塘结构转型已经成为当务之急。2012 年株洲市人民政府下发文件，决定株洲市旗滨玻璃整体搬迁到醴陵东富工业园。经过紧张施工，2016 年 3 月 18 日正式投产，这当然不是一次简单重复搬迁：三条生产线日生产能力从 1700 吨产能增加到 5 条生产线 3100

吨产能；通过对熔窑、锡槽和退火窑进行技术改造，玻璃生产线使用寿命由过去的五六年延长至现在的七八年，检修时间从过去的一年减少到现在的半年，锡槽环节由人工定角改为自动化定角，产品致残率大幅度降低；株玻三根 120 米烟囱实现以一根 200 米高的集束式烟囱替代。

旗滨还想在环保上走得更远，原本计划一次性实现天然气替代，但醴陵市全市每天最大天然气管道配送量为 20 万立方米，无法满足旗滨一家每天 50 万立方米的能源要求，况且醴陵是著名的陶瓷之乡，旗滨进驻之前，主要陶瓷厂家基本实现天然气对燃煤的替代，以改变大气环境质量，留给旗滨的天然气进一步打折扣，旗滨只得采取天然气配合焦煤油使用的能源模式。

旗滨从石峰山下迁往醴陵仅仅 46 公里路程，但通往醴陵的搬迁之路并不平坦，主要问题集中在环境污染和地价两大方面。反对者认为，作为株洲市淘汰出城的污染企业，醴陵市没有必要接纳，醴陵人民同样需要碧水蓝天，这是最容易形成广泛共情的一项诉求；而所谓"零地价"，也即旗滨进入醴陵市工业用地和配套商住用地价款，醴陵市政府均以产业发展基金的名义返回给旗滨公司。几乎所有的醴陵人都参与到这场大辩论中。为了打消干部群众的疑虑和不满，2012 年 6—7 月醴陵市专门组织市领导、市直机关负责人、乡镇领导及村民代表近百人，以政府考察团的名义分批去旗滨集团总部福建漳州考察，希望以与株洲玻璃厂完全不同的厂容厂貌，改变人们对传统玻璃行业的看法。但这样一来，新的舆情引爆了：由于旗滨公司给前去漳州参观的代表配发了公司厂庆纪念章，这一事件被写成标题为《湖南醴陵引入涉污项目谜团：考察企业每人获金条》的新闻，一时引发轩然大波。此番风波后，经多方努力，旗滨搬迁至醴陵项目方才落地，而这也是众多清水塘老工业区向外搬迁中的一个缩影。

旗滨公司在醴陵新基地的产品主要有优质浮法玻璃、在线低辐射镀膜玻璃和低辐射镀膜玻璃基片、深加工玻璃，这些高品质玻璃原片，为进一步就近拓展玻璃深加工创造了条件。2016 年旗滨公司在郴州创建光伏光电玻璃生产线，2018 年相继在醴陵创建节能玻璃和电子玻璃生产线。原本挣扎于生死线上的株玻在变身为旗滨玻璃后，从传统的老国企变身为现代股份制企业，占据玻璃行业国内市场 7% 的份额，成为我国生产浮法玻璃的龙头企业，如今以生产先进、生态良好的崭新风貌，屹立在醴陵东富工业园，2021 年上半年实现营业收入 68 亿元，归属于上市公司股东的净利润 22 亿元。一切因时代而亡，一切因时代而兴！

在长达几年的清水塘老工业区企业搬迁中，人们普遍把 2014 年迁往醴陵的旗滨作为首家搬迁企业，而以株冶 2018 年 12 月 31 日基夫赛特炼铅生产线作为最后搬迁的标志性事件，其实这是一个很大的误解，因为时至今日，纳入清水塘老工业区搬迁计划的 261 家企业中，还有一家企业作为株洲市生产生活的重要依托仍在高效清洁运行，人们甚至已经感受不到一家污染企业的存在。2018 年，一向都对项目选址极为严苛的房产巨头碧桂园甚至紧邻这家企业，建成了株洲市最高档的住宅项目，成为这个曾经污染严重城市的住房新宠，这就是上面提到过的石峰公园南麓的株洲电厂，历经多次转隶，它现在的名称是大唐华银电力股份有限公司。株洲电厂，这家清水塘老工业区最南端的企业，实际上已经处在株洲市城市中心，它浓浓的黑烟曾经让株洲市"两会"休会，让很多市民在它粗大的黑烟囱下艰难呼吸。人们好奇，它是如何久久为功、积小胜为大胜，悄悄消除自己的污染，走向与周边居民和谐共存，并让碧桂园这样的房地产商自愿选择与它比邻而居的？不仅如此，包括株冶在内的所有其他企业都搬迁和关停后，为何政府给了株电一条绿色通道，允许它在株洲下属渌口区建成两台100万千瓦火电机组后，再搬出株洲中心城区？

株洲电厂，西倚湘江，北枕石峰山，东濒建设北路，1957年11月建成由三台35吨/时煤粉炉和两台6000千瓦汽轮发电机组组成的第一期工程。1972年三期工程竣工后，株电年发电能力达到14.8万千瓦，为当时湖南全省最大的火电厂，这一产能一直保持到1994年。当时株电的环境状况较为清晰地记录在《湖南环境统计》中：1985年株洲电厂位列全省八家工业废气排放量最大企业，年排放废气44万标立方米；1990年株洲电厂工业产值3759万元，新鲜用水1.9亿吨，耗煤71万吨，9台锅炉695蒸吨，排放二氧化硫8917吨，烟尘2.9亿吨。如此大的资源消耗和污染排放，与当时发电机组发电能力偏低密切相关，株电第一期、第二期和第三期机组发电能力分别是6000千瓦、1.2万千瓦和2.5万千瓦。尽管如此，株电的发电效率已居湖南之冠，发电标准煤耗率为525克/千瓦时，比当年全省的平均煤耗率少105克/千瓦时。在电力行业，扩大发电机组发电规模，一直都是降低煤耗、削减污染的主要手段，与此同时还需要不断改进其大气污染防治措施。1960年，株电建成湖南电力行业首台水膜除尘器和首台静电除尘器，1964年开始探索混煤灰制砖并通过几年努力达成年25万吨粉煤灰的处理能力，毕竟在中心城区，如此多的灰渣不仅影响市容市貌，而且在风力下容易引发大气污染，并导致灰渣入河。

1994 年株洲电厂迈出关键一步，经国务院批准关闭全部老机组后，建成两台 12.5 万千瓦机组，成为全国第一个电力系统"以大代小"的技术改造项目，同时在这两条新建机组上采用国内领先的双室三电场除尘器，这一年株洲电厂改称湖南华银株洲火力发电公司。后来看来，单机 12.5 万千瓦机组的发电能力还是小了点。2006 年湖南省人民政府印发《关于落实科学发展观切实加强环境保护的决定》规定，2008 年年底前，关停投产 20 年以上或单台装机容量 10 万千瓦以下的火电机组，这说明株电 1994 年新建的两台机组，到了 2006 年就基本到了关停淘汰的边缘，这也使得这两台机组仅仅运行了 14 年便予以关闭淘汰。2008 年 9 月 20 日株洲市对株电 180 米高的烟囱成功进行爆破拆除，这次关停实现每年削减二氧化硫排放量 3400 吨，削减烟尘排放量 4100 吨，削减氮氧化物排放量 5267 吨，每年废水减排量达到约 182 万吨，粉煤灰产生量减少约 38 万吨，炉渣产生量减少约 3.9 万吨，为彼时正在进行的长株潭城市群两型社会试验区建设贡献了一份力量，不过这次奉献也导致株电 400 名员工直接下岗，株电步入一段非常艰难的时期。

株电的不断发展，是通过持之以恒的技改实现的。1994 年株电启动了一期、二期技改工程。1997 年底完成的一期技改工程，成功地解决了锅炉燃烧不稳定导致炉膛结焦的难题；二期技改工程则历时 9 年，到 2003 年底 3、4 号机组并网，株电成为当年湖南省装机容量最大的火力发电厂。2004 年正式启动项目总预算 3.4 亿元的脱硫工程项目，株电脱硫技术实现从水膜麻石除尘器向静电除尘器的替代更新，2007 年投入运行后，除尘效率达到了 99.7%，烟尘排放浓度控制在 80 毫克/标立方米以下，每年减少烟尘排放 8000 吨左右。2010—2012 年株电在检修期间，分期将静电除尘器改造成全布袋式除尘器，将除尘效率提高到 99.99% 以上，排放烟尘浓度稳定低于 50 毫克/标立方米。2010 年株电分两次对 3、4 号锅炉分别实施天然气点火燃烧改造项目，从根本上解决了公司过去长期存在的开机点火时烟囱冒黑烟，从而抹黑株洲城市形象的难题。在解决这一难题后，当年 7 月 23 日，株电在 4 号机组举行脱硫设施旁路挡板铅封仪式，实现全部在运机组铅封。作为省级环保部门宣传工作职员，我有幸见证了这一激动人心的时刻，始终记得在雨中举行的这次铅封仪式，以及所有在大雨中一丝不苟的工人。2012 年株电发电机组脱硝工程被湖南省政府列入 2012 年湖南省十大环保工程的氮氧化物减排项目，该项目投入资金 8300 万元，经紧张施工后当年年底正式投运，项目采用选择性催化还原烟气脱硝工艺，脱硝效率最高可达 90%，每年减排氮氧化物 6200 吨，对改善株洲市乃至长株潭城市群的大气环境质量有着重要作用。

作为一家负责任的企业，株电赢得了政府的信任和支持，株洲市人民政府决定让株电在其辖区内建设发电能力为 4×60 万千瓦的株电 B 厂，这个建设在株洲下属攸县网岭的坑口电厂于 2010 年正式并网发电。与此同时，按照加强长株潭城市群大气污染联防联控的要求，株电投入资金 1.77 亿元，分别于 2016 年分两次完成了本部 3 号、4 号机组超低排放改造工程，实现两台机组脱硝效率平均值达到 90%，脱硫效率 99.3% 以上。改造后，机组排放污染物指标均稳定达到超低标准，即燃气轮机排放标准：烟尘小于 10 毫克/标立方米，氮氧化物小于 50 毫克/标立方米，二氧化硫小于 35 毫克/标立方米。超低排放改造顺利完工后，两台机组相对改造前二氧化硫减排 1395 吨，氮氧化物减排 1268 吨，烟尘减排 211 吨。但在较好解决大气污染排放后，2017 年 4 月中央在湖南开展的环保督察中，发现株电温排水口的问题，也即株电发电机组采用开式直流冷却方式，产生温排水排入湘江，且排入口位于株洲市二水厂一级饮用水源保护区内。经过半年努力，株电投入 4000 万元，于当年年底前将温排水口完全移出一、二级饮用水源保护区。

株电在走绿色电力的道路上，付出了艰辛的努力。碧桂园房产项目就是株电完成超低排放改造后，选址在石峰山下与株电为邻的。但作为一个仅有两台 34 万千瓦发电机组、年收入 20 亿元的发电企业，其付出的环保成本畸高，2016 年以来累计技改和环保投入超过 7 亿元，况且还必须面对更加严格的环境质量标准，以及可能出现的发电安全事故。于是，2017 年株洲发电公司搬迁发展被纳入株洲市清水塘老工业区整体搬迁改造任务序列后，无论是出于经营成本还是环境保护的考虑，株电都希望通过这次清水塘老工业区搬迁改造实现从中心城区退出。2018 年时任湖南省省长许达哲在《关于大唐华银电力股份有限公司化解退市危机有关情况的报告》中批示支持后，株电启动了退城进郊 2×100 万千瓦项目前期工作，9 月株洲市人民政府与株电签订搬迁发展框架协议，明确"先新建后关停、老厂土地收入补偿搬迁发展"的原则。"先建后搬"再次凸显了缺电少油的湖南对株电电力能源的依赖、株洲电厂地处长株潭负荷中心，是湘中、湘南重要的电源支撑，老厂发电设备利用小时近 13 年里共有 12 年位居全省第一，近 3 年发电设备平均利用小时为 4365 小时，较湖南省平均高约 482 小时。株电作为省内电网重要的支撑性电源为湖南电网保驾护航的作用，由此可见一斑。正因如此，湖南省能源局组织对 9 个省内处于前期阶段的煤电项目评议，株电易地搬迁项目优选评议为第一名，这一项目也被列入株洲市"十四五"期间要办好的十件大事之一，待国家批准建设后，预计 2024 年实现双机投产发电。这一项目采用国内先进的高参数、大容量超超临界二次再热机组，设计发电煤耗 255 克/千瓦时。这也说明，以株电为代表的中国电力，发电标准煤耗率从 1959 年的 525 克/千瓦时降低至 255 克/千瓦时，需要走完一段长达 65 年的漫漫征程。

霞湾港

　　世间所有的河流都是弯弯曲曲的，港湾是河流最自然的段落与音符，它说明河流走上一段后，需要放慢脚步稍作停顿和歇息，它既需要稍微等一等后来的江水，也需要在积蓄更大的能量后，伴着两岸青山一齐继续朝下游走下去。港湾于河流的重要性，就像一篇优美的散文诗需要句读，就像一曲优美的旋律需要休止符。湘江在走过中心城区后，绕过石峰山，呈现在我们眼前的就是著名的霞湾港。

　　然而，这样一片原本静好之处，却在 2006 年 1 月 8 日成为新华社播发的一条涉及环保的爆炸性新闻的主角，这条标题为《株冶含镉废水排入湘江，株洲至长沙段出现污染》的新闻是这样写的：

　　记者从湖南省环保局获悉，由于水利施工不当原因导致株洲冶炼厂含镉废水排入湘江，湘江株洲霞湾港至长沙江段出现不同程度的镉超标，湘潭、长沙两市水厂取水水源水质受到不同程度污染。据 7 日下午检测，两市部分水厂进水口水质镉虽然超标，但已经明显降低，出厂水质未出现镉超标。

　　此次污染事故主要是由于霞湾港清淤治理工程擅自施工和未采取适当防范措施造成的。2005 年 12 月 23 日，株洲市水利投资有限公司开始对霞湾港清淤工程导流渠施工，2006 年 1 月 4 日 17 时开始从株洲冶炼厂总废水排口处截流，水流进入映峰居委会一湖和二湖，再通过老霞湾港排入湘江。由于这两个湖长期接纳附近工厂含镉废水，并受株洲冶炼厂渣场渗入，导致两湖镉含量严重超标。镉为有毒金属。国家环保总局对湘江镉污染事故高度关注，目前协调处理污染事故的专家已赶到株洲。

这条简短的新闻信息量极大，但没有传达出来的内容更多，譬如说这次镉污染事件，实际上在湘江干流从株洲霞湾港到下游湘阴 130 公里范围内形成了镉污染带。而新闻中所谓"擅自施工"也不尽然，一项由株洲市水利部门亲自部署和实施的项目，怎能随随便便"擅自施工"？实际情况是，株洲市水利管理部门，已经不得不直接面对霞湾港重金属污染的事实，因为它直接关系到湘江的水环境、水生态和水安全。霞湾港是清水塘区域一条长 4 公里的河流，株洲清水塘工业区的工业废水主要通过霞湾港等一级支流排入湘江，从上游至下游的主要排污企业依次有株化集团、智成化工、昊华化工、株冶集团、海利化工等，后来于 2011 年投运的清水塘工业污水处理厂排出的水，也是经霞湾港排入湘江。上述株化、株冶、智成外，昊华化工和海利化工，都是株洲市十大重点污染企业，也是湖南省能排上号的污染大户。正是这些企业，使得株洲市很长时间内，每年需输入 1000 多万吨原料和燃料，从湘江汲水 4 亿多立方米，同时工业生产每年排放废气 200 多亿立方米、气型污染物 10 多万吨，排出废水 1 亿多吨、水型污染物 10 多万吨、固体废物 100 多万吨。历经数十年的岁月沉淀，主要纳污体霞湾港底泥中镉、铅、汞、砷等重金属含量严重超标，由于酸雨淋溶、地表径流冲刷及难以避免的人为扰动，霞湾港底泥中沉积的重金属正成为威胁长沙、湘潭二市饮水安全的重大隐患。霞湾港不仅污水量大、重金属污染严重，而且由于化工与冶金并存，水的颜色也十分丰富，在过去很长时间内，上演过赤橙黄绿青蓝紫的七彩变化，更多时候以黑色或牛奶色的颜色呈现。在很长时间里，霞湾港就是清水塘乃至湖南有色金属之乡重金属污染的代名词，它就像一柄高悬在湘江流域人们头上的达摩克利斯之剑，时时刻刻威胁着沿岸人民的饮水安全。利剑终于在 2006 年 1 月落下来，并且直接影响到株洲、湘潭和省会长沙三市，以及所属岳阳市的湘阴段。不过污染事件以一起旨在消除污染的项目形式呈现出来，实在是令人始料不及。说实话，2006 年，我们对区域性环境治理以及河道污染治理还缺乏经验，清除淤泥并让雨水带走，可能还是很多人共同的想法；但霞湾港是一条不一样的河流，它藏污纳垢了这么多年，积累了那么厚重的污染物，自 1956 年清水塘第一条生产线上马，几十年来，它身上留下了太过深刻的记忆，岂是一场春水洗得净的"铅华"？因此当河道疏浚工作缺乏必要的防污措施，不设置一层一层的围堰，让一滴水都不流进湘江，污染便不可避免地爆发了，正如我们大家看见的那样，也正如新闻报道中写到的那样。这次事件，我们称之为"1·6湘江镉污染事件"，与当年9月8日发生在湘江干流下游的岳阳临湘桃林铅锌矿的砷污染事件，构成湖南污染史上最严重、最震撼的污染事件，这也说明，2006年成了引爆湘江污染的历史元年。

"1·6湘江镉污染事件"开创了湖南环保工作的历史新纪录，譬如说持续15年的全省环保系统环境污染突发事件24小时值班制度，从那一年开始，湖南各级环保部门都要每天安排人不间断值班，并第一时间向上级部门报告辖区内环境污染问题；环境事件追责制度，"1·6湘江镉污染事件"发生后，株洲市水利、环保部门各有一名处级干部和科级干部被给予行政记过处分，后来《湖南省生态环境保护工作责任规定》和《湖南省重大生态环境问题（事件）责任追究办法》的出台，都肇始于此。继续回到株洲、回到清水塘，"1·6湘江镉污染事件"以后很长时间，株洲人将霞湾港治理视为畏途，谁都不敢在"太岁头上动土"，但是从此以后，清水塘老工业区的环境治理一直都在紧锣密鼓地进行，经常性的执法行动在推进，调整产业结构和实施重金属污染治理的各项行动都在开展，甚至在2008年、2011年形成了几个企业关停淘汰的高点：株冶、株化和智成等企业的努力上面已经有所陈述；市政层面的公共治污行动也在有条不紊地推进，其中以建立清水塘工业废水处理利用项目、实施清水塘重金属污染废渣治理和大湖污染治理工程最为典型。

　　株洲清水塘工业废水处理利用项目位于株洲市石峰区铜霞路，该项目是湘江流域重金属污染治理的子项目之一，主要服务清水塘地区工业废水的治理，项目由株洲市城市排水有限公司投资、建设和运营，设备总包商为广西博世科环保科技股份有限公司，项目总投资3.1亿元，其中一期工程概算总投资2.2亿元，处理废水能力达到3万吨/天。工艺采取对含重金属废水和其他工业废水进行分类收集、分质处理的技术路线。含重金属工业废水采用重金属捕集生物制剂处理工艺，其他混合废水则采用水解酸化+好氧厌氧法+膜生物反应器为主导的生物处理工艺，出水水质排放标准达到《城镇污水处理厂污染物排放标准》一级B。该项目于2010年9月动工并于2011年12月开始正式运行。与这套工业处理设施同时运行的，还包括日处理能力10万吨的霞湾生活污水处理厂。

　　大湖治理工程的必要性在新华社的新闻通稿中已经提到："株洲冶炼厂总废水排口处截流，水流进入映峰居委会一湖和二湖，再通过老霞湾港排入湘江。"映峰居委会紧挨着的一湖和二湖，面积两百亩，原为一个村级集体鱼塘，数十年来由于周边企业工业废水和生活废水长期流入，以及周边污染土壤、降尘、废渣中的重金属迁移，水塘水质受到污染，塘底污泥重金属富集，已经丧失生态功能。而且水塘距离湘江仅仅300米，塘水经老霞湾港排入湘江后，成为湘江重金属污染源之一。国家批复《湘江流域重金属污染治理实施方案》后，大湖重金属污染治理工程列入重点项目，治理内容包括污染水体处理、湖底清淤、底泥稳定化处理以及湖区回填。工程投入1.1亿元，于2011年底启动，共治理污水130万立方米，治理重金属污染底泥12.6万立方米，固化铅、镉、锌、砷重金属分别为524吨、267吨、4628吨、101吨，这些污染物也大体反映出与株冶的直接关系。治理后的大湖原址上，成为建设中的铜塘湾港区的货运仓储用地。

同期实施的清水塘工业区的含重金属废渣治理工程，项目总投资3.4亿元，涉及重金属废渣量197万立方米，主要分布在新桥废渣场、大湖废渣场及霞湾污水处理厂北侧废渣场。废渣主要来自工业区内的冶炼化工企业，浸出试验表明主要为一类废渣和二类废渣，因缺乏科学的防雨、防渗、防尘等措施，渣场及其周边的环境在不同程度上受到了污染，严重威胁着湘江水质安全。项目2011年11月开始建设，废渣处置工艺为：开挖——破碎——筛分——固化稳定化处理——填埋。经过几年处理，项目于2014年完成全部197万立方米废渣处置，废渣实现稳定化以后，用2米厚的泥土覆盖，种上各色树木花草，其中新桥填埋场完成综合治理后，宛如一个生态花园，杨柳依依，湖面碧波荡漾，飞鸟翔集，成为正在建设中的清水湖公园的一部分。

清水塘工业废水处理利用项目、清水塘历史遗留重金属污染废渣治理和大湖污染治理工程，都是紧邻霞湾港的治污项目，随着这一批项目的建设，以及清水塘老工业区所有企业按照达标排放的要求推进污染治理，霞湾港的情况已经发生了根本性的变化：工业污水排放量由过去每年1亿吨以上减少到2000多万吨，设置在霞湾港的水质监测断面记录和报告着水质的巨大变化。霞湾港水质在不断好转，霞湾港河道治理，这件曾经"一朝被蛇咬"的工程再次被人谨慎地提及，项目包括清理5万立方米淤泥，处理1.8万立方米工业废水以及港底硬化和砌石护坡，这一工程于2011年列入湘江流域重金属污染治理

项目。有过前车之鉴后，株洲市发改委和湖南省环保厅分别批复了该
项目的可研和环评报告，项目施工方提出了审慎的工程方案：对河道
清淤，采取截污——雨水和港水导流——干港清淤；对底泥采取重力
脱水和土工管袋脱水；对施工废水和底泥脱水，采取移动式一体化处
理，达到污水综合排放一级标准后，送清水塘工业污水处理厂处理；
对河道底泥采取固化稳定化方法处理后实施集中填埋；对于河道边
坡，则采用植物修复坡面上受污染的土壤。其中清淤阶段变得十分谨
慎，清淤施工前对霞湾港沿线各排口封堵、截流，剩余港水则采用围
堰导流、顶管分流的方式导流至施工段下游。通过项目实施，从河道
中清理出重金属铅 36.5 吨、砷 11 吨、镉 1.1 吨、锌 123 吨，治理后的
霞湾港，恢复了原有的生态功能，改善了周边的生态环境，原先那柄
压在人们头上的达摩克利斯之剑悄然落地，霞湾港反而成了沿岸居民
休闲游憩的好去处。然而，全面整治霞湾港的步伐还未停止，清水塘
老工业区企业实施全面搬迁后，一条新的霞湾港生态保护带正在抓紧
建设当中，从工地建制来看，弧形的桥梁、曲折的步道已经初见雏
形，想必未来是要将霞湾港改造成小桥流水的江南水乡模样。

按照将清水塘打造成为"产业转型的样板，生态新城的典范，两
型社会的示范"的目标，株洲市早先给出的时间表是"三年腾出空
间，六年大见成效，十年建成新城"，也就是要在 2025 年前将清水塘
建设成一个融高端智造、科技创新、文创商贸、口岸经济和品质住宅
区于一体的新城。2018 年 12 月 31 日关闭株冶基夫赛特炼铅生产线
后，清水塘区域在新区建设、土壤环境修复等诸多方面已经取得长足
进展，短短几年时间，完成废渣治理约 234 万立方米、污染土壤治理

约 3000 亩，基本完成区域企业的土壤污染状况调查。株洲市争取世界银行 1.5 亿美元贷款用于清水塘区域 8.48 平方公里范围内污染治理，基本完成了清水塘大桥、清水塘城市公园建设。通过环境改造升级，清水塘区域筑巢引风的效果已经显现，三一石油智能装备与区域研发中心已经建设投产，阿里、百度、华为和绿地滨江科创园正在抓紧建设，清水塘工业遗迹文创园也在紧锣密鼓的筹建当中。

然而，历史的包袱依然沉重，在霞湾港生态保护带建设工地，挖土机的每一次掘进都伴随着扑鼻而来的化工气味；邻近株冶老渣场施工现场，因渣量大、渣土深，不得不建设止水帷幕；智成公司的原址上，因为堆存土壤不断涌出的浸出物，不得不加建新的污水处理线。展示这一部沉重的历史，依然是很多株洲人心理疗伤的需要，一场由株洲市河长办策划，由本地知名摄影家张湘东承办的《守护好一江碧水》大型图文展正在计划当中，喻家坪货站、株冶炼锌工人、株化全景、智成造粒塔，共同构成了人们对清水塘的记忆，更唤醒人们对自然、对生命，乃至对人本身的思考。

株洲，湘江之滨这个被火车拖来的城市，凝结了清水塘这样一个充满荣光与沉重之地。六十年来，工业文明的繁荣，环境污染的阵痛，人与自然的博弈，在这里不断交织和纠结，如今她正沐浴着生态文明的新风，依托与火车的天然脐带与情感，致力于提升核心竞争力，深挖新时期火车行业市场，以株洲电力机车有限公司等企业为龙头，转型成中国高铁的重要生产基地，在努力甩掉工业时代环境污染包袱的同时，她承继着中国轨道交通装备制造业的百年辉煌，承载着中国高铁走向世界的梦想，迈向中国轨道交通装备国际化的新征程。

竹埠港

—

2021 年 7 月上旬的一个早晨，我坐在湘潭市岳塘区维也纳酒店高层，面向北方，西边就是沐浴着金色晨光、蜿蜒向北的湘江，前方是这个城市连接省会的主要马路——芙蓉大道，区治紧邻着街道，政府大院后面是这一爿区域最高的建筑物"滨江和府"，再往北就是我暌违了将近七年的竹埠港化学工业区，更远处则是连绵于长沙、株洲和湘潭三市之间的绿心地带。

七年前，我清楚记得是 2014 年 9 月 29 日，作为省直环保机构的一名宣传工作负责人，我陪同中央和省会媒体的记者赶赴竹埠港，见证湘江历史上的一次重大事件：以湘潭电化和金天能源两家公司最后拉闸断电为标志，竹埠港彻底告别长达百年的化工生产。对此，《人民日报》头版刊发了新闻《湘江治理再出发》，新华社则刊发了题为《湖南竹埠港化工区关闭所有工业企业——湘江治污又进一步》的新闻通稿。从此以后，我在长达 7 年的时间从未涉足竹埠港半步，尽管它近在咫尺，尽管我时有余暇，但是我无法面对众多区域企业集体退出时，工人们流下的一行行热泪。

兴起

地处湘潭市岳塘区的竹埠港化工区，北面、南面、东面与竹埠、滴水、双埠、易家坪四村毗邻，四个村的人口约 4000 人，加上辖区企业工人和家属，共居住有 2 万人口。从南边的滴水村开始，沿着板竹路直行不到两公里的地方，经双埠村、易家坪村和竹埠村的狭长地带，大约 700 亩的区域内，是一爿主要由化工厂家组成的企业群，它在不同时期企业数量有着很大的不同，对此也有着各种不同的说法，这些都一定程度上说明了这里的紊乱和复杂。

一般人都把 1958 年创建湘潭电化厂视为竹埠港地区轻化工业的起源，但根据《湖南近现代工业史》记载，这一地区的化工发展史至少可以上溯到 1913 年成立湘潭惟一膏盐公司，这也是湖南首家化工企业，1917 年首次采盐，到 1925 年，矿区扩充至龚家浸、滴水埠一带，面积达 51 万平方米，形成年产 4 万担石膏和 7000 担食盐的生产规模。与此同时，其他巨商富贾争先恐后、纷至沓来，创建膏盐公司。鼎盛时期竹埠港一带拥有膏盐企业 60 余家，涌现出新华、天济、光华、永华和谦颐等名动一时的膏盐企业。随后在风雨如晦的年代，竹埠港地区盐矿与国家命运共存亡，谱写出一段抗日图存的光荣历史。1944 年 6 月，湘潭沦陷后，时任中共湘潭工委组织部部长张忠廉、湘潭县拗柴区区委书记胡岁丰联合滴水埠矿山支部书记吴桂华等，团结广大矿工，开辟抗日活动基地，建立群众性抗日武装，抗击占领矿区的日本侵略者。为纪念和铭记这一段历史，后人在湘江之滨的滴水埠中共湘潭地下党抗日活动旧址新建了"启园"，可谓"临江流而意远"。启园与湘潭著名历史文化古迹万楼隔着湘江对望，告诫我们湘江这条不歇流淌的河流，既包含着思想与革命的荣光，也昭示着竹埠港的化学工业就是从最初的膏盐生产开启的。睹物兴怀，我们也更加怀念那湿地深处的声声鹤鸣，怀念那鱼游浅底的粼粼波光，怀念那泛舟迎风的阵阵欣喜，怀念那击浪中流的勃勃豪情。

1958 年湘潭在谋求经济"大跃进"时，在湘潭谦颐膏盐有限公司旧址新建湘潭电化厂，就是看中了这里固有的盐矿资源。这家 1932

年开设的公司虽然因为时局的变化被迫关门歇业，但是它地底的膏盐矿还在，湘潭电化厂就是利用这些膏盐生产了自己的第一个产品——烧碱。这些早已消亡在历史烟云中的往事，记录在《湘潭电化厂厂志（1958—1978）》中，就是这本发黄的厂志，记录了竹埠港区域工业兴起之初就面临的先天不足——空间地域狭窄：1958年与电化厂同时在谦颐膏盐有限公司原址新建的，还有造纸厂和化学试剂厂等两家企业，三家企业三足鼎立，拥挤在一块不足25亩的狭长地带，共用一个厂门，厂牌挂在一起，直到1961年造纸厂和化学试剂厂因为场地狭窄限制了企业的发展，相继搬离后，湘潭电化厂才独自享有这个25亩的厂区。

20世纪60—70年代，竹埠港地区一直是以生产各类化工产品为主的工业区，工业区内有湘潭电化厂、湘潭市有机化工厂、湘潭市染料化工厂、湘潭市化工研究院、湘潭市化学助剂厂等几家国有化工企业。企业的规模都很小，但在计划经济的时代，也是经济社会缓慢发展的时代，竹埠港已有了自己的老街、澡堂、子弟学校、工人文化宫和汽车站。湘江之滨的竹埠港地区虽然在新中国成立之初开始了它最初的工业萌芽，但萌芽伊始就决定了它未来的宿命：发展空间小，规模化生产受到限制。当然，站在现代新经济的角度来看，它最大的掣肘还在其极其敏感的环境区位。

没有人理会这种企业发展先天不足的宿命。改革开放初期，压抑已久的经济动能在中国大地上瞬间爆发，竹埠港同样进入了经济增长快车道，在市场经济的淘洗下，传统的老企业或是倒下，或是新生，但这些都不能抑制住企业家们投入生产的热情，其中有一点引人注目，在继承过去产业结构的基础上，所有新企业更加向化工行业聚集，在七家停产倒闭的国有企业的厂房里，一些集体、私营业主以承包、租赁、买断等方式，将原有的国有企业化整为零，以至于企业数量由七家猛增至三十多家，也有人说是五六十家，在市场经济的舞台上，一派"你方唱罢我登场"的热闹景象。

20世纪80年代，竹埠港区域的明星企业是湘潭市染料化工总厂和翔鹏精细化工厂。成立于1981年的湘潭市染料化工总厂，主要生产立德粉，其产品契合了当时大量住房建设对材料的需求，成为市场的宠儿，因为生产发展的需要，它在很短时间内收购和兼并了相邻的硫酸厂和建材厂，攻城略地，一时风光无限。1987年，新加坡商人陈尔明和陈尔谟兄弟投资350万美元，在竹埠港创建中外合资企业翔鹏精细化工厂，主要生产各类染料精细化工产品、染料中间体、颜料，同时兼顾上述产品的销售，公司吸收和消化德国一项防霉防菌的最新技术，制造出用作油漆的添加剂，不但可以完全替代进口产品，而且价钱不到进口产品的一半，自然成了市场上的抢手货，公司产品很快发展到了100多个品种，其中不少都是具有特色的独家产品，很长时间处于卖方市场的地位。

90年代往后，竹埠港化工企业风云继续上演，商战的残酷性加剧，原先风光无限的染料化工总厂老板易位，被人替代并将企业改组为湖南科源科技化工有限公司，主要业务包括电池材料、锰制品以及金属制品、化工原料的生产与销售。这家企业的负责人作为湘潭市一个成功的企业家，短期从政后再次回到企业，显示了他对创业的初心与热情。两家市级科研机构也在全民经商的年代参与进来，其中注册地在湘江对岸雨湖区的湘潭化工研究设计院也把新企业落子在竹埠港，先后孕育出多家化工企业。这家主持编写过《湘潭化工》的科研机构的院长，一下子完成了从书生到三家企业法人代表的华丽转身，它们是：湘潭颜料化学有限公司，主要生产喹吖啶酮有机颜料和水性色浆；华莹精化有限公司，同样生产喹吖啶酮系列高档有机颜料，镉系无机颜料；金莹精化有限公司，主要生产镉红、镉黄和杂色颜料。三家企业中，颜料化学与金莹化工比邻而居。在竹埠港化学工业区，湘潭化工研究院这样一家坐拥传统技术和资产优势的机构，让我们时刻感受到它无处不在的存在。因为拥有包裹红等颜料技术而后来居上的金环颜料化工有限公司，因为场地狭窄，都不得不以现金、实物及技术出资的方式，谋求与华莹精化有限公司合作，看中的就是华莹公司拥有的场地、厂房及部分设备。当然这种合作，也导致后来的一起民事官司。

竹埠港精细化工区在各个不同阶段各有发展，各领风骚几年，但引领各期潮头的基本上还是技术。80 年代引领这一地区的技术是湘潭电化公司总工程师李同庆研制的电解二氧化锰，他也因此早在 1980 年就被邀参加在日本举行的国际电解锰学术年会。三年后，湘潭电化公司被接纳为国际电池材料协会成员，李同庆本人被聘为协会研究成员，这在改革开放之初，确实是一件风光无限的事情。1998 年，李同庆带领科研团队攻关无汞电池，被公司奖励一台桑塔纳，再度成为全湘潭市的风云人物，羡煞了周边好多人，人们因此相信知识就是力量，更相信知识就是财富。电解二氧化锰作为有汞电池的替代品，使得湘潭电化很早就给自己贴上了环保的标牌，因为随意丢弃的一枚有汞电池，可能污染 20 立方米的土壤，并且这些污染很难在环境中消除。

接下来在技术上大放异彩的是湘潭化工研究院院长王庆河，他自主研发的喹吖啶酮有机颜料，虽然分子量小，分子结构简单，却有优异的耐热、耐溶剂和耐光性能，因此成为国际化工巨头德国巴斯夫公司的生意伙伴；他的另一项一氢技术斩获了全国科技成果二等奖，他本人则获得了全国五一劳动奖章的殊荣。很长的时间里，王庆河在湘潭成为"知识就是力量""知识就是财富"的代名词。1993 年创建的湖南金环颜料有限公司创始人王又凡带领团队研制的镉系颜料包裹红，仅用同类产品三分之一的剂量，就可做出比别人更鲜艳、更持久的表面色彩，公司因此在很短的时间内发展成国内最大的生产、经营硒镉系列颜料的民营企业，既是区域内首批投产包裹系列颜料的厂家，同时也是生产锆系、钴系等其他系列无机颜料厂家，产品种类近百种，广泛用于陶瓷、搪瓷、玻璃、塑料、油漆、涂料等行业着色。

竹埠港对化工企业的虹吸作用还在继续，2000 年长沙矿山研究院携球形氢氧化镍生产技术来到这里创建金天能源材料有限公司，很快金天公司就发展成生产新型能源材料、金属材料、化工材料的高增长企业。当然，竹埠港地区一直引领技术前沿的是前身为湘潭电化厂的国有企业——湘潭电化集团，这家于 2007 年成功上市的企业，几乎在所有时期，都能以不断创新的精神和敏锐的市场意识，以及对科学技术始终如一的专注、专心和专一的态度，站立在新材料技术和市场的前沿。

很长时间内，竹埠港区域化学工业的发展，一直得到从国家到省市层面的支持：20 世纪 80 年代被确定为国家优先发展的 14 家精细化工基地之一；2000 年被科技部批准为国家新材料成果转化及产业化基地在湖南的四个示范区之一，是国家新材料成果转化及产业化基地；2011 年该区域实现工业产值 45 亿元，完成税收 1.12 亿元，从业人员近 8000 人。

污染

　　竹埠港一带的居民，曾经很长时间内都与进入他们领地的化工企业相对和谐地生活在一起，一段时间内他们甚至感谢这些企业为当地带来的繁荣——有了公路和公交车站，供销社、学校、医院和银行等城市基础设施为自己的生活带来诸多便利，他们对此有着生活上的自豪感。相比之下，湘江对岸的九华就落后多了，那边的姑娘总是以嫁到竹埠港为荣，当地甚至流行过一个段子："有女莫嫁九华庵，天阴落雨吃两餐！"不过过去偏僻落后的九华庵，随着经济开发区的快速发展，如今已经是高楼林立、人口聚集，反倒是曾经繁花似锦的竹埠港，在关停了所有化工企业后，门前冷落，百废待兴，很多人把这种历史的反转归咎于曾经的化工企业污染，所谓成也化工，败也化工。

　　竹埠港地区为长期粗放的化工生产方式，付出了沉痛的环境代价。1990 年，湘潭有机化工厂年产值 733 万元，工业废水排放 215 万吨，工业废气排放 480 万标立方米，被列入那个年代湘江流域 166 个重点污染企业之一；另一家企业湘潭市染料化工厂当年年产值 2553 万元，工业废水排放 275 万吨，工业废气排放 1.5 亿标立方米；这是竹埠港区域首批七家国有企业污染排放的情形，这些废水无疑最终都进入了湘江。但人们似乎还腾不出时间来关注竹埠港的环境问题，至少在彼时的湘潭，竹埠港比其上游的湘潭钢铁厂和下游的湖南农药厂污染都要少，那些年份，前者的酚氰废水和后者的剧毒农药废水才是人们心头之患，即使站在全流域来看，在 1996 年湘江干流所有 22 个环境监测断面中，易家湾还算是水质较好的。况且当时人们暂时还无暇理会这些环境问题，发展才是硬道理，就业和吃饭才是大家的头等大事，因为 90 年代初，这些付出巨大资源和环境代价的国有企业，并没有经济上的好收益，大部分国有企业因不能适应市场经济的需要，逐步走向衰败，十年时间内，主要企业基本停产，数千职工纷纷下岗，人们首先要面对的是破产解体带来的失业潮。从 1998 年开始，湘潭市有机化工厂、市染料化工厂、市化学助剂厂等陆续将自己的厂房、生产设备、仓库等租赁或出售给他人，其中化学助剂厂就衍生出昌盛、泰森、华莹和华辉四家涉及冶金和化工的企业，染料化工厂则簇拥着远光、汇通和惠源等三家冶炼化工企业。到千禧年最初的十年，这几家国有企业被分割成了 30 家以从事化工、染料、颜料、冶炼、制药为主的企业。这个时期，既是企业变局最快的年代，也是污染加剧和失控的年代。区域内 30 家企业中，年生产总值在 5000 万元以上的仅 4 家，其他企业均为规模较小的私营或股份制企业，其中化工生产企业 22 家，冶炼企业 3 家，纺织印染行业和玻璃制品行业的企业各 1 家，产能规模能达到年产 100 吨到几百吨的企业比比皆是。企业总数增加和污染混排情况的出现，使得竹埠港污染如脱缰野马般失去控制。从 1998 年开始，湘江易家湾断面污染程度呈逐年加重趋

势，到 2000 年该断面沦为全流域污染最严重的断面，污染指数高达
14.6，仅比上游株洲霞湾港断面略低。断面污染物主要为重金属和有
机物的混合污染类型，这与竹埠港地区新增的企业排放物正好吻合。
回溯和复原千禧年之际的竹埠港地区企业构成，对于我们研究那个时
期的环境状况，既有必要，也非常有意义。

我们截取 2003 年这个时间断面，对竹埠港的企业状况进行研究。
区域内的化工企业主要为染料工业，也就是生产染料中间体、染料、
颜料及纺织染整助剂的化学工业，它是精细化工中一个历史比较悠久
的工业部门，而其中的颜料企业又分为有机颜料和无机颜料两大类，
它们占据着竹埠港区域环境污染的绝对主体。两家生产染料及染料中
间体的企业，是翔鹏精细化工有限公司和大欣精细化工厂。

翔鹏公司的老板就是在当地名气很大的新加坡商人陈尔谟。翔鹏
公司最初年产量也就几百吨，主要生产原料有苯胺、环氧乙烷、硫
酸、一氰和亚硝酰硫酸，废水主要从染料生产过程中压滤、洗料和磨
砂等环节产生，所排废水成分复杂，主要污染物有苯胺和硝基苯。翔
鹏公司最初产量不高，但环保投入也很少，化工行业的污染物极难处
理，设施投入和处理成本高，占据生产成本很高比重。陈尔谟到湘潭
投资，某种程度上也是看到中国大陆环保门槛低、管理薄弱，环保投
入几乎为零，因此这个时期也是翔鹏公司最赚钱的时期。2021 年 7 月
17 日我在竹埠港进行调查采访时，遇到正在组织厂房和设备拆除的原
翔鹏公司两位高级管理员郑允礼、陈小年，两个都坦承，那个时代企
业赚的都是环保的钱。化工行业的高风险也是带来环境污染的另一原
因，1999 年 6 月 4 日下午 4 时，翔鹏公司司机沈建东进入化工原料库

卸货时引发爆炸，仓库中堆存有氯丙烯、丙烯氰和亚硝酸钠等几十种易燃易爆化学原料，酿成事故性污染排放；此后竹埠港地区类似的事件还时有发生，2004 年 5 月 27 日湘潭建设化工有限公司存放的化工原料萘突然起火燃烧，大火引燃了厂里几个反应釜内的甲醇和二氧化硫发生爆炸，经 113 名官兵、13 台救火车极力扑救，直到第二天凌晨大火才完全熄灭，这次爆炸导致 4 人严重烧伤、9 人中毒，同样也带来大量事故性污染排放。翔鹏公司在 1999 年爆炸事件后，加大了环保治理的投入，2001 年 7 月，该公司新建了废水处理设施，收集池、沉淀池、氧化塘等一应俱全，人们甚至记得漂浮在氧化塘中的水葫芦。但这家公司的处理工艺也一直备受争议，其中最奇葩的说法是，收购附近农民的大粪作为处理化工废水的生物酵素，据说这个想法源自他们这位"技术控"的老板。本次采访中，我们在五个横卧的巨型母液罐旁边看到的竖立的铁塔，就是当年用来贮存作母液用的大粪沼渣的。大概是资本运作的原因，翔鹏公司后来易名为湘潭陈氏精密化学有限公司，但其环境问题一直"剪不断理还乱"，甚至被列为湖南省监察厅、湖南省环保厅联合挂牌督办企业，要求企业实现废水稳定达标排放。

另一家染料企业是大欣精细化工厂，租赁在原湘潭染料厂聚宝分厂，主要产品为一氰，年产量 500 吨，生产原材料为邻氯甲苯、液氨、氯苯和硫酸。公司自 2001 年开工生产后，很长时间没有建设任何正规的污水处理设施，每年约有 7 万吨酸性工业废水直接排入湘江，废水中同时还排放铅、总镉、砷、硝基苯和苯胺等多种污染物；此外伴随着大量氨气、酸雾、粉尘等弥漫扩散，污染了附近的农村，农赔纠纷不断。2004 年湘江流域水污染防治会议上，湖南省环保局责令关停的 16 家严重污染的企业就包括湘潭大欣精细化工厂，但直到 2008 年 4 月 5 日才被彻底关停，这次关停被称为竹埠港环境污染综合整治第一炮，可见治理污染的道路上充满曲折与艰辛，开始时很难做到令行禁止。

竹埠港化工区中生产颜料的企业占据绝对主体，其中有六家生产有机颜料，一家生产无机颜料。六家生产无机颜料的企业中，基本上都以镉系颜料生产为主，镉黄颜料着色力强，具有良好的耐光性和耐候性，遮盖力好，不迁移，不渗色，被列为工业生产中的首选颜料。一时之间弹丸之地的竹埠港拥有了世界上最多的镉系颜料厂家，占领了全球同类产品主要市场。但重金属镉属于第一类污染物，长期食用遭到镉污染的食品，会导致痛痛病，即身体积聚过量的镉，导致肾小管功能损坏，造成体内蛋白质从尿中流失，形成软骨症和自发性骨折。1955 年日本富士县发现痛痛病，并将它称为全球八大环境公害之一，世界各国从此对建设镉生产企业持非常审慎的态度。2003 年前后，竹埠港地区涉镉企业已经有了好几家，它们是湖南立发颜料化工有限公司、湘潭华莹精化有限公司、湘潭冠宇化工有限公司、湘潭市染料化工厂附属分厂、湘潭金环化工公司。湖南立发颜料化工有限公司在生产无机颜料的企业中，是一家规模相对较大的公司。公司建厂不久即可年产瓷釉 2000 多吨，此外还有一定产量的杂色颜料和镉系颜料。2001 年，公司建设了一套镉系废水处理设施和杂色及瓷釉废水处理设施，并通过环保验收。湘潭金环化工公司、湘潭华莹精化无机颜料公司、湘潭冠宇化工有限公司、湘潭市染料化工厂附属分厂均以生产镉系颜料为主，年产量不算大，虽然都建设有废水处理设施，但废水中总镉均超过国家排放标准，三个工厂很长时间未能通过环保部门验收。镉系颜料的生产由于工艺简单，生产设备投资较少，门槛低，导致很多小作坊式的工厂遍地开花，但产生的含镉废水的处理较难，费用高，小企业在做到环保排放情况下根本无法实现盈利。环保治理领域的通识是，只有达到一定规模的企业，才能腾出资金来进行环境治理，通过规模效应降低生产成本和污染治理成本，这也是国家对企业环境管理都规定了其最低产能规模的原因。区域内生产有机颜料的企业有湘潭华莹精化有限公司，生产一种叫颜料黄150的高档有机颜料，企业法人是之前提到过的湘潭化工研究院院长王庆河，企业最初设计年产量100吨，所采用的主要原材料有对甲苯磺酰肼、巴比妥酸、氯化镍、盐酸、氢氧化钠、亚硝酸钠。在颜料黄150产品生产过程中，所经历的耦合、络合两步反应均有母液、漂洗废水外排，形成综合废水，废水中含有大量对环境有毒有害的物质且治理难度大，排放的有机物污染破坏自然动态平衡。污染物长期累积后，会导致土壤自然功能失调，土壤质量下降，并影响到作物的生长发育。这家企业的环保设施很长时间未能通过环保部门验收。开元化工厂是竹埠港地区主要生产药物及药物中间体的两家企业之一，最初排放的废水中化学需氧量和硫化物均大幅度超过国家标准，pH值为2左右，呈强酸性，废水无任何处理设施，也未经环保验收。

2003年前后，竹埠港区域七家生产化工原料的企业分别是湘潭电化集团、湘潭市光华日用化工厂、湘潭汇源化工有限公司、湘潭昌盛化工有限公司、湘潭金科化工有限公司、湘潭建设外加剂厂，以及长沙矿冶研究院投资新建的金天能源公司。

湘潭市光华日用化工厂前期的主要产品有醋酸钴、助沉剂、添加剂、氟镁钠、硫酸铝，后期有高锰酸钠和聚丙烯酰胺。生产原材料有高锰酸钾、氟硅酸钠、丙烯酰胺，所排废水中的主要污染物有高浓度的有机废水、悬浮物、总锰、色度，虽然建设有简单的废水处理设施，但是治理后的污水无法稳定达标。湘大绿色化工技术有限公司的主要产品包括五氯苯甲腈及五氯吡啶、四氯吡啶腈、四氯苯酐等氯化系列产品，但总计年生产规模才100吨，主要原料为苯甲腈、吡啶、吡啶腈、苯酐、氯气和烧碱，生产过程中有甲醛、硫酸雾等气体污染，该厂建成后生产或停或开，一直未能通过环保部门验收。湘潭汇源化工有限公司是原市染料化工总厂硫酸分厂，主要产品还是硫酸，所排放废水中主要污染物为总铅、总镉、总砷和总锌，国家规定的13种第一类污染物中占据4种。国家实施污染物分类管理制度，是源于污染物管控范围大，要求突出重点污染物的管理。第一类污染物是指能在环境或动植物体内积蓄，对人类产生长远不良影响的污染物质。

一段时间里，竹埠港区域还存在两家以生产食品黏着剂为主要产品的企业，分别是湘潭韶峰明胶厂和湘潭长丰化工厂。韶峰明胶厂租用在已经破产的化学助剂厂内，主要产品为明胶系列，包括年产量180吨食用明胶，主要原材料为制革厂废下脚料、盐酸和石灰，所排放废水中的主要污染物有化学需氧量、油脂、悬浮物，虽然建有多级沉降处理池，仍然难以稳定达标。2001年开始试生产的湘潭长丰化工厂主要产品为明矾，每月产量不足500吨，所用的主要原材料为邻近的大欣化工厂每日排放的硫酸，以及碳酸氢铵、氢氧化铝。虽然该厂利用大欣化工厂的废硫酸作为原料进行生产，减少了一部分污染，但在生产明矾的过程中，未对自身所排废水进行处理，产生了第二次污染，化学需氧量严重超过国家污水排放标准。

2003年前后，化工企业的污染已经触目惊心，但情况远非如此，园区内的冶金企业污染同样不容小觑。竹埠港区域三家冶金类企业分别是湘潭昭山冶金化工厂、湘潭健雄冶炼厂、湖南大洋电子有限公司。冶炼企业的主要产品为各种稀有金属，对自然环境的污染，既有水体的也有大气的，并产生各种有毒有害的废渣污染着土壤。湘潭昭山冶金化工厂原址在株易路口，2001年搬迁至此时已经停产的市有机化工厂内。湘潭昭山冶金化工厂的设计年产量为5000吨电铅和400吨精铋。生产原料有冶炼厂后期渣料、铅铋合金、纯碱、氯气和电解槽硅酸溶液。主要污染物是粗铅熔炼及铋冶炼产生的烟气和二氧化硫；在铅熔炼中有少量铅尘无组织排放；铅电解中电解液为硅氟酸，电解过程中会产生酸雾；铋精炼中加入氯气并因此形成无组织排放；冶炼废渣作为原料渣成分复杂，含有砷、镉、铅等有害物质，很长时间未能通过环保验收。湘潭健雄冶炼厂是一家以冶炼金属铟为主要产品的企业，存续期间正是湘江流域有着大量炼铟企业并导致水体镉污染的高峰时期，该企业未有办过任何环保手续，生产废水几乎未经处理直接排入湘江，严重污染湘江水体。2006年1月湘江流域镉污染事件发生后，各级政府和环保部门对所有炼铟企业露头就打，湘潭健雄冶炼厂被执法人员发现后立即被关停取缔。重金属冶炼企业有很高的利润。正潭有色金属公司正是一家生产铅、铜、镍、锌的有色冶炼企业，这家不声不响的企业，却在十多年存续期间，将几十万吨重金属污染土壤和有机物污染土壤留给了当地，成为后期土壤污染治理项目之一，把全部环境责任甩给了社会与当地政府。

湘潭还是湘江流域传统的纺织城，曾经的湘潭纺织厂和湘潭布市一直都在湖南久负盛名，1965 年竹埠港地区就建设有湘潭色织染整厂，是该区域最早的一批国有企业。企业停产解体后，闲置的设施被一个邵阳老板看中，1998 年成立湘潭万事达染织整理厂有限公司，生产产品还是原先的纯棉色织布，年产量为 300 万米布，年用水量为 15 万吨。2021 年 7 月，即使所有的企业厂房和宿舍楼早已荡平，我在这里采访当时这里的居民，住房紧邻万事达公司、原湘潭市医药公司 69 岁的退休职工许亚代在回忆过去时，不仅对企业废水排放记忆犹新，那些日日夜夜不绝于耳、震耳欲聋的织机噪声，仿佛还是他挥之不去的梦魇，同时人们也还在谈论当地企业利用地下涵管排放污水的黑色历史。

2003 年左右，竹埠港区域的 30 多家企业，就在板竹路两侧占地 700 多亩的厂房里，以废水、废气和废渣多种形态污染着周边的环境。在污染着湘江母亲河肌体的同时，也污染着周边一万多亩农田：在经历几次抽水灌塘造成大面积死鱼事件后，当地农民不再从湘江向鱼塘引水；菜地里长不出蔬菜，稻穗上已经结不出谷子，当地政府对农田的政策从最先的事故性赔偿，变成整体性休耕，这也意味着周边耕地功能的全面丧失。

竹埠港严重的环境问题，引起省市两级政府和职能部门的重视，2003 年 9 月经省人民政府批准成立竹埠港新材料工业园，首期规划面积 1.74 平方公里，这也是湘潭市首个省级工业园区，出台了《竹埠港新材料工业园规划》。很显然，继续做好做强竹埠港工业园依然是湘潭市当时的主要想法。这个规划对竹埠港新材料工业园的发展目标是，培育和发展先进电池材料、精细化工材料、新材料产业等三大支柱产业。具体产业分布是：以湘潭电化、金天能源材料、科源科技、金科实业为依托，重点发展锰、镍、钴等先进电池材料；以颜料化学、立发颜料、华莹精化、湘大比德、开元化学、冠宇化工、金环颜料为依托，重点发展高档有机及无机颜料、涂搪釉、医药中间体产品；以瑞泰科技、昭山冶金、正潭有色、恒新特种合金为依托，重点发展高纯金属、高性能金属线材、硬质合金材料。2003 年国家颁行了《环境影响评价法》，项目环境管理也在强化，环保成了做强做优竹埠港新材料工业园的关键。对竹埠港企业实施煤气化改造，意在减少燃煤带来的大气与废渣污染；市政府还计划在竹埠港建设一个处理园区所有企业工业废水的河东污水处理厂。与此同时，湘潭市环保部门拿出了一份包含 35 家新老企业污染整治的名单，新企业当中，既包括对多年来无"三同时"设施、生产工艺落后、设备陈旧、污染严重、安全隐患突出的大欣化工有限公司、开元化工厂责令立即停产整顿，也包含对已有治理设施但达不到治理要求的企业——湘潭市金科实业公司、金天能源公司、湘潭市华莹精细化工有限公司等 10 家企业限期整改验收，要求在 2004 年 4 月 30 日前完成。而在老企业污染整治方面，决心对污染物超标排放的湘潭电化科技股份有限公司、湘潭市万事达染织整理厂、湘潭市化学颜料有限公司等 17 家企业实行限期治理，同样要求在 2004 年 4 月 30 日前完成。限期治理、整治、停产

9月28日，湖南金环颜料有限公司，尽管公司已停产两年，实验室的置洗台上仍布满颜料。这种颜料含有对人体有害的镉元素。镉金对呼吸道产生刺激，长期暴露会积存于肝或肾脏中，对肝或肾脏造成危害，还可导致骨质疏松和软化。58岁的留守人员廖云煋告诉记者，公司在2008年左右组织员工检查体内镉元素含量，其中大部分员工被确诊镉超标。公司根据每个人的体检结果给予相应的赔偿。

竹埠港：
岁月及其暴力美学

竹埠港最后的时光

9月28日，湘潭万事达染织整理厂有限公司的污水处理池内留下一年期汉分明的污垢。目前，公司已搬迁至外地，只有几位工作人员负责留守厂房和清理现场工作。

9月28日，湘潭市金鑫颜料化工有限公司的墙壁上残留颜料的痕迹。该公司成立于1998年，主要从事颜系颜料制造。

9月29日，湖南科源科技有限公司锰枕车间的白色外墙被锰矿粉末覆盖。该公司主要经营活性炭、二氧化锰和硫酸锰产品，据工作人员介绍，公司主要的污染源来自粉尘。

9月26日，湘潭市化学助剂厂内，建于上世纪80年代的办公楼墙壁经历风雨。由于周边环境污染，每当下大雨时，飘落的雨滴夹杂着粉尘，滴打在墙壁上，留下抽象的符号。

9月28日，湘潭昌盛精细化工有限公司的硫酸桶上锈迹斑斑，铁桶里的硫酸已被滩空。据公司一名留守的工作人员介绍，常温下硫酸可以用铁桶盛装，但是袋装得硫酸的铁桶用水清洗并要远离火源，否则可能会引发爆炸。

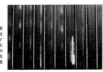

9月27日，湖南立发颜料化工有限公司的墙壁上布满棕色的颜料。该公司生产的主要产品包括搪瓷釉、陶瓷熔块、搪瓷色盘、陶瓷颜料和玻璃颜料。

这不是一堂美术课，而是一堂化学课。但当岁月一再累积成为一种暴力，那它本身也会是美学的一种。

9月27日，午后的阳光透过绿荫，斜透车间。这天，湖南立发颜料化工有限公司，曾厂里李文孝和丁友忙着拆除老设备。这天，湘潭港竹埠港工业区28家化工企业全部关停还有3天。

湖南金环颜料有限公司留守人员廖云煋每天坐在门口卫室里，把电视机打开，戴着老花镜看报。几年前，他妻离去了，同吃起当年的待遇，他说骄傲了。两年就过去了，同吃三班倒，很多员工里他当年还知道在这样的环境下期工作7年45号身体很棒的，但因为公司"积病还好"员工的日子也比较持，"老一老题过去了厂"。但想同长了，有些相工检查发现体内镉元素超标。

走进生产车间，人仿佛看到了岁月本身。五彩斑斓的墙壁、斑驳水泥、冰冷的铁器、古老的建筑、高耸的烟囱，这里有着从高盛繁华到良相破败遗留的特殊资料。

最震撼引我的是不时出场景里的墙壁。实验室里，整个墙逃退的墙壁基被颜料所覆盖；工人的休息室的墙壁上留了的防护口罩；大人了，墙壁上还留着用粉写下的亲人新格的电话消息。当我走近凝视这些墙壁时，仿佛图像所描绘是一个余温尚在的初家变现场，空空荡荡，杳无人迹，若有回声。所有这些墙壁，每一面墙壁上的"施作"，最终都会如同湖南青尔环保科技有限公司的那一片废墙、灰飞烟灭，归于尘土。

图/文记者幸鹏博

9月28日，湖南金环颜料有限公司，临近湘江的窗户玻璃上残留着红色颜料。竹埠港工业区搬迁推进湘江重金属污染治理，保障湘江流域下游饮用水源的水质安全。

◎ 竹埠港最后的时光（幸鹏博供图）

◎ 陈氏化学为新加坡老板投资兴建，代表工业资本曾经向湘江聚集

◎ 2021 年 7 月 16 日，几名工人在拆除陈氏化学公司生产设备

◎ 2011 年 9 月 17 日，从竹埠港一家企业排入湘江的工业废水（刘查年摄）

◎ 2014 年 9 月 26 日，岳塘区化工企业关停指挥部一名工作人员对辖区内一家化工企业作最后的安全检查（辜鹏博摄）

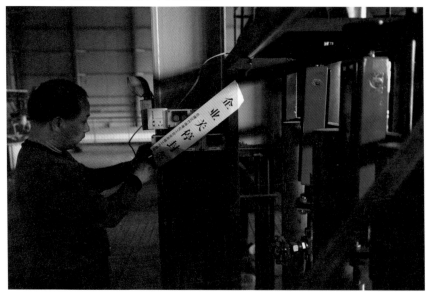

◎ 2014 年 9 月 30 日，湘潭电化公司被贴上封条，成为最后一家退出竹埠港工业区的企业，也是湘江流域第一个企业整体退出区域

◎ 治理前的滴水渣场，曾经堆放 2 万吨化工冶炼废渣

◎ 滴水渣场今貌

© 2021 年 7 月 17 日清晨，
湘潭市竹埠港全貌

◎ 竹埠港工业区整体退出后，湘潭电化公司搬迁到了湘江西岸的鹤岭生产基地

（刘眯娜摄）

整治，是污染治理三种不同的方式，其中以停产整治最为严厉，是提高企业重视程度的有效手段。

理想很丰满，现实很骨感，初期人们对环保的期盼更是如此。建立河东污水处理厂对竹埠港化工企业废水集中治理，最终因为投资过高和施工难度大作罢，改建在湘潭湘江三桥下方。实现竹埠港所有企业废水集中治理的想法被束之高阁，公众和居民对区域环境的抱怨和投诉在激增。2004年10月，我随"三湘环保世纪行"来到湘潭，这是一项1994年起由湖南省人大牵头组织的大型环保采访检查活动，旨在发现和曝光省内重点突出的环境问题并督促整改。10月的湘潭已经有了几分凉意，弥漫于竹埠港上空的是多种化工产品的气味，我们的到来仿佛燃起了当地居民的希望，甫到住地，就有群众主动找到采访组下榻的酒店，提供大量竹埠港存在的严重环境问题。这些企业在危害周边居民的同时，也在危害自己员工的健康，还有很多后续的影响直到几年甚至更长的时间后才会体现出来。2012年金环颜料公司刚刚搬迁到江西时，原先在公司合成部门工作的职工袁勇称，自己在公司工作几年后尿检中镉超标，他在工厂时负责产品的第一道工序，需要将硒、镉、锆等化学原料混合在一起，搅拌溶于水，进行化学反应，最后制成镉系颜料。制作过程中会产生有毒气体，所有员工都穿戴防护用具层层保护，但"总免不了会对身体有影响"。

当环境对健康的影响逐年加剧，竹埠港地区开展了环境自救，村民自发组成护卫队，每家派出代表，轮流对周边厂家巡查，一旦发现污染立即举报。有时也采取封堵厂门等激烈对抗方式，导致厂群关系十分紧张。一些忍无可忍的人选择了离开。2010年8月6日，一名网名为"阳光棕榈"的博主在"天涯社区"发文，讲述了自己背井离乡的故事。

2006年，我离开了自己的家乡湘潭……来到外面打工。

这四年多里，我很想念老家，每次过年过节，不管火车多挤，我都会回老家同家人一起。可是，每回到家，隔不了一天，我就待不下去了。

湘潭化工厂的污染，简直太恐怖了。

湘潭有个化工重污染区叫竹埠港，是很多化工厂的聚集地，很多化工原料直接排入湘江支流。

记得小时候，有一次电视中就说过翔鹏化工的污水导致湘江的污染，老板是新加坡人，当电视台去采访的时候，工人都说，老板跑了，这事不关他们的事。

后来媒体和政府也都懒得管了。

随着经济的景气，化工厂越来越猖狂了。

2008年就开了好几家重污染的工厂，晚上站在我们的屋顶上，可以看到黑色、黄色、白色的浓烟弥漫在天空中。

白天，甚至都可以闻到刺鼻的硫化氢、氯气的味道。

路边的花花草草、树木基本没有能存活下来的。

整片区域都很酸很臭，经常可以感觉到喉咙的黏膜有被腐蚀的感觉。

我很为家人担心，也为我们世界的自然环境担心。

有一年，国家对化工区周边的一个小学做体检，其中有70%

的学生铅超标，有 50% 的学生镉超标。

可是，超标了能怎么样呢？

在这不多说了，免得跑题了。

这次的主题就是环境！

环境，是一个多么沉重的话题！

2012 年关于地球的预言会不会是一个警示？

2010 年，大家看看，有多少灾难！

社会同胞们，为了我们的地球再多活几个世纪，为了我们的家人能多活几年，我们团结起来，将这帖顶起来，呼吁社会给我们这种弱势群体一个公道。

救救我们吧！

我的家人都住在化工厂边上，我真是无能为力将他们迁出来啊！！！

狙击

当环境质量越来越差，包括"阳光棕榈"在内的很多人被迫离开竹埠港。但竹埠港的污染在全国并非孤例，它或许代表着那个岁月的普遍状况，忽视资源和环境的巨大代价，谋求经济增长的发展瓶颈已经凸显。在这种背景下，党的十五大提出科学发展观，2002 年党的十六大把"可持续发展能力不断增强"作为全面建设小康社会的目标之一，2006 年国务院作出《关于落实科学发展观加强环境保护的决定》，2012 年党的十八大正式提出"大力加强生态文明建设"。强化环境保护的一系列措施也在湖南相继推出，在湘江流域，上收了湘江干流从衡阳松柏到长沙月亮岛沿岸 20 公里范围内所有产生水污染的项目的审批权，实施了《湖南省环境保护三年行动计划（2005—2007 年）》，印发了《长株潭环境同治规划（2006—2010）》和《长株潭区域产业发展环境准入和退出规定》，启动了"十一五"污染减排工作，制定《"十一五"湘江流域水污染防治规划》。2007 年 12 月，长株潭城市群两型社会试验区建设试点获国务院批准，湖南加快了湘江治理的步伐，成立省长挂帅的湘江流域水污染综合整治委员会，通过了《湖南省人民政府湘江流域水污染综合整治实施方案》。2008 年 6 月 2 日，省政府组织召开湘江流域污染综合整治工作会议，启动为期三年的"千里湘江碧水行动"，计划通过三年努力，共完成整治项目 2063 个。

正是 2007 年印发的《"十一五"湘江流域水污染防治规划》，明确了竹埠港工业区要制定重污染产业退出计划，在 2010 年前，所有化工、染料企业全部退出，工业废水污染物平均削减 32%。在越来越清晰的企业转型和产业退出的政策背景下，企业家们的心理在发生变化，明目张胆的排污少了，企业总数大体保持了稳定。但发展地方经济的冲动依然存在。2006 年湘潭市高新区新材料工业园推出新型医药、铌铁高钛铁、金科实业、氢氧化镍、拉米呋啶、熔铸氧化铝耐火材料、高档熔铸锆刚玉等 7 个项目，一次性征收岳塘区荷塘乡双埠村、竹埠村、易家坪村集体土地 1028 亩，其中农田 396 亩，这是竹埠港工业区发展史上最大的一次征拆，不过这些农田由于长期被污染早已不适合耕种，处于休耕状态，本次征拆不过是按照法律的要求进行一次程序上的改性。时任易家坪村村主任肖海龙就是在这一拨拆迁中，从原住地湾塘组搬迁到了集中修建的村民安置点。一次征拆上千亩土地，彰显出地方政府继续做大竹埠港新材料工业园的决心，至少反映出当时普遍存在的"优二进三"的思想，就是继续做优化工产业，适度发展服务业。实际上，不仅是本地居民，全社会对竹埠港区域的工业发展状况和环境质量关注度都在明显加码，其中 2007 年湘潭电化公司上市最为典型。

湘潭电化公司一直是竹埠港化工区名副其实的龙头企业，但直到 20 世纪 80 年代这家企业还是采取废渣直接排江的方式，解决其每吨电解二氧化锰产品排放 5 吨废渣的问题，这样将废渣直接排江可以省去很大一部分企业成本。彼时的湘潭电化公司每年从湘江取水 30 万吨，然后还给湘江 15 万吨左右的含锰废渣，这就是那个时代人类对大自然进行索取的一个缩影！90 年代，废渣不能直接下河了，湘潭市将滴水村麻坡浸一块临河深谷划给湘潭电化公司作废渣场，大约 20 年时间就堆积了 200 万吨含锰废渣，而对这个渣场的处置，后来成了 2011 年湘江流域重金属污染治理项目。与此同时，湘潭电化公司也加强了企业内部环境治理，2002 年 5 月，公司投资 3000 万建成设计处理能力为 6000 立方米/日的环保一期工程并投入使用，原先排放的污染物被作为资源回收。所谓污染就是放错了地方的资源，放在江河就是污染物，放在生产线上就是原料。2007 年湘潭电化着手建设环保二期工程，主要用于将公司整流设备冷却水、蒸汽冷凝水、雨水、清洗地面的含锰废水及生活用水等进行集中处理。作为湖南省三年环保行动计划项目，原本要求在 2006 年底建设完成并投入运行，但由于种种原因直到 2007 年上半年还在建设当中。这年 3 月，在刚刚完成新股发行并正在等待在深圳证券交易所上市挂牌的关键时刻，当时影响甚巨的《上海证券报》刊发了新闻——《湘潭电化废水严重超标　待上市企业竟是污染大户》，记者赵碧君在新闻中细致地描述了他三次在湘潭电化附近的采访记录：在湘潭电化的专用工业废水排放口，只见一股股暗黑色和黄铜色的污水分别从两个并排着的排放口奔流而出，并散发着刺鼻的化学品气味。沿着工业废水排放的路径，记者发现，其工业废水直接排入了湘江。这位记者将工业废水的采样紧急送到上海市环境监测中心检测，先期检测的部分数据表明：pH 的污染值为 2.9，呈强酸性；锰的污染值为 93 毫克/立方米，超标 45 倍；铜的污染值为 5.7 毫克/立方米，超标 5 倍；镉的污染值也超出了国家关于污水综合排放的标准。站在 2015 年实施的新《环境保护法》角度，这种非专业人士取样和监测的方式，并无法定意义，但至少是在 2007 年的时候，社会人士自行取样监测并进行发布的做法十分普遍，并深刻影响着舆论。极具影响力的《上海证券报》几乎以一篇报道毁了湘潭电化，因为按照证券法的规定，在企业上市中，存在严重环境污染往往会被一票否决。因此这位记者慨叹：环保不达标或将成为湘潭电化上市以后最大的风险。

关键时候，还是环保部门挽救了湘潭电化公司。2007 年 4 月 2 日晚，湘潭电化拿到了湖南省环保局这样一份核查文件：湘潭电化 90%以上的污染物达到国家排放标准，环保设施同步运转率稳定达到 95%以上；在对湘潭电化的日常监管中，没有发现排镉，也从来没有出现过铜排污超标现象。很显然，这是一份专门针对《上海证券报》相关报道的核查说明。第二天，湘潭电化科技股份有限公司上市当天就环保问题刊发一则《澄清公告》，创下我国证券市场一项新的纪录。这份《澄清公告》概略介绍了湘潭电化公司的工业废水排放情况、环保一期的效果、环保二期的进展，以及企业自身对环保责任的担当。好在证券部门采信了政府环保部门出具的公文而不是媒体的报道，否则的话，刚刚上市的湘潭电化命运真是生死难料。湖南省环保局出具的核查文件虽然挽救了湘潭电化公司，但是企业的一纸公告并未浇灭汹涌的舆情，上市首日即大涨232%的无限风光，只是吸引着更多媒体对它的关注。自4月3日上市以来，对于湘潭电化的环保问题的争议就没有停息过，几大证券报对其环保问题刨根问底，大量记者前往上市公司所在地湘潭进行实地调查，调查各个时期环保设施的真实性和运行的可靠性，继续深挖各个环保项目的不足。

当湘潭电化公司努力争取资本市场支持的时候，其他企业也在忙着将自己做大做强。创建于1993年的湖南金环颜料公司有着强烈的产能扩张意愿，这个占地14亩的企业，由于紧靠湘江且地形复杂，不适宜厂房建设，因此部分厂房构筑在湘江沿岸高高的水泥柱上，安全和环境状况堪忧。但企业产销形势一片大好，每年2个亿的销售额和近千万的地方税收，让它自认为具有某种向政府叫板的"底气"，多次提出征地扩产的要求，并声称如若不同意扩张，将把企业搬迁到邻省发展。然而此时的情势完全不同，湖南省人大和省环保局对此给予了坚决的否定，对于任何一个责任部门来说，为竹埠港地区新增任何环境负荷尤其是"化工围江"项目，没有任何人敢轻易点头。

政府和企业之间的这种博弈，此后几年都在连续上演，在行政许可方面，政府总是会占有更多的主动，但是越来越严苛的环境政策，能否演化成企业更自觉的环境行动，还需要假以时日拭目以待，因此接下来几年，我们看到的都是政府及其环保部门，与企业污染行为的各种"斗法"，并将企业总数和污染负荷锁定在一定的范围内。

2010年11月26日，湘潭市环保局制定《关于加强湘江枯水期水环境监管的紧急通知》，组织对湘江枯水期保水安全第三次专项行动。在行动中，发现湘潭市开元化学有限公司在修建氯气储存库的施工过程中，未对废水处理设备采取任何确保污水达标排放的防范措施，导致设备运转不正常，公司总排口外排废水呈墨绿色，并伴有严重刺激性气味，采样监测结果显示废水中甲苯、色度、硫化物、化学需氧量和pH值均超过国家排放标准。"湘潭在线"记者黎欣刚全程记录了这次湘江枯水期保水行动：

> 上午9时，检查组正在竹埠港一家企业排水口采样时，突然接到一个举报电话：竹埠港一带湘江江面上出现大块红色污染带。为了在第一时间锁定这个红色污染带，检查组根据当地企业生产情况，先是来到湖南金环颜料有限公司这家镉系列颜料生产企业，但发现企业当时没有排污后，他们立即赶往另一家颜料生产企业湖南立发釉彩科技有限公司采集水样。刚采完水样，他们就在雾气笼罩的湘江，发现了排污口附近一公里的江面赫然流淌的红色江水，而临近排污口的颜色更深，宛如一块红布铺在江上，走近发现入江处原来是红色的污染堆积物，此时红色的废水还在从排污沟下泄并散发出难闻的气味，两名工人在徒劳地清理漂浮的污染物，而此处最靠近排污口的企业是湖南颜料化学有限公司。检

查人员立即分成两组,一组去颜料化学有限公司厂内排污口采集污水样本,一组在江边排污口采集样本。上午10:20,工作人员在江边排污口刚采完样,从排污口流出的水就由淡红色变成深红色,气味变得更加难闻,十分钟后排污口流出的水,又由深红色变成了黑褐色,还伴随着阵阵的臭味。工作人员不得不第三次采集了污水样本并初步估计,这股污水的色度、pH值等因子超标。由于这个大排口是九家企业的混合排污口,没有一家企业承认红色污染带是自己厂内排放的污水。检查人员只得在采集三家企业水样后,随即到附近的金科实业有限公司、金天能源材料有限公司、开元化学有限公司、湖南湘大比德化工有限公司等四家企业进行污水采样,等到两天后,通过化验结果比对,确定谁是真正的肇事者。带队检查的湘潭市环境监察支队支队长杜明说:"对于这样的企业,我们会严格处罚,绝不姑息。"

但这种不能在第一时间锁定"真凶"的政府表态,在现在看来实在有些乏力。而且站在后来修改的新《环境保护法》的角度,必须严格要求每个企业设置单独、醒目的排污口以便于监管,九个企业设置混合排污口,责任不清,是非不明,处罚不能落地,最终是让企业钻空子,让湘江蒙受污染。

翻开历史的记录,对湘潭颜料化学和陈氏精密两家公司这样的污染大户,更是给予了频繁的环保处罚。

2011年3月16、17日,湘潭市环境监察支队人员在湘潭颜料化学有限公司和湘潭陈氏精密化学有限公司两家相邻的企业进行的现场检查中，均发现锅炉烟气严重超标，烟气黑度达到三到四级。湘江流域污染控制历来以水污染防控为主，但 2011 年我国发生了绵延千里的雾霾，空气污染开始引人关注。

2011 年 8 月中旬，鉴于湘潭颜料化学公司在环保方面存在的违规行为，湘潭市环保局下达通知，责令其在当年 8 月 30 日前完成排污口整改验收工作，但公司未能按期完成。整改还在进行中，2011 年 9 月中旬，湖南省人大组织"妙盛湘江行"环保公益活动，一家工业厂房供应商为这次活动提供了支持，为了扩大活动的影响，特意在广西灵渠举办启动仪式，然后分水陆两路经永州、郴州、衡阳、株洲向下游进发。17 日这天当我们的船舶行至湘江竹埠港段时，但见一池江水被染红，仿佛湘江从堤岸处起向江心划开一个血淋淋的伤口，又如一个清波仙子惨遭恶魔亵渎，显然是岸上的企业给她注入了毒液。前所未有的使命感在咿呀的桨声中不停地在志愿者中传递和驱动着。沿着红色污染带，我们很快找到肇事者湘潭颜料化学公司。由于疏于管理，用来分离固体颜料和生产废水的滤网破了个洞，同时一条排污管破裂，致使大量红色的着色剂混入生产废水中，漏排湘江。事后湘潭市环保局责令该公司全面停产整改，总经理王庆河在书面致歉信中写道："事情发生后，我公司立即停产整顿。我公司发生这起泄漏事件，对社会造成了不良影响，深感内疚和自责，今特向公众表示诚挚的歉意，我公司愿意承担一切责任，接受一切处罚。"曾经因为技术创新而获得全国五一劳动奖章的王庆河，却由于环保问题在当地报纸上登报道歉，这也是湘潭市首家因环保问题向社会致歉的企业。2012 年 6 月，湘潭市环保协会的志愿者暗访发现，竹埠港大排口经常在深夜向湘江偷排气味异常的工业废水。接到举报后，湘潭市环保部门立即赶往调查，在这个九家企业共用的大排口，环境监测人员只得采用排除法，多次到该排污口采样检测，发现污水中的磷酸盐浓度严重超标，而在这九家企业中，只有湘潭颜料化学有限公司的生产用水中含有磷酸盐，造成磷酸盐浓度严重超标的源头正是这家颜料化学公司。

紧邻的陈氏公司在环境违法上，一点也不逊于颜料化学公司。2011年12月28日，湘潭市环保局执法人员在"保水安全环保专项行动"中，发现陈氏公司外排废水总排口苯胺类污染物严重超标并予以了处罚，苯胺类污染物能使水体和底泥的物理、化学性质和生物种群发生变化，容易导致持久的环境污染，能通过形成高铁血红蛋白造成人体血液循环系统损害，可直接作用于肝细胞，引起中毒性损害。这类化合物进入人的肌体后极易通过血脑屏障而与大量类脂质的神经系统发生作用，引起神经系统的损害。执法人员随即开出处罚通知，要求企业达标排放。2012年6月13日，湘潭市环保局在对陈氏化学进行检查时，发现该公司大门前雨水沟与砂磨车间、仓库和合成车间相连，生产废水经公司雨水沟直接排入外环境，违反了企业必须规范排污口、集中处置的挂牌督办要求，责令企业立即整改。2012年7月1日，湘潭市环保局在组织的环境安全百日大检查"零点行动"中，对陈氏化学总排口废水进行了监测，结果为酸碱度pH值9.5，化学需氧量227毫克/升，苯胺类2.8毫克/升，总磷浓度1.9毫克/升，均超过国家允许排放标准，其中酸碱度pH值9.5说明水质呈强碱性，强碱性废水对城市管道和地下构筑物具有很大的破坏作用，环保人员随即开出整改通知。

　　这一段与企业环境违法行为艰苦斗争的经历，被当地多位村民与环保志愿者记录下来。2012 年 6 月 16 日，志愿者"湘潭矛戈"在微博中写道："凌晨一点接到湘潭市环保局李汉军副局长电话，邀请我一起去竹埠港暗访，一点三十分赶到竹埠港大排口，流水不浑浊，与前两天看到的大相径庭，只有轻微的化工气味，可能是偷排企业看到前两天志愿者在网上发布的查污信息，有了警觉！李局长告诉我们：欢迎志愿者暗访举报，环保部门将严打不懈！"

　　2012 年 12 月 25 日，志愿者"环保迪迪"在微博中写道："今夜圣诞节，凌晨一点湘潭市环保局局长陈铁平查看竹埠港 8 号排污口，他说今天关停了竹埠港四家违规排污的企业。""环保迪迪"原名宋伟，竹埠港下游正江村村民，作为一名化工企业污染的受害者和坚定的环保志愿者，他把很多时间花费在对竹埠港的守护上，曾经连续十多天在大排口蹲守并进行举报。2013 年 9 月 16 日，他在九家企业的大排口，拍摄了他人生中最珍贵的婚纱照，记者发现后进行了宣传，被媒体称为湘江边上"最美婚纱照"。迪迪也非常得意于自己这一段经历，及至有了孩子后，也在婚庆日带上孩子到江边留下一张纪念照，一来是记录湘江的变化，二来流连于自己青春的环保记忆，并实现父子间对江河保护责任的传承。

　　继续回到当初的现实。这些凌晨过后的环保守护完全违背了人体的生物钟，尽管付出了艰辛的努力，但环境质量还是难以实现根本性的逆转。2011 年 6 月 15 日，湖南都市频道记者黄超的一篇都市日记的标题就是《竹埠港：挡不住的化工废气　我们要命不要钱！》。此前两天，2011 年 6 月 13 日"湘潭在线"记者续晓旋在报道中描述过化学助剂厂一带的生存状态：

　　原湘潭市化学助剂厂改制、停产后，将厂房租给生产药剂的昌盛公司、生产颜料的华莹公司和生产纤维素的森泰化工厂，从此原化学助剂厂职工宿舍居民就在这三家企业以及马路对面金环公司工业废气的"四面围攻"中艰难度日。因为长期排放强烈腐蚀性气体，居民区内所有铁制品都已生锈，居民家中反复新刷油漆的铁门都被侵蚀得锈迹斑斑，用手轻轻一拨，铁锈便从门上脱落下来，一年前购买的空调第二年就已基本报废，空调外机散热片生锈，一触碰就呈粉末状。铁构件都奈何不了的工业废气，更是严重危及附近植物生存，原本郁郁葱葱的几株雪松全部被熏死，看不到一片绿叶。人们的健康更是没了保障，各家各户全都门窗紧闭，6月12日工厂一位陈女士感觉胸闷，想开窗透透气，没想到刚打开窗，一股刺鼻的气味扑鼻而来，陈女士随之腿脚一软，脑袋磕在窗台上了。但是没有一家企业为这样的污染现状买单，原化学助剂厂厂长刘湘慧认为自己的企业已经改制停产，且已经将厂房租赁给了三家具有环保手续的企业。即使前方不远处一高一矮的两个烟囱正排放着大量的黄、灰色气体，并散发着浓烈的化学药剂气味，三家企业却没有一家认为大气污染与自己有关，并坚称自己达标排放。面对不忍直视的污染，湘潭市环保局法制科工作人员援引法律条款表示，化工企业开工生产前需通过环保局的相关审批验收，包括环境影响评价审批以及环境保护三同时验收，没有通过审批验收的工厂不得开工生产。

十年前，当时的企业就是这样，即使面对显而易见的污染，还是一味强调企业审批的合法性，以致后来的环保法律法规，把"源头严防，过程严管，后果严惩"作为一体化的制度设计。以环境影响评价为代表的"源头严防"固然重要，但生产过程中严格守法和达标排放更加重要，毕竟一纸环评批复在手和排污许可证上墙，以领证许可的合法性代替排污过程的非法性，一直是很多企业的认识误区，更是我国环境管理曾经存在的漏洞。

公众对于那时环保部门的努力似乎并不买账，只要环境质量不发生逆转，只要排污还在继续，人们就会把这笔账记在环保人员头上，即使他们在"白加黑"地连轴转，甚至很多环境污染本身就是他们在执法中发现并主动曝光的，环保人员依旧要承受舆论的巨大压力。上述湘潭颜料化学公司磷酸盐超标被环保部门严肃处理后，《湖南日报》2012 年 7 月 6 日一则《企业无良，还是执法之手太软》的评论员文章直接指向当地环保部门：

位于湘潭竹埠港的湘潭颜料化学有限公司，去年 9 月曾将大量红色污水漏排湘江，影响恶劣，后登报道歉。可近日，该公司又向湘江偷排严重超标的工业废水，经环保志愿者举报，被湘潭市环保局立案查处。

读罢这条新闻，油然而生的愤懑挥之不去——还是这家无良企业，还是在干着偷排的勾当。到底是什么原因让这家曾在媒体上登报致歉、在湘潭市民面前信誓旦旦的企业，敢冒天下之大不题，故伎重演？

　　然而，如此明知故犯的无良企业，这次受到的还是不痛不痒的查处——被责令停产整改，只是与上次相比多了 4 万元罚款。不知道如此轻飘的处理，能否从此打消这家无良企业日后继续违法的冲动？

　　竹埠港已经成为全省环境污染的重灾区之一，布局在这里的众多化工企业，已成为严重影响湘江水质的污染源。照理说，当地环保部门可谓重任在肩。但看罢这条新闻，有一点让人百思不解：为何每次围绕湘潭竹埠港化工企业的污染事件，当地环保志愿者总是冲在前面，本应将保护环境作为分内之事的环保部门，却总是在接到群众举报后才匆匆赶来处理？这次湘潭颜料化学有限公司故伎重施，再度向湘江偷排废水，实际上早在几个月前就有网民陆续举报，但直到 6 月中旬当地媒体报道后，相关部门才实施"突击检查"，立案查处。笔者无法揣测这种姗姗来迟的查处背后有着怎样的原委，只是觉得这样的反应速度堪比蜗牛。

　　资本的逐利性，决定着一些无良企业总是在算计着以最小的成本获取最大的利润，其经营者的内心深处总存在着诸如偷排的原始冲动；环保部门如能将高悬的执法之手更硬一点，对屡禁屡犯的无良企业实施顶格处罚，让环境破坏者付出高昂的违法成本。这既是对公共利益的维护和对守法企业的褒奖，也是让违法者对法律保持敬畏的重要手段。

　　湘江是大自然赋予湖南的一份珍贵的遗产，保护湘江这条母亲河，是当下每一个湖南人无法推卸的历史责任。把湘江打造成

"东方莱茵河"，是省委、省政府着眼湖南当前与长远可持续发展的重大战略决策，它承载着全省民众的殷殷期待。

打造"绿色湖南"这张名片，需要全省上下牢固树立起绿色的理念。其中，固然需要有刚性有力的法制作为支撑，同样需要有一支认真履职的环境执法队伍。

不难理解，当竹埠港地区化工、染料企业退出还没有写进 2007 年版《"十一五"湘江流域水污染防治规划》的时候，类似的呼声首先就来自环保部门，彼时已经在湘潭市环保局局长岗位连续工作了几年的黄常见，面对当年组织的在潭全国人大代表的质询时不无灰心地指出：竹埠港化工区，地方不大名气大，企业不多麻烦多，及早退出或许才是它最终的出路。而站在企业的角度，对是否应该继续在竹埠港地区生产与发展，企业经营者也在心中打上了巨大的问号，不仅是湘潭金环颜料，即使是湘潭电化这样顶着国企和上市公司名号的企业，也在经历了 2007 年上市时的环保风波后，将企业环保搬迁提上了议事日程，当然这家企业的搬迁也有占据上游资源的一些考虑。

关停

2007 年 12 月 14 日，长株潭城市群被国务院批准为全国资源节约型、环境友好型社会建设综合配套改革试验区。湖南先行先试，实施原创性改革 100 多项，率先探索了一条有别于传统模式的新型工业化、城市化发展新路。选择在湖南开创这样的试验区可能是多方面原因促成的，但显然进入新世纪连续几年湘江干旱，很多江段几可踏着沙滩过河是重要原因之一，干旱不仅是水资源的匮乏，在现实环境背景下，更是湘江对污染物自净能力的削弱，易造成水环境质量的下降，以及饮水安全这类重大事件。湘江枯水期饮水安全保护连续几年成了政府及其职能部门的常规工作。2006年1月发生于湘江干流，从株洲到湘阴绵延130公里的镉污染事件，在湖南敲响了传统发展模式的警钟，表明湖南急需寻找新的发展模式。反过来，两型社会建设综合配套改革试验区一经获批，就需要具体的项目来落地，湘江流域水污染综合治理成了试验区建设最好的载体。

2008年5月湖南省人民政府印发《湘江流域水污染综合整治实施方案》，6月2日，湖南省政府召开湘江流域水污染综合整治工作会议，部署了其主要整治内容，要求在2008—2010年三年时间，解决湘江水污染问题，要求清水塘、水口山、岳塘竹埠港工业区和郴州有色采选集中地区的环境污染问题得到解决。竹埠港地区要以产业结构调整为重点，落实化工、颜料、冶炼等重污染产业退出计划，竹埠港地区的科源化工、海通颜料公司被列入退出企业名单，金天能源、颜料化学和金环颜料被列入限期治理名单，退出和治理工作必须于当年10月底完成。这一方案还要求在竹埠港的新材料工业园配套建设园区污水处理厂。可见直到2008年，竹埠港化工行业的整体退出方案还未形成。

加速省政府决策形成的，或许还是湘江流域水污染综合整治背景下，竹埠港本地企业自身的种种"劣迹"，包括几次染红湘江的污染事故。到2011年，工业产值45亿元、税收总额才1.1亿元的竹埠港地区，年排放废水 264 万吨，废气中二氧化硫 2000 吨，各种工业废渣排放量约 3 万吨。以往任何形式的限期治理、停产治理甚至是很多人口中的"优二进三"都不管用，壮士断腕的整体退出逐渐成为各方共识。2011 年 3 月国务院批复的《湘江流域重金属污染治理实施方案》中，明确将竹埠港作为湘江流域重金属污染治理的七大重点区域之一；5 个月后，湘潭市委市政府向省委省政府递交责任状，承诺将对竹埠港地区所有化工企业按要求全部关停到位；2012 年 8 月，湘江流域重金属污染治理工程被列为省"十大环保工程"。

当关停已成共识，企业的反应最为强烈，抓住最后的机会疯狂赚钱成为很多企业共同的做法，最直接的表现就是肆意地排放废水废气，更加随意地堆积废渣。易家坪村湘大比德公司和开元化学公司附近的一处渣场，已经严重危害到当地人民的生产生活，经多次交涉均未果，矛盾终于在 2012 年 5 月 21 日傍晚爆发，愤怒的村民在荷塘乡政府至竹埠港路段设置大石块等路障，致使区域内全部货车无法正常通行，企业生产被迫暂停，后经当地警方出面才稍稍化解；但这一渣场，最终动用几台挖机、数十辆货车连续拉运，才得以清空，可见堆放垃圾之多。

与此同时，部分企业的污染物排放更加疯狂和有恃无恐，大有最后一搏之势，2012 年 7 月"华声在线"记者刘晓波报道记录了当时的情景：

> 随着竹埠港"退二进三"工作的启动，区域内一些企业的环保意识及环保工作出现了松懈，竹埠港地区环境问题出现反弹，

企业利用夜间、周末违规排污的行为有所抬头。在当年6月份的环保执法检查中，湘潭市环保局已对位于竹埠港地区的湘潭高新区湘潭颜料化学有限公司、飞达科技化工有限公司、湘潭陈氏精密化学有限公司三家企业的违法排污行为进行了行政处罚。其中，湘潭颜料化学有限公司偷排湘江的废水中，污染因子磷酸盐竟然超标130多倍，被罚款4万元。磷酸盐废水在自然环境中持续时间长，会造成人体发育迟缓、骨骼畸形、骨和牙齿质量不好，长期大量摄入磷酸盐可导致甲状腺肿大、钙化性肾机能不全等。7月1日凌晨湘潭市环保局联合当地环保志愿者组织的"零点行动"，再次对湘潭颜料化学有限公司围墙外的江边混合排污口，以及共用这一排污口的立发釉彩、金科实业、金天能源、开元化学等其他八家企业展开突击检查。这次检查反映出各企业都存在不同程度的环境违法行为，其中湘潭颜料化学有限公司存在严重超标排放，被责令停产整治，湘潭陈氏精密化学有限公司、湖南湘大比德化工有限公司、湘潭高新区飞达科技化工有限公司三家企业限期整改环境违法行为。

在竹埠港区域发展去向已定后，湖南省各部门加快了对这一区域的督办频次和力度，从2012年7月起，省人大再次组织了对竹埠港的"三湘环保世纪行"活动，居民再次迎来了他们难得一见的"宁静日"。此后省委巡视组、省环保厅、省审计厅连续到访竹埠港，实际上有铆实竹埠港工业整体退出决策的意味。这些督促检查，更加坚定和加快了湘潭市竹埠港化工退出的步伐。2012年5月，湘潭市委正式明确竹埠港"退二进三"工作机制为"市领导、区实施、市场化";2013年9月4日，岳塘区成立竹埠港化工企业关停工作指挥部；2013年9月12日，湘潭市成立竹埠港"退二进三"工作协调领导小组。

班子搭建了，工作启动了，但是还缺关键的临门一脚。2013年9月23日，时任湖南省委副书记、省长杜家毫乘船考察调研湘江流域湘潭至长沙段环境保护和污染整治情况，在湘潭重点看了竹埠港企业排污情况，随后在岳塘区主持召开湘江流域保护与治理委员会第一次会议，明确了把竹埠港老工业区治理打造为湘江流域污染治理省"一号重点工程"样板的目标。随后的10月20日，湘潭市人民政府发布《湘潭市人民政府关于实施竹埠港地区化工企业整体退出的通告》。作为配套文件，岳塘区人民政府印发了《竹埠港地区化工企业主动关停退出奖励办法》。

《湘潭市人民政府关于实施竹埠港地区化工企业整体退出的通告》的出台，让所有的怀疑、观望都归于宁静和统一，担心税收流失的官员，担心企业亏钱的老板，以及担心下岗失业的职工，你有你的心思，我有我的打算，但大家都在想，下一步该如何走。

好在《竹埠港地区化工企业主动关停退出奖励办法》和《湘潭竹埠港区域"退二进三"工作"三年行动计划"》提前做好了谋划，坚持"以退为进、先退后进"的原则，确定了"从南往北、依次关停、分批治理"的工作次序，明确了"关停、退出、治理、建设"四步走的工作步骤，按照整体搬迁与产业转型发展并重、污染治理与新区建设两个并重的发展思路，重点实施企业搬迁改造、污染治理和生态修复、基础设施建设、居民安置、新兴产业引进等六大工程。更重要的是，此后几个月时间岳塘区委书记、区长带领区里一帮人常驻指挥部，实施关停工作一天一调度，指挥部下设综合协调、政策咨询、执法巡查、关停验收、服务企业关停和综治维稳六个工作小组，各组各司其职，相互配合，整体推进企业关停和征拆工作。

关键的第一步是关停，没有关停，就没有后续的退出与治理，老板和企业职工罕见地站在统一战线上，政府工作人员进入企业时，总是遇到"冒死护厂"的工人们投向他们的那些敌意的目光，甚至根本进不了工厂。工人中很多都是40～50岁的员工，企业关门或者搬迁，都意味着下一步生计出现问题。首次与企业老板的见面会充满火药味，时任主管环保的副区长黄建平至今依然记得2013年9月8日组织召开的竹埠港化工企业关停工作企业座谈会，老板们好似结成企业联盟，口径统一，称"自己是合法注册的企业，也是环保达标的企业，关我们，凭什么"。企业环保达标，是竹埠港地区化工企业老板的软肋，关停令后，市区两级政府加强了综合执法，以监管促关停，强化市、区联动，整合环保、安监、工商、消防、公安、质监等部门力量，连续几个月实施24小时执法，白班休息了，晚班继续，对竹埠港区域企业的监管力度和环境污染排查整治力度空前加强，过去那些见怪不怪、司空见惯的环境违法行为，从废水、废气、废渣的违法排放，到危险废物的违规堆存，都成了处罚的依据。严格的环境执法下，一张接着一张的罚单开向事发企业。凌厉的法律攻势下，企业招架不住了，纷纷主动依法接受关停。特别是关停工作期间，几次出现的安全事故、环境事故，如昌盛化工发生的设施爆炸事件、比德化工发生的氯气泄漏事件，让那些企业主惊慌失措，毕竟，长出牙齿的法律是要"咬人"的！

不过查找企业违法之处的过程非常艰辛，据原岳塘区环保局副局长胡洋回忆：有一天晚上，天色很暗，执法组一行对金环颜料突击检查，在污水处理池发现一个手掌形的物件漂浮着，当时以为那是一具尸体，魂都差点吓飞了。另外一天夜晚，胡洋和同事杨铁兵一起到湘潭电化检查。这个企业的污水处理站紧靠湘江，他沿着 40 多米高的垂直的水泥梯子，一级一级地往下爬，黑暗中忽然一脚踏空，直接从中间掉下去 20 多米，差点把小命都丢掉了。

与此同时，同步配套采取一系列怀柔与攻心措施：筹措 5000 万元奖励资金，根据停产企业的规模、厂房面积、企业人数、利税水平，对期限内实施停产企业实施奖励，引导企业主动关停；加大主动服务力度，专门组成工作组，先后到湖南怀化洪江、江西奉新、湖南临湘等地专业园区对接。一直都在抱怨厂区场地狭小的金环颜料公司于 2013 年 10 月 28 日率先签订主动关停退出协议，到当年底，竹埠港 28 家化工企业中有 21 家签订主动关停退出协议；2014 年 9 月 29 日，湘潭电化和金天能源实现停产，标志着竹埠港 28 家化工企业全面关停。也就是在那一天，我陪同中央和省会媒体记者，蹲守在湘潭电化总调度室，亲眼见证这个 56 年历史的老厂，在对最后一批电解二氧化锰装袋后，拉下电闸，直到生产锅炉的压力回归到零。那段日子，不少媒体就蹲守在竹埠港，忠实记录着湘江发展史上从未有过的一段经历，其中当时湖南影响力很大的《潇湘晨报》的记者谭旭燕等以《竹埠港最后的时光》系列报道的五篇稿件，记录了竹埠港化工企业的最后一段日子。作为省直环保部门的宣传专干，我也用一封感谢信，表达了对媒体与记者的感谢，感谢信如下：

感谢信

潇湘晨报社：

  在湘江流域五大重点治理区域——湘潭市竹埠港化工区整体退出进入倒计时的关键时刻，贵报派出多名骨干记者深入该区域，采访包括政府领导、企业老板、公司职员、社区居民在内的方方面面的人物，从9月26日起开设《竹埠港最后的时光》专栏，用大量的文字和珍贵的镜头，见证和记录着湘江保护的重要历史时刻，反映了政府铁腕治污的决心、信心和耐心，褒扬了区域内企业为改善湘江作出的巨大牺牲，传递着人民群众对良好环境质量的憧憬和向往。该组报道，给置身于彷徨与留恋中的企业、员工和民众送来了慰藉与希望，在幽暗伤别时光中看到了竹埠港新区经济发展、生态良好的新曙光，为竹埠港化工区企业的全面退出和科学转型营造了良好的舆论环境。

  谨此，我们对贵报怀抱对母亲河的情怀所策划的"一号重点工程"报道表示感谢，对参与报道的记者们的辛勤劳动表示感谢。我们将与你们一道"同呼吸，共奋斗"，为推进全省环境质量改善，让人民群众呼吸清新的空气、喝上干净的水、吃上放心的食物而坚持不懈地努力工作！

二〇一四年九月三十日

关停的企业，很容易恢复生产，必须一鼓作气拆除厂房，实现

317

"两断三清"，也即断水断电，清除原料，清除设备，清除产品，不过这个过程也满是风险。拆迁指挥部在组织对开元化学进行拆除时，作为中间体原料的氯气罐与硫酸贮罐相距仅仅七八米，工人们在对硫酸贮罐进行机器切割时，焊花引起了燃烧，险些酿成事故。当然，从此以后立下规矩，在进行设备和厂房拆除时，都派上应急消防人员，防止突发事故。

年深月久，竹埠港的化工企业从墙体、地面到泥地，都残存着大量污染物，不少企业原来作为原料剩下来的，如今都成了扎扎实实的危险废物，后来的摸排情况表明，至少在原湘潭颜料化学、湘大比德、金鑫颜料、陈氏化学、湘潭电化等几家企业就遗留有 1823 吨危险废物。对此，竹埠港化工企业关停工作指挥部对照《竹埠港地区化工企业主动关停退出奖励办法》中关于"企业妥善处置易燃、易爆、有毒物品及特种设备，消除安全隐患，防止废水、废气、废渣等污染物对环境造成污染"的验收标准严格执行，湘潭市环保局副局长、时任征拆指挥部执法巡查及关停验收组组长的廖勇就负责这件事，他坦承负责这项工作时压力很大，不可预见因素太多太复杂，突发事件随时都有可能。

2013 年 12 月 9 日，竹埠港化工企业关停工作指挥部接到湘潭金科实业有限公司报告，该公司 2007 年购进的用于化学分析的 200 克三氧化二砷尚存 151.5 克，存放在企业的分析化验室保险柜中。对于这种剧毒化学品，按照规定应由企业自行安全处置，但金科实业自 2012 年 9 月停产，公司老板 2013 年 10 月 31 日与岳塘区政府签订了关停退出协议后就一直未知去向，企业留守人员谁也没有这个专业能力，在这种特殊的情况下，企业只得向区竹埠港指挥部求援。了解情况后，岳塘区指挥部综合执法巡查组积极与多个地区、多家企业联系，最终在三天后联系上衡阳国茂化工有限公司，由这家承担湘南地区危险化学品废物处置的专业公司负责接收和处理。综合执法巡查组还派出了岳塘公安分局、区安监局、荷塘派出所的三名工作人员护送，将151.5克的三氧化二砷安全运送到接收单位，从而化解了一起环境安全风险。

2014年1月20日，年关将近，湘潭林盛化学有限公司向岳塘区指挥部报告，企业存有部分硫酸二甲酯，不知道该如何处理。硫酸二甲酯对黏膜和皮肤有强烈的刺激作用，如果不小心服用将灼伤消化道，长期接触将会使眼部和上呼吸道等器官受到刺激，危险性很大。接到企业汇报后，区指挥部综合执法巡查组立即请湘潭大学、湘潭环境保护局专家为企业"支招"。专家们研究后，在最短的时间内给出了处理意见，林盛化学最终在1月21日下午着手处理企业剩余的硫酸二甲酯。

竹埠港"退二进三"工作走到这一步，虽然往下的路还很长，但一年多的工作成绩已经得到湖南省委省政府的高度肯定。2015年1月5日，湖南省人民政府印发《关于表彰推进"一号重点工程"工作先进单位的通报》，通报指出：

　　湘潭市人民政府高度重视竹埠港的治理工作，专门成立了竹埠港企业整体搬迁退出工作协调小组，明确了"市统一领导、区为主实施、市场化运作"的推进模式和"关停、退出、治理、建设"四步走的战略部署，确保所有化工企业顺利关停搬迁。岳塘区人民政府成立了专业联合执法队伍，严格执法，主动作为，积极为企业关停搬迁排忧解难。通过市、区两级人民政府的共同努力，竹埠港工业区28家企业已于2014年9月底全部关停到位，在湘江污染防治工作中发挥了示范带头作用。

此后，湘潭市人民政府也印发通报，评选岳塘区竹埠港化工企业关停工作指挥部为"优胜单位"，评选市政府办等22家单位为"良好单位"，评选包括时任市政府秘书长在内的109名同志为"优秀个人"。

带着省市政府的嘉奖，人们以更大的热情攻克难题：土壤污染防控。多年的化工生产使得竹埠港地区大约1.23万亩土地受到污染，污染大致分为三种类型：各化工、冶金企业厂界内污染，主要有以镉、砷、锌、铜和镍为主的重金属污染，和以苯、有机氯为主的挥发性有机物污染；企业厂界外污染，主要是地下水和池塘受到以镉、锰、镍和锌为主的重金属污染；企业厂房建筑物污染，主要是金环颜料、昭山冶金、湘大比德、化学助剂和万事达纺织等企业墙体内存在重金属超标情况。而此时，中国对土壤污染防治的法律还未出台，标准还未制订，大家都还在摸着石头过河；另外一方面，中国的环保公司对于土壤污染治理的市场有着很高的期望，认为是污水和大气污染治理后最后一块产业蛋糕，有着数万亿甚至数十万亿的市场规模，因此各类人员鱼龙混杂，跑马圈地似的进入土壤污染治理市场。

竹埠港地区对重金属污染土壤治理始于2015年，包括重金属污染土壤修复示范工程和易家坪片区场地污染综合治理两个紧邻湘江的项目，前者在原金环颜料厂区及附近的 61 亩土地，后者在原科源化工公司。前期场地调查均由湖南永清环保公司进行，这是湖南当时唯一上市的环保公司。2014 年 1 月，湘潭发展投资有限公司与永清环保公司共同出资组建"湘潭竹埠港生态环境治理投资有限公司"，通过政企合作，对竹埠港重金属污染开展综合整治，共同探索环境污染第三方治理模式。但初期合作的两个项目并不顺利，主要的原因是治理目标和治理标准不清，而首次污染的土壤场地调查密度太稀，80 米长、80 米宽的场地调查，相当于 6400 平方米的土地上才有一个监测点位，完全不能真实反映多年累积污染土地的实际情况。场地调查不够充分，导致施工过程中反复出现超工期、超预算的情况，原本计划施工至地下填土层最多到几米深的灰粘层，结果挖到地下十四五米深的泥岩层，还有不断涌现的地下渗水和原本没有预料到的挥发性有机物，使得工程建设的各方都不满意，原计划 150 天的工期，结果拖延至 2017 年底才完工，累计修复土壤 2.6 万立方米，修复资金多达 958 万元，原本希望一炮走红，在竹埠港创立土壤治理"岳塘模式"的永清环保公司最终遗憾退出。易家坪片区场地污染综合治理项目原计划用一年工期，建设项目既受到场地调查不足影响，也常常受到天气影响，2015 年 7 月的一个周末大雨不止，场地和设施被淹，废水拖不出来，意味着污水要排到湘江，险些酿成重大环境污染事故，各方面人员连续三四天苦守在那里，最后是粤鹏环保公司用槽车连续工作十多个小时，才把污水拖走。这些事都严重影响工期，结果推迟至 2017 年底和 2018 年初，才分别完成阶段性竣工验收和效果评估验收；投入治理资金 1.3 亿元完成 55.9 万立方米土壤治理，而当地志愿者对渗滤液处理效果不满意，一时间投诉无数。时至今日，渗滤液的处理仍未结束，56 岁的粤鹏环保公司职工、原竹埠港滴水村村民蒋海军，被聘为公司派驻人员，每天坚守在这里，负责污水处理设施的维护和运营。

面对全国首个化工区土壤治理的难题，在国内又没有现成的经验和模式，甚至没有治理标准的情况下，湘潭市一方面加强了资金筹措的力度，创建湘潭发展投资公司和湘潭竹埠港重金属污染治理等平台公司，通过政府购买、银行贷款、发行债券、融资租赁和 PPP（政府与社会资本合作）等方式融资 40 亿元；另一方面积极争取国家重金属污染治理、节能减排和老工业基地改造等方面的政策和资金支持。2015 年 6 月中旬，湘潭市政府副巡视员陶新水带领市、区两级相关人员赶往北京，去赴一场从未参加的"大考"：争取一笔不菲的全国重金属治理资金。她把之前已经了然于心的《湘潭竹埠港及周边地区国家重点防控区域重金属污染防治 2015—2017 年实施方案》背了又背，孰料因为高度紧张，嗓子发炎，让平时普通话不太标准的她更是犯了怵，直言第二天不敢上"考场"，这时身边的人不断给她打气，说是普通话虽然不标准，但那是毛主席家乡话。这样陶新水又反复背诵台词，果然在第二天由财政部和环保部联合组织的全国重点区域重金属污染防治竞争性评选中，她以对项目的清晰熟练表达，赢得专家们的好评，获得全国项目考评第三，为竹埠港争取到中央重金属治理专项资金 4 亿元。

有了资金保障后，湘潭市主动邀请国内土壤治理领域的顶级专家前来湘潭会诊。据参与这项工作的湘潭市环保局副局长李莉介绍，我国权威土壤污染防治专家，毕业于英国帝国理工大学环境化学专业的胡清博士一行赶到竹埠港后，立即指出了原先治理方案有着方向性的错误，必须扭转土壤污染过度治理思路，确立以风险管控为主的土壤污染治理新模式。在地方财政资金十分有限的情况下，岳塘区积极探索实施全国首个大区域复合污染区污染治理风险管控和再开发建设，并面向全国公开招标，投入 3400 万元，引入中国环科院等环保领域的技术权威机构，编制竹埠港片区环境污染风险管控方案：对不同的污染类型分类施策，采用不同的治理工艺，有效避免过度修复和过度治理；对于污染程度较重的重金属废渣场治理，纳入《湘江流域重金属污染治理实施方案》的重大治理项目，对 200 万吨电解锰生产废渣和 60 万吨含铅、锌、铬工业废渣进行无害化处理，将废渣进行隔离填埋，对渣场表面做好防渗处理，再进行覆土封场绿化；对于周边受镉、砷等污染的土壤，通过添加新型稳定剂作固化处理，之后回填用于道路基底填料和非居住区域场地平整施工用土；对于企业拆除过程中产生的建筑垃圾，专门成立了竹埠港建筑垃圾处理中心，将建筑垃圾变废为宝，加工成透水砖、路沿石等，进行循环利用；对于含有机物的污染土壤，统一运到固化处理车间，将土壤中的苯类等有机气体抽出来，通过尾气处理装置的活性炭将其吸附。这种以风险管控为导向的土壤治理方案，效果很快在湘潭电化厂区旧址锰污染项目和易家坪片区场地污染综合治理后续工程中显现出来。湘潭电化厂区旧址锰污染项目位于桥头公园建设用地上，无须像住房和商业地块那样进行深度治理，只要满足公园绿化的要求，这样投入 2768 万元，就可以完成 8.7 万立方米污染土壤治理，其中还包括 1.2 万立方米有机物污染土壤，工期也大大缩短，2019 年底启动的项目，2020 年 6 月就完成竣工验收；易家坪片区场地污染综合治理后续工程按照以风险管控为主的治理思路，需修复污染土壤由 29.4 万立方米削减为 8.3 万立方米，治理成本由 1.5 亿元削减至 7231 万元，其中还完成了 1.5 万立方米有机物污染土壤治理，对 60 亩修复土壤进行复绿，如今这里青草依依，满山绽放着鲜艳的杜鹃花，成为当地居民的新去处。湘潭竹埠港老工业区场地环境调查和风险管控，让竹埠港新区建设发展受益。正是在这个基础上，编制了《湘潭市竹埠港新区控制性详细规划》。这个规划的亮点在于，以规避重金属污染风险为基础，进行新区建设规划，最大限度地减少新区建设成本。

然而，创建"国家老工业区污染风险管控示范区"的成果远远超出竹埠港本身。作为全国首个成片化工区风险控制的试点，它的成果直接和间接地惠益了 2018 年 8 月全国人大通过的《中华人民共和国土壤污染防治法》及相关标准的制定。同年 9 月 5 日，湖南省人民政府相关省领导在中央党校全面介绍竹埠港老工业区"退二进三"的典型做法，其"关停、退出、治理、建设"的工作思路和土壤污染治理中精准治污、科学治污和依法治污的做法，受到与会者好评。此后江西、广东等多个代表团前来学习，湖北十堰市在落实长江经济带发展战略、实施临江化工产业的整体退出时前来竹埠港取经；2021 年 7月，我在竹埠港地区深入采访调查的时候，岳阳市政府代表团带着市主要领导的批示前来取经学习，批示上写着：要转变观念，积极对接中央和省级环保部门及规划科研单位；要吸取省内有些地方土地治理浪费教训，严格控制投入。显然，竹埠港已成为各地的样板。

新生

　　2021 年 7 月，我漫步竹埠港，沿着湘江沿岸的水泥步道走着，一任清风吹拂，我的心在母亲河里涤荡，江水的湛蓝清澈，江水的浑浊污黑，一样地搅动着我的思绪。一江清水平铺在我眼前，鱼翔浅底，过去寸草不生的九家企业废水混排口长出繁茂的青草，芦苇勾着头，摇着细长的腰身，葎草爬满河滩，白鹡鸰摇着小尾巴在天空飞翔，翠鸟立在露出水面的树兜上机警地捕捉着小鱼，同样紧盯鱼的还有不远处两个垂钓的老人。我一直都对钓叟为自己在自然界中的生态位所发展出的智慧抱有敬意，这种智慧常常能为在户外的他们带来一种沉着的自信。沿岸的几个取水泵房还在，粗大的水管记录着这些"不良"企业对母亲河的贪婪索取，更凸显出沿岸工农业生产对河流的生死依存，让我回想起我们对她的一次又一次的辜负和伤害：湘江给予我们以清澈，我们报之以浑浊；湘江给予我们以辽阔，我们报之以阻塞；湘江给予我们以甘泉，我们报之以污秽；我们把难以计数的污染物抛给她，让她独自吞咽着那难以下咽的食物，把痛苦的泥沙埋进心底。好在湘江似乎不理会她的过去，她以宽阔的胸怀和巨大的能量荡涤了满身的脏污后，依旧怀着一身清波无声地向北流去。

　　然而街市却是另外一幅景象。团竹路、竹埠港路、沃土路、荷塘支路、佳木路等多条开工已久的马路还未完工，路网未能建成，人气低落，曾经的热闹与繁华归于宁静，新区建设的步伐显然不尽如人意。我赶到岳塘区的第二天，正好赶上了一场由区委书记和区长组织召开的"加快竹埠港新区建设推进会"，在现场强烈感受到地方领导们对新区发展速度的现实焦虑。但是在长株潭一体化加快发展背景下，所有人对竹埠港新区作为长株潭一体化的引擎作用和"桥头堡"的区位优势充满自信，写在脸上的紧迫和洋溢在心中的自信并存；在中标竹埠港新区综合开发一期项目后，世界500强的中国铁建股份有限公司也在会上积极表态要加大投资力度。与此同时，我在湘潭市进行深入采访与各级人士畅谈竹埠港的未来发展，一些高层人士表示，竹埠港化工区曾经违背经济和自然规律的痛还在心里，今天的新区建设只能是用忍戒急，一定要遵循规律，尊重自然，顺应自然，要以时间换空间，避免盲目建设后，再走过去建了拆、拆后建的发展老路。

竹埠港化工区将所有的遗留问题一股脑地留给了岳塘区，政府成为最后买单的人，这是一个时代的缩影。那些曾经在这里奋斗过、辉煌过、污染过的企业呢，它们在哪里？它们如今过得怎样？我把目光放飞得更远，寻找那些离开竹埠港的企业。很多企业离开竹埠港后，就销声匿迹了，剩下的就是湘潭电化、金天能源、比德化工、开元化学和金环颜料少数几家，这也印证了我自己在反复调查中得出的一个结论：当时众多的化工企业能够在竹埠港苟存，完全依赖于天然的取水条件和随意偷排的便利；而在别处他乡，在日益严格的环境管控下，这类企业一定会失去其生存空间，成为时代的弃儿；唯有那些适应新时代要求，走绿色高质量发展之路的企业，才能走得更远更好。

一则《沿着高速看中国》的报道展示了金环颜料公司和开元生物公司在江西的发展。竹埠港整体退出后，企业要寻找新的出路，江西宜春奉新工业园赴竹埠港组织了专门的招商，你情我愿中，金环颜料和开元化学两家企业沿着沪昆高速，很自然地来到了江西宜春。当然，这已经不是一次简单的搬迁和低水平的复制，名称从湖南金环改为江西金环后，企业获得100亩的生产用地，他们打破原来生产设备陈旧、厂区面积过小、环保设施铺设不开等局限，在新址打造适应环保要求的企业"升级版"，工艺和设施都是新的。场地扩大后，不仅建成粉尘、废水和氮氧化物等的环保处理设施，而且大幅提高自动化水平。循环经济为企业带来更大效益，通过几年发展，江西金环颜料公司已成为一家产、学、研相结合的高技术企业，拥有多个技术创新平台和多项发明专利。这家以高端无机颜料研发、生产为主的国家级高新技术企业，产品畅销全国，并出口20多个国家和地区，成为行业中的佼佼者。开元化学公司原先在竹埠港时同样场地狭小，只能与颜料化学、陈氏化学等九家企业共有一个排污口，环保设施都无法安放，搬迁到江西新余高新区后，第一年就实现试生产，3个月就完成销售额2000多万元，公司被评为江西省高新技术企业，产品远销英国、美国、韩国等国，同时实现安全清洁生产后，企业对环保的负疚感少多了。

更大的蝶变，来自湘潭电化。对于这家老牌龙头企业，湘潭市在竹埠港"退二进三"时就给予了特别的关怀。2013年4月9日组织召开的市政府常务会议，对湘潭电化搬迁到湘江以西、鹤岭地区原湘潭锰矿作出了系统的安排，要求将竹埠港地区"退二进三"与鹤岭地区产业承接统筹考虑。2014年9月29日晚，我曾经用伤逝的目光看着这家企业离去的背影，我看到了电化职工心中的不舍，也憧憬和祝福过它美好的未来，但一切比我想象的来得更快，来得更好。先后接受我采访的湘潭电化前后两任常务副总李俊杰、丁建奇告诉我："那个时候湘潭电化员工根本没有时间感时伤怀，因为市场等不起，如果我们磨磨蹭蹭，新的厂房两三年才建成，客户就会抛弃我们。好在那年湘潭电化广西靖西公司已经具备每年3万吨的产能，我们加班加点加快鹤岭新电化建设，4月份动工，12月底投产，实现当年搬迁、当年投产和当年盈利的企业奇迹。我们请来新老客户，参观企业新厂房和新的生产线，以及废渣一点不剩的废渣处理系统，我们让所有客户看到了电化公司的新发展、新希望。"通过短短七年的发展，湘潭电化不仅孵化出湘潭裕能新能源材料这一高成长公司，而且在广西、四川多地占有了新的上游矿产资源；产品方面，湘潭电化人以其对新材料行业一以贯之的专业、专注和专一，不仅实现电解二氧化锰多次升级，而且向高附加值的工业电池进军，磷酸铁锂、镍钴锰新材料产品在市场供不应求，企业产值由搬离竹埠港前的3亿左右，实现到2020年超过90亿元，而且仍处在高速增长中，这一家企业的产值已经接近整个竹埠港地区化工企业总额的两倍。站在这个角度上看，无论是搬迁到江西的金环颜料和开元生物化学，还是湘江对岸的湘潭电化，它们都在中华大地上快速、健康地成长，都在为新的经济增长作出各自的贡献，昔日的竹埠港早已完成了在他乡别处的凤凰涅槃。

锡矿山

——

资江在流到冷水江城区后画出了一个"几"字，几字正上方汇入的是涟溪河，长约 20 公里的涟溪河在中国数以万计的河流中默默无闻，但是它的源头却是闻名遐迩的"世界锑都"锡矿山。发源于锡矿山的河流有三条，汇入资江的是涟溪河与青丰河，向东的新涟河流经涟水河最终汇入湘江，因为这条小河，锡矿山也被纳入了湘江流域，得以享受着湖南省"一号重点工程"政策与资金支持。

锑都

位于湘江与资江分水岭上的锡矿山其实是一个被严重误读的地名，尽管人们对这里锑矿的发现始于明代的 1541 年，但长达三百多年的时间里人们把这种银白色有光泽、硬而脆的金属误认为是锡。锡作为一种早在商代就被人们发现和利用的金属，在中国人中的认知度更高，而且它略带蓝色的白色光泽和低熔点的特点，确实与锑很有几分相像，于是人们先入为主地把锑称作锡，并想当然地把冷水江锑矿山称之为锡矿山。直到 1897 年，也就是郁郁不得志的清朝光绪皇帝极力主张的"戊戌变法"的前一年，湖南矿务局提调、新化人邹源帆与亲戚晏咏鹿讨论本省矿政时，专门谈论过锡矿山后，晏咏鹿请刘履斋化装成算命先生，一同骑马来到锡矿山暗地里探矿。他们拾取了前人丢弃的 30 斤炼渣，运至武汉英商亨达利公司检验，才知道这种矿就是锑矿。不久借助陈宝箴在湖南推行的新政，晏咏鹿和刘履斋两位探矿人合办了锡矿山上第一家采矿公司，取名为积善锑厂，应是取"积善之家必有余庆"之意。

　　锡矿山隶属于 1969 年才从湖南省新化县独立出来的冷水江市，很长时间内都是世界上储量最大的锑矿，其中核心矿区在冷水江锡矿山长 10 公里、宽 2 公里范围内，向西南延伸的背斜岩层中有三层矿床，厚度在 2.5～8 米，但也有很多矿石裸露于地表，面积有 14 平方公里。人们最早在北矿山发现矿石，矿石主要为辉锑矿及黄锑矿，南矿山则产辉锑矿，矿石在原地精炼。清朝末年，晏咏鹿和刘履斋在锡矿山开设第一家民办采锑矿一年后，湖南矿务局决定同时在新化县锡矿山旋塘湾和安化县板溪开设官办厂炼锑。作为湖南省洋务运动的产物，同期开办的官矿还有水口山铅锌矿、平江黄金洞金矿，这一批矿山涉及金、铅、锌，既代表着湖南现代工业的最早萌芽，也奠定了一个世纪来湖南有色矿产的基础。

　　1898 年在锡矿山开设第一家官矿局后，1899 年接着开了 10 家官厂。1905 年湖南矿务局设官办生锑冶炼厂，用坩埚炉加热温熔析法炼出生锑。1907 年杨咏仙等人在谭家冲组建炼锑厂，由此产生了锡矿山第一家私营生锑冶炼厂。锡矿山最初对锑的采选冶炼就是官办、民办同时存在，到 1908 年短短十年，锡矿山产锑已占全世界产量的一半，"世界锑都"从此得名。

　　当锡矿山锑矿开采扬名全球市场的时候，曾任湖南矿务局文案的梁焕奎预见了未来锑矿业的广阔前途，在长沙成立了华昌炼锑公司，接办了官办的锡矿山锑矿，并于 1908 年在长沙设立炼锑厂，这是我国最早现代炼锑生产的开始。梁焕奎还敏锐地发现科学技术在炼锑工业中的重要作用，花费 7 万银圆，从法国人赫伦士米手中买下他刚刚研制出的一种能将低品位锑提纯的方法，并在长沙南门外反复试验，终于取得"赫氏炼锑法"的成功，这就是湖南炼制纯锑的肇始。锑化合物作为制造武器弹药的重要阻燃剂，很快就因为第一次世界大战爆发，刺激和推动了全球对锑产品的需求。刚刚成立不久的华昌公司顺风顺水地进入发展的黄金时期，湖南近代史上最早的城市工业区在长沙南门外形成：从碧湘街到西湖桥河边一带 10 万平方米的地盘全都是它的建筑物，24 座赫氏挥发焙烧炉用来冶炼三氧化二锑，19 座反射炉用来将三氧化锑和四氧化锑提炼为纯锑，很快将锑品冶炼能力提高到日产三四十吨，牢牢占据全球锑品市场龙头老大的位置。当此之时，湘江沿河一带除厂房外，办公楼、专属的轮船码头、机械修理车间、仓库、货栈、化验室一应俱全，甚至有着华昌公司自己的电力厂和自来水厂，湘江沿岸高高耸立的烟囱，鳞次栉比的大小商店，共同构成古城长沙资本主义繁荣昌盛的场景。湖南绅商各界眼见华昌兴旺发达，便以清朝政令不适用于国民政府为由，纷纷要求利益均沾，公司迫于压力，1916 年将华昌公司股本由 96 万扩至 300 万，随之还改组了人事，导致机构膨胀、冗员充塞。随着 1918 年第一次世界大战结束，全球锑价暴跌，改组后的华昌公司债台高筑，举步维艰，1921 年宣告破产。尽管结局惨淡，但华昌炼锑股份有限公司在湖南现代工业史上，写下了光辉的一页。

资本总是逐利的，在华昌公司赚钱效应的示范下，1913 年，广东商人韦志道在锡矿山谭家冲组建当地第一家纯锑炼厂——志记炼厂。1915 年瑞典地理学家绘制出锡矿山第一张地图，世界各国于是更加垂涎这里的锑矿，各国列强纷纷在此开设洋行，湖南成为外国资本最早进入的内陆省份。当同盟国、协约国之间因为版图你争我夺、硝烟四起之时，世界各国列强对于矿山资源的争夺也是刀光剑影、火花四起，并且共同指向了湖南锡矿山。彼时的锡矿山，新开的矿厂如雨后春笋，全山有开矿公司 130 多家，炼厂 30 多家，从业人员 10 多万人，山上山下，矿洞遍野，人群如蚁，厂连城街，锑业兴旺，市集繁荣，锡矿山北矿甚至形成了一条陶塘街。原锡矿山矿务局退休工人杨尊礼就收集到一块划定资源范围的"美德界碑"，现被保存在锡矿山展览馆，记录着西方列强在中国内地版图上肆意抢夺锑矿资源的历史。第一次世界大战后，锑价猛跌，企业和从业人员锐减，但在 1925 年，锑矿开采公司仍有 107 家、冶炼厂 43 家。各国列强将锡矿山的锑品源源不断输送国外，1892—1929 年锡矿山共开采锑品 46 万吨，超过新中国成立后 30 年间锡矿山的锑品总产量。

西方列强在锡矿山开采资源，主要集中在锡矿山北部矿区。北矿资源趋紧后，锡矿山本地首富段楚贤 1931 年发现了南区飞水岩矿区及周边矿区，花费 1.2 万大洋买下罗家边和羊牯岭两个矿区开采权。飞水岩一带南部矿区进入全面开发期，其中出矿最多的"源远"1—5 号矿，抗日战争前夕有职工 1800 人，日入银两近万元。为了守住自己的财富，1932 年段楚贤在苏联专家的帮助下，聘请一批本地的能工巧匠，在羊牯岭修建碉楼。这个碉楼设有 6 个瞭望孔和 195 个射击孔，以及用于惩戒劳动工人的土牢、水牢等刑具，配置了一个连的兵力，既威慑着同期并存的其他竞争对手——同化公司和新化官矿局，更以血腥手段迫使矿工们为自己创造财富。很长时间内，锑矿的开采和冶炼技术都没有什么变化：最初的锑矿露出地表，矿工用钢钎、手锤开山凿石露天开采；采矿从地表转入地下后，依旧靠着钢钎、手锤开凿矿石，然后靠肩扛背驮运出矿坑。闪星锑业公司老职工罗梦兴一家，从爷爷辈开始就从新化温塘镇来到锡矿山，父亲罗凯旋十来岁就从背矿石开始干起，腰上挂盏桐油灯，光着身子在井下爬行，猫着腰一次背起近百斤。一代一代的锡矿山人就这样为了谋生、为了事业、为了梦想，用血肉之躯炼出了锑矿并成就了"锑都"之名。山上有民谣唱道："养崽莫上锡矿山，上山容易下山难；养女莫嫁石匠郎，口吐烟子无下场。"民谣中的"烟子"就是致命的化学物质硝酸盐，来自采矿中的火工燃放，人体内达到一定剂量时，严重的便会致癌、致畸和致突变。开矿不仅以在窿道里无法扩散的"烟子"残害矿工健康，而且放炮引发的掉石、塌方常常夺人性命，因此锡矿山还有另一句俗话："男怕打钻，女怕选矿。"羊牯岭碉楼作为湖南省规模最大、最完整的民用碉楼建筑，既是旧中国地主资本家残酷镇压并残害工人群众的历史见证物，也是湖南近现代工业原始发展阶段充满血腥的真实记录。2021 年 8 月，我漫步在碉楼故道、段家大院以及近在咫尺的忆苦窿，依然可见当年锡矿山工业的繁荣及其背后的凄风苦雨。

在对资源的你争我夺中，锡矿山很长时间都在沿用华昌公司引进的"赫氏炼锑法"，炼锑品位都在 99% 以下，直到 1940 年一个叫赵天丛的河北人的出现，才掀起锑冶炼史上的一场革命。这位在伦敦帝国大学勤奋学习的中国学生，在英国掌握了当时世界上最先进的炼锑技术，深感国内锑品开采和冶炼的巨大浪费，回国后向当时的南京国民党政府毛遂自荐，从此在当时还是荒山野岭的锡矿山工作 12 年。赵天丛既是旧中国时湖南冷水江纯锑精炼厂厂长和湖南锡矿山工程处主任，也是新中国成立后锡矿山矿务局首任副局长。在战乱频繁的情况下，赵天丛因陋就简，勾画出自制设备的草图，并研究出一套独具特色的"吹碱氧化法精炼纯锑工艺"，采用这种方法不但减少了污染和资源损失，而且第一次把中国锑的成色提高到99.8%，达到国际上最高的水平，使之成为免检的出口产品，此后国内各炼锑厂也依此进行了技术改造。这项除砷精炼粗锑的技术，在国内采用了半个世纪之久，人们称之为"赵氏炼锑法"。当然这种炼锑方法也埋下了长期困扰锑冶炼的砷碱渣污染问题，后面要用专门的章节进行讲述。

锑是国家战略资源，1949年，新成立的中央人民政府迅速对锡矿山实行了军事管制，接管对象既包括其丰富的矿产，也包括人们普遍使用的采矿和冶炼技术；1950年5月27日，国家副主席刘少奇在重工业部一则反映湖南锡矿山锑矿矿区遭严重破坏的报告上批示：根据土地法，大矿山为国家所有，应即宣布锡矿山矿区域除耕地外土地所有权为国家所有。由中央人民政府重工业部及中南军政委员会与湖南省政府派人组织锡矿山锑矿公司去管理。由公司定出开采规则，私人采矿者仍允许其继续开采。但必须严格遵守公司所定规则。否则，应予处分。过去矿区所有主的主权即予废除。这一思想之后一直贯穿于我国各个时期的国家战略资源的管理政策中，但是能否一劳永逸地真正用好这些宝贵的资源并实现效益最大化，还需要面对不同时期的各种现实考验。锡矿山收归国有后，采用竖井、斜井、盲斜井、平窿联合开拓、风钻凿岩、机械化凿岩等技术，推陈出新，彻底告别了新中国成立前的手工开采，1959年锑年产量达到最高值1.39万吨。冶炼方面，20世纪60—70年代，锡矿山矿务局实现了反射炉炼锑砖锭机械化，炼锑工人甩掉了沿用70年之久的笨重锑瓢，让锑自流成锭，这是炼锑工人劳动强度方面最大的一次减负。锡矿山生产的锑品发展为锑精矿、生锑、精锑、锑白等 10 多种，很长时间里锡矿山就是国家锑品主要研发和出口基地。

此后，作为锑都的锡矿山继续在采、选、炼各个技术环节精进。1950 年，罗梦兴将老师郭振勋、陈苁的实验成果应用到锡矿山，建起了当时世界上第一座硫化锑矿物冶炼厂。备受"烟子"之苦的井下工人，也因为通风专家陈秉勤的不懈努力，工作环境得到大幅度改善，锡矿山的井下掘进队迈入全国先进行列。1957 年，锡矿山矿务局建成我国第一个间接法生产锑白的生产系统，锑白生产工艺达到世界先进水平，结束了优质锑白从国外进口的历史。1959 年，锡矿山矿务局建成我国第一家硫化锑浮选厂。新中国成立后到改革开放时期，锡矿山的选矿由人工淘选向机械化发展，先后建成多个选矿厂，此时的锡矿山各项技术和经济指标在全国居领先地位。

闪星

1950 年成立的锡矿山矿务局，在之后 70 年历史中几经转隶，其中关键的一次是 2001 年 4 月整体改制为锡矿山闪星锑业有限责任公司，大有适应新时期市场经济变化，去行政化走市场化的时代特质。2004 年闪星锑业公司归属于湖南有色金属控股集团有限责任公司，2009 年归属中国五矿集团公司。锡矿山很长时期内是全球最大的锑品生产基地，1949—1981 年共出产锑品 17.2 万吨，平均年产已经低于第一、二次世界大战期间的 30 年，这大致也反映出锑品与战争之间相辅相成的依存关系。锑是枪炮弹药中的阻燃剂，民用方面主要用于各种防震、防摩擦。改革开放时期，锡矿山矿务局几乎是区域内唯一的锑品采选炼企业，市场占有率一度占全国的 30% 和全球的 25%，产品远销日本、美国、欧洲等 50 多个国家和地区，某种程度上"世界锑都"就是指锡矿山矿务局。即使后来改名为闪星锑业公司，而且面临很多问题，人才不断流失，市场占有率持续走低，但我行走在锡矿山的山山岭岭，几乎所有人，包括它的市场竞争对手，都表达了对这位行业老大的尊敬和惋惜。在锡矿山，闪星锑业公司就是一个独特的存在。我将截取 1997—2016 年作为我研读锡矿山的时间断面，在长达 20 年的时间里，闪星锑业公司虽然已经是一家垂垂老矣的企业，但依然以一种"锑都"人特有的精神，在采矿、选矿和冶炼生产及技术上不断精进，在产业市场上不断拓展。

在资源枯竭、矿石品位不断下降的年代，闪星锑业公司的重中之重是找矿，而且主要是以矿区边深部为重点。翻阅公司历年投资，其中南矿深部开拓、锑矿边深部勘查工程投入、边深部资源勘查找矿工程、采选厂深部开拓工程等找矿项目投入都在 3000 万元以上，是历来注重开源节流的闪星锑业公司最主要的开支。公司通过这些找矿工程找到矿石 885 万吨，锑金属 19 万吨。尽管如此，坊间传说，2013 年湖南有色地质勘查局二总队找到北矿以北的狮子山锑矿后，最先是要以并不太高的价格将采矿权卖给闪星锑业公司的，但闪星锑业公司因为资金和机制等多种原因，最终与狮子山锑矿失之交臂，以致现在的锡矿山除了闪星锑业外，还存在属于民营企业的狮子山矿，而且每年的采矿能力与闪星锑业公司相距不远，都在年产 1 万吨金属量以下。很多人认为这次矿权的痛失，在闪星锑业公司是一件足以遗憾的事情，但某种程度上来说，存在即是合理，从资源有效利用来看，因为锑还是一种战略资源，只要还在中国的国土上，用市场来配置资源就比用行政手段配置资源或许更有效率。何况从一开始，锑矿就处于官办和民采共存的状态，反倒是新中国成立以后长期由国家保护。但这种国家专营的经营模式，究竟是推进了它的开采与冶炼，还是由于长期缺乏竞争导致丧失企业活力，实在是一件很难说清的事情，毕竟竞争与垄断一直都是市场经济的永恒话题。

锡矿经历百余年的开采，保有储量逐年减少，矿石品位逐年下降。为确保企业可持续发展，公司一直致力于外部锑资源开发，其中以塔吉克斯坦和俄罗斯两个北极圈附近的锑矿最让人心动。塔吉克斯坦安佐布汞锑矿位于首都杜尚别以北 110 公里处，该矿拥有矿石量 660 万吨，其中锑金属含量 32.8 万吨、汞 3.2 万吨、金金属含量 7 吨。2007 年 8 月，闪星锑业公司副总经理张夫华带领采选冶团队考察安佐布汞锑矿。2009 年 5 月再次派出技术人员进行矿勘，并建议湖南有色集团公司整合该矿山，但集团公司认为政治风险较大而放弃。闪星锑业公司继续游说，表示如果湖南有色集团不整合安佐布汞锑矿，锡矿山将发动职工集资单独整合，但最终未得到湖南有色控股认可而放弃。谈及此，张夫华的言辞间仍充满遗憾，或许对于闪星锑业公司而言，锑矿就是他们的全部，而于湖南有色集团公司而言，锑矿只是他们的一部分。俄罗斯萨雷拉赫与盛达昌金锑矿属于世界上少有的高品位含金锑矿，其中萨雷拉赫矿位于萨哈共和国首都雅库次克 1100 公里外的乌斯季聂拉镇，靠近北极圈，年产矿 9 万吨，其中锑金属量

6.9 万吨，品位 18.5%，黄金金属量 3.4 吨，品位 9.3 克/吨。盛达昌锑矿隶属于萨哈共和国上扬斯克区，进入了北极圈，保有矿石 38.5 万吨，其中锑金属量 8.9 吨，品位 23.1%，黄金金属量 11.4 吨，品位 36%。2009 年时任闪星锑业公司总经理杨玲益带队考察上述两矿后，面对如此大的储量和如此高的矿产品位，满怀激情地撰写了《俄罗斯萨雷拉赫与盛达昌金锑矿考察报告》，上交湖南有色控股和中国五矿，孰料彼时湖南有色与中国五矿集团进入合作洽谈阶段，战术的思考暂时让位于战略的布局，因时间关系，对方主动撤销合作。闪星锑业公司两次错过这些当今世界上含量最丰富的锑矿，时焉？命焉？尴尬的是，上述曾经失之交臂的矿产，正是当代中国包括闪星锑业公司在内的众多锑冶炼企业主要的矿石原料进口地。而且随着全球资源市场看涨，世界各国谁也不满足于光卖原料，随着俄罗斯、塔吉克斯坦、越南和缅甸等国家纷纷新建锑厂，海外原料采购日益困难，而帮助这些国家新建冶炼厂的正是 20 世纪 90 年代起，从"锑都"锡矿山流失的人才与技术。资本成为整合全球资源与市场唯一的砝码。全球锑品市场，活跃着一支由"锑都"人组成的"海外军团"！

在资源逐年枯竭的年代，除了加快找矿步伐外，闪星锑业公司加快了选矿和冶炼技术创新的步伐：1998 年 4 月停止南炼厂焙烧炉，2001 年南炼厂率先改变原先的高能耗的高铁渣型，采用高硅低铁技术，铁矿石、焦炭消耗降低，炉膛日处理能力提高到每天每平方米 20 吨以上，回收率达到 97%；不断创新鼓风炉关键技术，2007 年研发富氧鼓风炉挥发熔炼新技术，并将还原炉从 3 平方米提高到 4.5 平方米；2008 年富氧鼓风炉进行全面改造，处理能力达到每天每平方米 36 吨，较传统鼓风炉提高产能 80%。2008 年南炼厂停止生产并入北炼厂，改变小、散、污的冶炼方式，充分利用百年老矿的技术成果，成立组织更加严密、设备更加先进的锑冶炼厂。这些技术和体制创新，对降低物耗、能耗和减少污染排放，提高经营效益都起到关键的作用，并以其示范效果提升了全国锑品生产的水平，但所有的一切，似乎都难以逃脱资源枯竭城市面临的"三危"和"四矿"的窘境。所谓矿山"三危"就是经济危机、资源危机和环境危机，"四矿"问题也就是矿山、矿业、矿产和矿工问题，类似于我们大家熟知的农业、农村和农民"三农"问题。面对内焦外困，在"以锑为主，多种经营"的发展思路和"开发局内外锑资源，开发含锑新产品，开发锑以外新产业"的指导思想下，闪星锑业公司投入大量人力、物力，脱离主业，从事了不少副业的生产，但是这些当时看似风光无限、有着诱人前景的产业，并没有给公司带来多少收益，反倒是惹来无尽的麻烦，留下更为沉重的包袱，其中以冶金化工厂和锌厂最为典型。

1992 年 5 月，由闪星锑业公司所属冶金化工厂投产的氯碱化工生产线投产，生产线主要采用离子膜法生产液碱、片碱和液氯，但产量都不高，与同城的老牌化工企业冷水江制碱厂形成天壤之别，其中片碱生产存续期仅从 2003 年开始共 10 年。但这条生产线以及同时在冶金化工厂建设的铟、镉生产线对冷水江辖区内的中连村、麦元村、余元村和新化县桑梓镇满竹村、红潮村的土壤和饮用水造成污染，因此多次发生村民围堵厂门事件。2003 年 12 月满竹村村民曾任民承包红竹鱼塘三年后，把闪星锑业公司拖入一件长达 8 年的官司中：2006 年11 月曾任民以环境污染为由向新化县法院起诉，要求赔偿 80 万元和

1.8 万斤稻谷，2007 年提出新增索赔 20 多万元。2008 年 6 月新化县法院判决闪星锑业公司赔偿 86 万余元；同年 7 月闪星锑业公司上诉至娄底市中院，11 月娄底中院判决公司胜诉。但这仅仅是暂时的一次胜诉，2009 年新化县法院重新判决闪星锑业公司赔偿曾任民 58 万余元。陷入无休无止官司的闪星锑业公司最后只得破财消灾。于 2009 年 3 月由冶金化工厂承包面积为 106 亩的洪竹鱼塘，以每年每亩折算稻谷 600 斤标准，按国家当年稻谷收购价进行赔偿，而且每年随行就市进行价格调整，另外每年还得支付村干部误工赔偿，承租期十年。不过污染重、效益差的氯碱生产企业根本熬不到十年合约期结束，就因经营问题于 2012 年关闭歇业，2016 年因修筑娄底大道需要，由娄底市、新化县两级政府主持，桑梓镇出面调解，闪星锑业公司一次性赔偿村民 36 万元，才得以提前解除洪竹鱼塘承租协议，从氯碱生产的泥潭中拔出腿来。为了渡过难关，冶金化工厂还拓展其他涉及重金属污染的生产，以致把堂堂国企拖进更加尴尬的境地。以下《中国环境报》2007 年 1 月 31 日的一则报道，佐证了闪星锑业公司这样的堂堂国企的这段窘境。

擅自建设投产炼铟和炼镉生产线
冷水江查封闪星锑业非法项目

本报讯 湖南省冷水江市环保局按上级环保主管部门和冷水江市政府的统一安排，彻底查封了冷水江市锡矿山闪星锑业有限责任公司冶金化工厂内的硫酸锌、炼铟和炼镉生产线等非法建设项目。

◎ 江南地区保存最完好的羊牯岭碉楼，既见证了资本家对矿工的剥削和压榨，也
　记录了周边环境的显著变化（上图为治理前，下图为治理后）

（冷水江市自然资源局供图）

◎ 飞水岩瀑布，这里曾经是矿山开发强度
最大的区域（锡矿山展览馆供图）

◎ 锡矿山曾经为中国工农红军注入血液

◎ 锡矿山展览馆

◎ 关闭后的锡矿山公司南炼厂和锌厂

◎ 锡矿山的民采总是伴随着官采。图为 20 世纪 30 年代当地最大资本家段贤楚开矿留下的烟洞，这个窿口后来被称为"忆苦窿"

◎ 为了处置历史遗存的砷碱渣，冷水江市成立了专业环保公司（沈吉峰摄）

◎ 因地质采空，很多居民和学校进行了搬迁。图为搬迁后的锡矿山中心学校

◎ 锡矿山对水环境影响跨湘江、
资江两大河流。图为涟溪河
进入资江的汇入点

◎ 锡矿山锌厂和南炼厂周边环境（整治前）（冷水江市自然资源局供图）

◎ 今日锡矿山（任平摄）

◎ 石漠化荒地修复成石林美景（冷水江市自然资源局供图）

◎ 过去炼锑企业对矿山环境与生态的破坏随处可见。这是治理后的矿山

◎ 水是地球生命最重要的体征，这是一处近年恢复的山塘（石晓摄）

2000 年以来，锡矿山闪星锑业有限公司技术中心未经环保部门许可，擅自在公司冶金化工厂内建设投产了炼铟、硫酸锌生产线，后来又建设了炼镉生产线，由公司下属的工业公司组织生产，年产电解铟 3.5 吨、硫酸锌 1000 吨、团块镉 20 多吨。

冶金化工厂内的硫酸锌、炼铟和炼镉生产线等非法建设项目的建成和投产，对周围环境造成了污染，并存在一定的环境安全隐患。冶金化工厂附近麦元村、坝塘村、余元村、诚意村村民强烈要求冶金化工厂停止对其的污染危害，彻底解决饮水、农业用水问题并提出了赔偿要求。

冶金化工厂的污染问题引起了环保部门的高度重视，湖南省、娄底市、冷水江市三级环保部门多次联合到冶金化工厂调查了解环境污染情况，共同探讨解决污染问题的办法。2006 年 10 月，湖南省环保局副局长谷文龙到冶金化工厂了解非法建设项目的环评和污染情况，严肃要求闪星锑业有限责任公司必须彻底停止炼铟等非法建设项目的生产，在限期内补办环保手续，经审批通过后方可恢复生产，否则将依法严处。2006 年 10 月 11 日，冷水江市环保局受省环保局的委托，向闪星锑业有限责任公司下达了责令炼铟、炼镉生产线立即停止生产的通知。同年 11 月 8 日，省环保局再次到冶金化工厂进行检查督促时发现，冶金化工厂内炼铟和炼镉生产线已经停止了生产。

冶金化工厂内炼铟、炼镉和硫酸锌生产线停止生产以后，仍然有群众向环保部门反映有偷偷生产的迹象。为给群众一个满意的答复，冷水江市环保局决定对冶金化工厂的硫酸锌、炼铟和炼镉生产线进行彻底查封，并向分管副市长杨建湘进行了汇报。1月5日，环保局对冶金化工厂内的硫酸锌生产线进行了查封，为有关设备贴上了封条；1月10日，对厂内的炼铟、炼镉生产线进行了查封，并为有关设施贴上了封条。至此，冶金化工厂内的硫酸锌、炼铟和炼镉生产线已全部查封到位。

同样为了挽救经济颓局，扩大工人就业面，1994年闪星锑业公司筹建锌厂。如今已是闪星锑业公司安环部部长的李松柏清楚地记得，自己当时就在锌厂筹建指挥部任工艺组组长，负责竖罐炼锌及制酸工艺，并于1997年4月27日在锌厂产出第一批合格精锌、硫酸和粗铅。受1998年亚洲金融危机影响，闪星锑业公司再次面临严峻的经济形势，不得不采取部分单位停产、部分职工放假的方式，降低成本，紧缩开支，艰难度日。1999年闪星锑业公司作出建设锌厂第二期工程的决定，以作为公司走出困境的新举措；2000年9月又以炼锌工艺的废渣为原料，建成和投产精铟和一水硫酸锌生产线。地处冷水江的闪星锑业公司生产锌品完全没有原料和技术优势，锌精矿等物料来自广西、安徽、江西等省和湖南郴州、浏阳等地，运输成本高，竖罐生产工艺落后，产能低，成本高，物耗高，污染重，1997—2016年20年间，仅仅9个年份产量超过3万吨，这么弱小的产能需要养活1100名员工，工资成本畸高。锌厂的厂址就在南矿十分耀眼的鹰嘴崖下方。我每次上锡矿山时走到南炼厂，心里总是被其极端恶劣的环境震撼。有一年10月，我沿着冷水江—锡矿山的盘山公路行至锌厂后方时，一阵纷纷大雪不期而至，灰惨惨的天空下是水泥色的锌厂和南炼厂，我对当地人常常称呼这两家厂为"烂炼厂"有了更加深刻的认同。先前的炼厂与后续的锌厂对周边环境危害究竟有多大，只要看一看鹰嘴崖山坡的石头就可以知道，这些安安静静、阅历数亿年的崖石，只有在锡矿山晋升为"锑都"后才遭遇亘古以来从未有过的劫难，连石头都被腐蚀得现出深深印迹。原本期望成为职工就业新渠道的锌厂，从其诞生之日起就成为公司的经济负担，同时也是公司的环境负担，1999 年亏损近 3000 万元。另一方面，作为典型的资源消耗型和环境污染型企业，锌厂自 1996 年 11 月底投产之日起，就因为大气污染对矿办境内的八个居委会、矿山乡官家村等五个村、中连乡 7 个村的农作物和森林进行补偿，其中 2015—2016 年因公司效益差，延迟兑现补偿，导致工农矛盾加剧。锌厂作为闪星锑业公司一次失败的副业投资，引发了公司多方异议，以至于 2016 年关停时，闪星锑业公司大事记中不无欢喜地写道：锌厂实现有序关停，止住了重大"出血点"。

开发局内外锑资源折足于塔吉克斯坦和俄罗斯，开发含锑新产品似乎仅见于三氧化锑和锑白的生产，而以 2012 年关闭冶金化工厂、2016 年关闭锌厂为标志，宣告着自 20 世纪 90 年代起实施的"开发局内外锑资源，开发含锑新产品，开发锑以外新产业"的策略失败。我原以为民营和国企争夺资源属于"大逆不道"，但国有企业如果长期不适应新形势变化断尾求生，资源利用效益低下，在这种情况下，又该如何看待这种现象？我似乎更加理解一些矿山地区民营企业的崛起了。翻开闪星锑业公司的历史，1997—2016 年 20 年间，亏损年份为 8 年，而且盈利年份不少是三五十万元的小盈利，而亏损则是动辄几千万元甚至上亿元的大亏损，其中 2014 年、2016 年分别亏损 3.2 亿元和 2.7 亿元，闪星牌出口量从 1997 年的 33.6% 下降到 2017 年的 18.9%，难道这就是我们 20 年间付出了 24 万吨锑矿、44 万吨锌精矿换回的所谓效益？与此同时，1997—2016 年闪星锑业公司年人均工资虽然从 7367 元提高到 40164 元，但与同期国内同行业劳务市场相比有着较大的差别，这也导致闪星锑业公司长期招聘不到高素质人才，20 年间仅仅招聘大中专学生 169 人。

低待遇下是人才的流失。1994 年，公司技术领头人之一刘伯龙发明了除铅剂，成功解决了铅、锑分离的技术难题，在炼锑过程中加入除铅剂后，锑选择性地与铅反应生成盐造渣并浮于锑液表面，从而达到铅与锑分离，使锑中含铅量达到标准值。运用这一技术，人们可以用一般的原料炼成含铅低的高纯锑，冶炼锑的原料范围扩大，合理利用了我国锑资源。之后刘伯龙又继续研发出第二代除铅剂，主要从环保的角度出发，成功地解决了炼铅过程中冒烟的问题，通过在锑液中直接加入除铅剂，就可避免锑水遇液体爆炸的问题。这一技术既提高了锑品质量，拓宽了含锑物料的普适性，也解决了其中一些环保问题。2009 年，刘伯龙被委任为闪星锑业公司总工程师。被任命 5 个月后，刘伯龙怀着十分难舍和复杂的心情辞去公职，到邻近的新化县下海创建了属于自己的伯菲特锑业有限公司，不仅生产闪星锑业公司的传统产品，还研究开发纳米级锑酸钠、纳米级三氧化二锑和锑阻燃母粒料。

另一位长期从事锑系列新产品研究的刘铁桥，因获得焦锑酸钠的专利，被称为世界"焦锑酸钠大王"，他承担了"胶体五氧化二锑"

等国家项目，属于闪星锑业公司难得的人才，也从单位辞职，在宁乡创建长沙烨星锑业有限公司，所产焦锑酸钠垄断全球显像管玻璃厂市场。这种国有企业人才流失现象不仅仅见于刘伯龙和刘铁桥这样的个人创业典型，我在狮子山锑矿采访时，矿长钟纪胜是原来闪星锑业南矿总工程师，安全环保部部长周玲同样来自闪星锑业，而相关记录也显示，曾经是闪星锑业公司选矿厂厂长的罗梦兴在 2015 年前后也在这里担任总工程师一职。闪星锑业公司的人才和技术就这样流落各处。

民采

自从湖南近现代早期资本家梁焕奎创办华昌炼锑公司以后，锑矿就一直是资本抢夺的焦点，官采、官督商办、民采就一直交织在一起，华昌公司的原始资本就有直隶、湖北、湖南等五省官银 16 万两，占据总股本的 59%，正是有着强大的官方资本在内，华昌公司才获得清政府"在湖南专利 10 年，无论何国官商，不准在中国境内设同样之炉座"专营通书。待清政府被推翻，城头变幻大王旗，其他虎视眈眈的资本坐不住了，这才有了 1916 年华昌公司的被迫扩股。新股东要求利益均沾的重要理由，则是清政府的专营通书不适合在中华民国通行，这是资源争夺战中的"巧取"。

"豪夺者"则是此后崛起的地方首富段楚贤，他似乎一早就深知权力与财富的关系，靠着一支上百人的武装力量，平复各个山头，把整个锡矿山的资源尽收手里，而且还让锡矿山的矿工在他的皮鞭下老老实实地工作。不过也许是金钱本身有浮云障眼的作用，段楚贤不懂得哪里有压迫，哪里就有反抗，压迫愈深，反抗愈强烈。1925年锡矿山成立了中国共产党在湖南省的第一个企业党支部。1935年中国工农红军第二、六军团一部在萧克、王震带领下，遵照党中央关于北上抗日的指示，在锡矿山筹集银圆5万块和一大批粮食、布匹、衣物等物资，招收新兵近1000人，为中国红军长征写下了光辉的一页。在革命的浪潮下，段楚贤曾经有过的流金淌银不过是明日黄花。

从锡矿山正名为锑矿而不是锡矿开始，真正将锑矿开采权牢牢控制在国家手里，是新中国成立后的1950年，特别是刘少奇副主席就统一管理锡矿山地区锑矿开采作出了专门指示，从此任何人、任何企业都不能染指锡矿山地区的锑矿资源。但我们依旧不能认定这就是一种最好的拥有资源的方式，正是在锡矿山矿务局独家拥有矿山资源的30年，锡矿山走向了资源枯竭。2007年冷水江市被列入国家第三批资源枯竭型城市，2010年相关部门宣布锡矿山仅剩下500万吨锑矿石、锑金属量12万吨。

缺乏竞争就没有进步，完全封闭就会故步自封。国有企业占据着独家资源开采权，却把自己活活拖进了"三危"现象和"四矿"问题。国有独家经营不是矿山持续发展的通行证，锡矿山的民营资本、农民们按捺不住通往矿山的激情久矣，实际上他们就居住在矿山，矿山就是他们的家，甚至包括陈旧落后机制下的锡矿山矿务局自身的员工，也已厌倦了这种长期的沉沉暮气，参与到了民营开采当中。自1984年起，在国家鼓励乡镇企业发展和"有水快流"的政策背景下，锡矿山成了矿山民采的热点，锡矿山110平方公里范围内，聚集着10

家采矿企业、83 家冶炼企业，很多采矿和炼厂实际上就是乡镇和村办企业，从业人员近 2 万人。很多村民就从房前屋后甚至住房中间往下打洞开矿，一天下来就有数百上千元的收入。其中也上演着新时代的致富神话，1994 年刚从部队复员回乡不久的矿山乡船山村村民姜桂华在家门口盘下江春湾锑矿后，持续采矿一年没有什么收入，中途放弃后，新化县过来的矿老板陈松云接过矿洞，才打下 21 米，就打出价值几千万元的大矿。如今已是船山村村支书的姜桂华，说起这件往事时还唏嘘不已。当乡镇、村委会、居委会作为主体参与到资源开采之中的时候，对财富的渴望注定了没有谁能对脚下现成的财富保持淡定，就连以教书育人为本职的学校也掺和进来。我在打捞锡矿山的尘封往事时，就发现锡矿山矿山中学当年就参股到当时属于乡镇企业的狮子山锑矿。

20 世纪 80 年代，即使是国家层面都没有认真考虑生态保护的红线和资源利用的上限等根本性问题，当民采的大门被打开而相应的制度规范跟不上时，"有水快流"的民采活动就演绎为一场对国家资源掠夺的狂欢，各家民采企业，不管它是乡镇或者村属的，或者根本就是村民的家庭小作坊，都把开采的矿道共同指向了锡矿山矿务局的开采区，如锡矿山南部矿区的七里江斜井、大湾锑矿、利新、东茅等无证企业都存在严重的越界采矿行为，有的矿井屡封屡开。2003 年 6 月，国务院领导针对锡矿山非法民采问题作出了"采取有力措施，保护国家资源"的重要指示后，当地政府对锡矿山地区的矿业秩序进行了大规模的集中整治，对公司矿界范围内和民采范围内的 14 个无证、非法、越界开采矿井采取炸毁井筒、填平井口、拆除设施和电源、清收火工产品、遣散人员等措施，予以强行关闭。这次集中整治堵住了锡矿山地区肆无忌惮的无证开采的出路，但一些无证矿山走所谓"变通"的路子，利用各种关系挂靠在有证矿山名下，长时间超深越界非法盗采，有证矿山因资源枯竭也长期超深越界采矿。针对无序开采的现状，2008年，冷水江市政府实施了新一轮的整顿，将锡矿山南区涉锑民采整合为物华、再兴两个矿权，将锡矿山北区整合为狮子山、金波两个矿权，但整合后越界开采现象仍然十分突出，物华、再兴两矿把巷道深入到锡矿山矿务局南矿1—5中段开采矿柱、顶底柱等残矿资源，虽然回收率不到正常开采的一半。这种非法越境开采往往有着强大的背后支持。查阅物华锑矿的企业背景，我们发现它属于船山村这家村办企业，于2008年由物华锑矿、振兴锑矿和矿山锑矿整合而来，属于矿山乡和矿山乡船山、樊家、光家三个村的276户村民所有。从某种程度上来说，物华锑矿代表着当地最广大的"人民群众利益"，当它与以闪星锑业公司为代表的"国家利益"对峙时，没有谁会满足于在政府职能部门核定的0.4平方公里的矿井内有序地、慢慢地开采，在巨大的资源财富面前人们变得完全不能把持，加之"有水快流"的思想政策指引，导致争先恐后的资源哄抢，因此随后在2010年实施的矿山秩序整治中，才于2015年正式关闭南部物华、再兴民采两矿，同时将北部狮子山、金波、稻草湾整合为狮子山采矿权。但是史上最严的2010年锡矿山矿山整治，也遭遇了最强烈的抵制，村民们自发组织起来堵路设卡，或者雇用闲杂人员闹事。毕竟每次矿山整治，都意味着砸掉一些人的饭碗，触动不少人最根本的利益。政府的努力最终赢得了锡矿山地区干部群众的支持，矿山开采实现由乱到治的转变，但彼时锡矿山的资源已被掏空到所剩无几，国有闪星锑业公司每年采矿在 9000 吨锑金属量，北部民营的狮子山锑矿在 6000 吨锑金属量左右。2018 年，娄底市牵头组织了规模更大、层次更高的锡矿山环境综合整治行动，但这个时候国家宣布冷水江为资源枯竭型城市已逾十年，纯粹站在资源保护的角度，实际上有些油尽灯枯的味道。

采和炼是锑品生产并存的两个环节，当民采行为蔚然成风的时候，一些精明的人就会从事更能赚钱的冶炼行业。已经是冷水江市人大代表的湖南振强锑业有限公司董事长王淑云就是这些冶炼企业中的代表，20 世纪 80 年代，已经结婚的王淑云从新化县吉庆镇怀揣着自己的"致富梦"来到锡矿山，做锑碱泡渣生意赚到人生的第一桶金后，迅速筹集资金向炼锑业务进军，1994 年建成年产 200 吨规模的锑锭生产线。不过最初的生产非常简单粗放，在罐子表面敷上泥巴，一个罐子装上二三斤锑矿石，然后一次将一千个罐子送进焙烧炉熬炼。厂子里一共有四组焙烧炉，轮流着装料，一年下来有 200 吨左右的产量。王淑云觉得辛辛苦苦一年下来产量低了点，扩产扩能的意志强烈地支配着她。2002 年，王淑云在锡矿山民营企业中第一家建设鼓风炉，虽然炉子面积才 0.8 平方米，但与焙烧炉相比，已经有了质的区别，对环境的影响也有了很大的改善。简单地说，焙烧炉时代，以二氧化硫和粉尘为主的工业污染属于无组织排放，整个锡矿山地区寸草不生，连地球上数以百万计的昆虫在这里也只能找到 317 种；而鼓风炉时代，由于烟囱的使用，工业废气有组织排放，可被排放到更高更远的地方。2008 年，王淑云又将 0.8 平方米的鼓风炉换成了 2.0 平方米的鼓风炉。在生产能力得到提升的同时，工厂废气实现了脱硫处理，这个时候国家已经进入"不是企业消灭污染，就是污染消灭企业"的时代。振强公司由于在环保治理上先行一步，成为锡矿山地区首家通过整合后保留下来的民营企业，并成为冷水江市涉锑行业环保整改的标杆。在接下来的几年，振强公司的整改主要是围绕环保进行的：2010 年安装了污染物排放在线监控系统，既方便环保部门执法监管，也让公司负责人对生产和排放心中有数；2014 年将鼓风炉烟气中二氧化硫治理工艺由双碱法改为纯碱法，解决了过去脱硫废渣中含水率过高、随时溢出和无法运输处置等问题；2017 年停产半年，对原有环保设施进行彻底改造，新建氧化池、中和池、压滤机和脱硫塔，同时在反射炉上新增收尘罩，使大气污染物排放稳定达到 400 毫克/立方米的新大气质量标准。2021 年振强公司投资一千多万元新建黄金生产线，这次建设与其说是满足环保的需求，倒不如说是满足原料市场新变化的要求。随着国内锑资源枯竭，物料 90% 以上靠进口，塔吉克斯坦和俄罗斯这些一度被闪星锑业公司错失的上游资源，成为中国炼锑行业主要供应商，而这些进口原料含金较高，包括锑在内的所有冶炼，都必须对物料中所有有价金属吃干榨尽。王淑云的这一步，也使得她成为湖南省涉锑冶炼企业中，除闪星锑业和辰州矿业之外的第三家在锑冶炼过程中回收黄金的企业，在湖南涉锑民营企业中则是妥妥的第一家，足见一位女企业家的远见卓识和杀伐决断。实际上这位锡矿山上的女企业家自从当选为冷水江市人大代表以后，也将更多精力投入到社会民生服务工作中，做好自身环保工作也是为社会民生服务的一部分。从青春年少到华发丛生，一直在锡矿山摸爬滚打的王淑云，未必读过美国环境伦理学教授卡洛琳·麦茜特《自然之死：妇女、生态和科学革命》中的句子：一个非机械的科学和一个生态的伦理学，必定支持一个新的经济秩序，这个新秩序建基于可再生资源的回收，这个生态系统将满足基本人类物理和精神需要。但她看到粗放的生产将锡矿山弄得面目全非、已经不适合人居住时，她听从自己内心良知的呼唤和对美好环境的向往，尽其所能，带头开展锑品生产的新的经济秩序建设，并为同行提供了示范。

砷碱渣

地球上几乎所有的矿产都是共生或者伴生的，在资源价值凸显的背景下，现代有色行业越来越重视综合回收效益。综合回收效益越高，则说明在采矿、选矿和冶炼生产过程中回收的有用组分占动用资源储量中有用组分的比例越高。但在过去粗放生产的年代，主产品以外的物料是丢弃不用的，譬如说涉锑行业中的砷碱渣。

砷碱渣的产生，与我们之前提过的"赵氏炼锑法"密切相关，就是在炼锑过程中加入烧碱或纯碱，实现锑、砷分离，这一分离过程中产生砷碱渣。砷碱渣极容易溶于水，产生的砷污染对人体健康危害极大。很长时间里我们一直都没有找到处置砷碱渣的办法。某种程度上说，锡矿山锑冶炼史，也是一部砷污染发展史。湖南环境史上最早最惨烈的环境污染事件，就是 1961 年 12 月发生的锡矿山砷污染事件，那个时候，锡矿山已经有了近 70 年开采和冶炼的历史，历年来堆放的砷碱渣不在少数，并且在这一年的寒冬污染了该矿北炼厂的生活水源。这次饮水污染造成 308 人中毒。事故发生后引起中央高层高度关注，卫生部紧急从上海、西安等地调运硫代硫酸钠等解毒药品，并动用专机将药品送往锡矿山进行现场抢救。但是很不幸，砷中毒在经历了初期的腹痛、恶心、呕吐、腹泻、头晕等急性中毒症状后，很快朝肾功能衰竭和中毒性肝炎转化，最终导致 6 人因医治无效不幸死亡。为吸取这次事故的教训，冶金部、卫生部联合印发《关于加强厂矿生活用水管理和工业废弃物处理的通知》，此后我国就开始了对砷碱渣污染防治的研究，并于 20 世纪 60 年代推出钙钠混合盐法，但效果并不太理想，1981 年湖南省第一批限期治理项目中就包含有砷碱渣治理。

对于第一类污染物砷的治理，锡矿山区域尤其是闪星锑业公司从没有放松过，不仅在砷碱渣终端治理上寻找办法，也在炼锑工艺中间环节攻坚克难。其中最为成功的一次，要算 2003 年 9 月研发的快速除砷除硒新技术——直接在反射炉进行快速除砷，全面替代传统的纯碱除砷技术，精炼时间和含砷量均可减少一半以上。一次精炼后锑品砷含量降低至 26PPM，也就是百万分之二十六，这一新技术将锑的纯度提高到"四九"以上，获得从省级到国家层面多个奖项，被评为"湖南省十大职工技术创新成果"。这项发明对改善砷碱渣造成的环境污染具有重要的作用，首先在云南文山冶炼厂和江西武陵冶炼厂试点，然后在全国推广，成为我国锑冶炼行业除砷除硒的主要技术，这是锡矿山作为世界锑都，对中国和世界的又一贡献。参加这项科研的人员包括金贵忠、张忠祖、邓卫华、李松柏和龚福保，其中金贵忠和张忠祖后来都成了公司一级的领导，李松柏是现任安全环境部部长，我向他们每一位致敬。

但新技术的研发并没有阻止锡矿山区域砷中毒事故的发生。据不完全统计，1961 年砷中毒死亡事故后，至少又发生了以下几次砷中毒事故：1998 年联盟村砷中毒事故；2008 年 8 月 24 日、9 月 23 日连续两次砷中毒；2013 年矿山乡洞下村砷中毒事故；2016 年联盟村砷中毒事故。其中 1998 年联盟村砷中毒事故，系锡矿山街道办事处艳山红居委会境内几家冶炼厂砷碱渣渗漏，导致山下的井水被污染，造成该村三组、五组 297 人砷中毒，幸亏及时发现，未造成人员死亡等严重后果。时任联盟村三组村民小组组长的刘显长则向我详细回忆了 2008 年 8、9 月的连续两次事故，他指着田垄中一处水井说，正是天热，捧喝了这口井中的水，导致联盟村三组村民杨志纯等人成了三级残废，村里近两百人被送到冷水江市进行排砷处理。这样的场面，我在 2001 年春节时发生在郴州市苏仙区邓家塘的砷污染事故中经历过，密密的吊管、恐怖的神色至今留给我不可磨灭的记忆。砷碱渣不仅导致多次砷中毒事件，2007 年 6 月因国家实施新的饮用水标准，资水流域全线锑超标，饮用水中含锑问题显现，这个事件后来被称为"6·28"资水锑含量超标事件。作为处理这一事件的当事人，我认为这次饮水提标，实际上揭开了资江流域长期存在却被掩盖的锑污染问题。

自从 20 世纪 60 年代采用钙钠混合盐法处理砷碱渣以来，效果一直不佳，从未取得新的突破。直到 2005 年，闪星锑业公司运用砷碱渣高效综合回收利用技术建成第一条处理量为 1200 吨/年的生产线，解决了炼锑生产中的砷碱渣问题。2006 年这一项目代表湖南省参加"建设中国节约型社会展览会"，受到全体中央政治局常委的检阅，随后砷碱渣处理系统被国家发改委和国家环保总局列为"全国环保示范推广工程"。在全国加强重金属污染治理的新形势下，2010年闪星锑业公司开始了新一轮技术攻关并被列入国家"863"计划项目，由闪星锑业牵头，湖南有色金属研究院、南昌航空大学等多所院校组成研发团队，经过技术人员艰苦攻关，采用价态调控实现砷锑深度分离，采用高温分步结晶实现砷碱高效分流，通过砷酸钠高效干燥实现市场化综合利用。2013年第二条处理量为3800吨/年的生产线，解决了闪星锑业公司历史遗存的砷碱渣，砷碱渣高效综合回收利用技术一度获得包括2014年度国家科学进步二等奖在内的多个国家级奖励。截至2016年，闪星锑业公司历史遗留的1万多吨砷碱渣处理完毕。

砷碱渣高效综合回收利用成功解决了闪星锑业公司的砷污染问题，但锡矿山在新中国成立前有过上百家炼厂，1984年后又开启了民采民炼的高潮，到2010年整治时还有锑冶炼企业91家、锑采矿企业12家，以及小作坊145处，每年锑冶炼能力达24万吨以上，导致其历史遗留渣多而且堆存无序。锡矿山地区的历史遗留废渣可分为集中砷碱渣、野外混合渣、二类一般固废和一类一般固废四类。集中砷碱渣，历史遗留约15万吨，其中10万吨已收集进入冷水江市砷碱渣库，5万吨则分散寄存在辖区内几个民营锑冶炼企业。野外混合砷碱渣，历史遗留约60万吨，分布于锡矿山地区17个堆渣场，主要由砷碱渣和冶炼炉渣混合而成。二类一般固废、一类一般固废，历史遗留分别约5300万吨、2100万吨，分散在锡矿山地区各个角落。这些分散存放的砷碱渣，来源广、成分复杂，不同历史时期，不同炼厂，砷碱渣成分都有所区别，因此不能简单采用闪星锑业公司的砷碱渣高效综合回收技术加以解决。很多人都在思考锡矿山砷碱渣的出路，多年任职冷水江环保局总工程师的李建胜早年撰写的《冷水江市锡矿山地区砷碱渣综合利用处理对策研究》，提出过"混凝沉淀+高效气浮"两级处理工艺的主张。在缺乏成熟技术方案的情况下，振强公司这家民营的龙头企业再次被推向前台。2008年冷水江市人民政府第五次市长办公会议决定：要尽快建成新的砷碱渣处理设施，并作为项目向上申报。无论是由振强公司投资建设该项目，还是由闪星锑业公司扩大现有砷碱渣处理生产线，市政府都将出台相关配套政策予以支持。此时的冷水江市人民政府还无法预知未来社会类砷碱渣治理的复杂性，上述决定出台的背景是：包括振强公司在内的民营炼锑企业既然要继续生产，那就得首先解决生产中的砷碱渣问题，并在此基础上分步消化治理15万吨历史遗留废渣。在全球金融危机席卷下急于活下去的振强公司也只能硬着头皮，联合志荣锑业和光荣锑业两家公司，开始了砷碱渣无害化处置项目申报之路。2009年由冷水江市人民政府向长江中下游流域水污染防治规划专家评审组提交的报告名称就是《冷水江市人民政府关于将湖南振强锑业有限责任公司1.5万吨/年砷碱渣处理项目列入"长江中下游流域水污染防治规划"的请示》，不过这一情况在2010年发生了变化，项目申报和实施的主体变成了冷水江市人民政府新组建的锑都环保公司，个中原因则各有说法。

此时，对社会类砷碱渣的处理技术经历了四代技术更新：1985年的蒸发浓缩冷却结晶技术，其缺点是大量含砷化合物挥发并危害人体与环境；2003年的火法焙烧，其缺点是产生的二次砷碱渣问题突出；2007年的综合理化法，缺点是系统容易崩溃，产品砷酸钠无市场需求。举目四望，路在何方？锑都公司在第一阶段选择了中南大学，毕竟这是一所中国有色冶金领域处于执牛耳地位的湖南本地大学，而且该校教授周竹生主导的"综合理化法砷碱渣处理技术"已经在湖南辰州矿业进行过小型工业化生产，并于 2010 年向国家申报锡矿山历史遗留砷碱渣处理线项目且获得通过。2013 年 10 月，砷碱渣处理工程开工建设，2015 年 12 月竣工，之后经过三次调试和试生产。2017 年 7 月进行第 4 次试生产时，国家环保政策对污染物排放管理的要求越来越严格，工业上对含砷产品的使用管控趋严趋紧，如玻璃工业禁止使用含砷试剂，原产品方案中的副产品砷酸钠失去市场，项目不再具备经济可行性，且砷酸钠属危险化学品，有产生二次污染的较大风险，因此需对原生产线产品方案进行调整。时任湖南省委书记杜家毫要求彻底解决砷碱渣的治理问题，原生产线于 2017 年 8 月 20 日停产。

2017 年 7 月湖南省在郴州召开砷碱渣处理专题协调会议，明确由锡涛环保公司主导砷碱渣生产线技术改造。此后，冷水江市一方面在人、财、物、事上全力支持技术攻关，另一方面全力配合省发改委开展技术方案论证。2018 年 3 月，冷水江市配合省发改委组织专家组和第三方检测机构对锡涛环保郴州工业性试验进行评估。评估结论为：锡涛环保的砷碱渣资源化无害化处理工业验证试验技术路线可行，但其处理工艺不能直接用于工业化连续生产，需完善后方可实现工业连续生产。2019 年 5 月 29 日、6 月 24 日，冷水江市配合湖南省发改委评审中心相继组织专家对该方案的可研报告进行预评审、评审。评审专家一致认为：可研报告所提供资料信息不齐备，技术工艺方面，部分关键信息不明确，且该工艺流程长，未经过实验室到中试再到扩大生产试验等一套完整的技术工艺研发应用流程，目前尚无稳定运行的已建工程，技术团队亦无同类工程经验，对下游企业接纳硫化砷的依赖较强，存在较大的技术风险和投资风险。事后调查发现，锡涛环保公司绝非所谓的"皮包公司"，实际上其技术方案对郴州一带普遍采用的湿法冶炼产生的含砷物料处理有着很好的效果，但对锑都锡矿山的砷碱渣处理毫无用处，这只能说明砷碱渣治理道路的艰辛，以及科学技术的微妙。

此时在国家越来越严格的环保要求下，尤其是 2017 年中央环保督察组进驻湖南，指出锡矿山长期堆存的砷碱渣未能得到有效处置后，如何加快处置历史遗留砷碱渣已经成为摆在湖南省委省政府案前迫在眉睫的大事。2019 年 3 月，省发改委、省国资委报请省委省政府同意，决定由湖南黄金集团代持砷碱渣处理线资产，开展砷碱渣无害化处理技术改造工作。这一决策出台的背景是湖南黄金集团作为省属企业，理所当然地应该承担解决省内重大问题的责任，更重要的是作为一家有色企业，它需要面对包括砷在内的多项重金属污染处理技术，这也使得黄金公司对砷碱渣治理技术研究升级到第六代，具有一定的实践经验。2019 年 10 月，湖南省发改委综合专家组咨询意见，报请省委省政府主要领导同意，决定由省发改委牵头、省黄金集团具体负责对该生产线实施技术改造。2019 年 11 月 1 日，省发改委专题协调会定下了工艺和技术改造思路，湖南黄金集团联合中南大学、湖南省环境保护科学研究院进行技术攻关，围绕"资源化、减量化和无害化"的目标进行试验，最终决定采用碱性高温蒸发处理工艺处置砷碱渣，也就是黄金公司第七代砷碱渣治理技术，也即中南大学胡岳华、孙伟教授团队开发的"砷碱高精度矿化分离技术"，具体为：开发砷碱渣中温选择性循环浸出技术，实现砷碱渣中杂质元素的高效抑制，碱与砷高效分离后砷转化为高砷产品，盐分转化为碳酸钠，经浓缩蒸发后制成碳酸钠产品，实现废水减量化。这一技术得到了专家的支持和认可，2019年底完成项目试验后，2020年11月底完成了项目建设，试车后12月28日完成阶段性验收。但是后来问题来了，这些砷碱渣来源复杂，分别来自不同的历史时期和不同的企业，不同历史时期的废渣不一样，不同炼厂的渣又不一样，这样原有的治理路径就走不下去了。整体说来，第七代工艺存在三个突出问题：一是对原料适应性不强；二是对锅炉补热依赖性强，一年要烧掉一千万吨以上的煤炭，排放二氧化碳1.5万吨，不符合国家碳达峰的要求；三是废水处理成本极高。

或许问题早就显露出来，2020年12月22日，黄金公司驻锡矿山现场团队正在抓紧准备一周后的阶段性验收，新任命的团队负责人彭竣当天刚刚到位，第七代砷碱渣治理技术废水处理难度大的问题终于在这天引发一起环境事故：锑都公司处理后的废水经七星山塘流往市政污水处理厂的管网被人在施工中挖断，有少量污水外溢，恰逢农民取用市政污水管网中的污水灌溉七星山塘下的一片藕田，经网络曝光后，舆情迅速发酵。新《环境保护法》出台后，排放高浓度废水单位的法律责任，彭竣是深知的，此时心力交瘁的他站在山塘的堤坝上，面对沉寂的大山暗暗发誓：一定要实现工艺废水循环利用，在自己手里把砷碱渣干掉。在组织人员清除藕塘污染物后，针对第七代砷碱渣治理工艺突出存在的废水问题，攻关团队于 2021 年 3 月份启动了对第八代砷碱渣治理工艺的技术攻关，也就是酸性高温蒸发制盐工艺。3 月的锡矿山过年的气息依然很浓，春节期间没有休息的年轻人继续加班加点，及时调整各种参数，很快第八代技术解决了致命的废水问题。但试验中发现还存在几个突出短板：一是废渣处置占用了整个的反应系统，物料传输难度大；二是需要继续采用高温蒸发技术，耗能依然很高；三是反应釜消耗大量硫酸，这些危险废物在反复运输中安全风险非常大，而且因为有钙参与反应，管道容易结垢形成堵塞。

为突破第八代技术瓶颈，研发团队开始了第九代砷碱渣处置技术攻关。2021 年 3 月 3 日，在技术攻关现场召开的技术专题会，成为砷碱渣处置颠覆性技术走向成功的转折点，也可以说是砷碱渣攻关长征路上的"遵义会议"。参与此次攻关的主要成员包括湖南黄金集团的刘勇、彭竣、沈吉峰、唐亚峰、李光裕、石晓，中南大学的孙伟、韩海生、田佳等。这次攻关从 3 月 18 日开始，采用的工艺是中性中温连续盐析技术，甩掉了一直沿用的硫酸和锅炉，工艺不再产生废水且综合处置成本低，属于一次革命性的技术创新。科研团队连续五天待在车间里，累了在中控室席地而睡，饿了从食堂打来盒饭，白加黑地连轴干。锑都公司在海拔 600 米的锡矿山最高处，此时的锡矿山依然春寒料峭、朔风扑面，尤其是夜间最低温度在 6 摄氏度以下。但五天下来，彭竣和他的队友们愣是没有走出试验车间一步，反复进行思考，不断进行调试。直到 3 月 23 日，各项试验指标正常，全体主攻队员才在反应釜前留下一张珍贵的合影。集体走出车间时，但见安全帽下，每个人的黑眼圈都十分明显，神情极为疲惫，但脸上泛满喜悦，这是胜利的喜悦，恍如妈妈在怀胎十月、历经煎熬后，听到自己孩子呱呱落地的那一声清脆的哭声时，所生发的那种喜悦。

自 3 月 23 日起，中性中温连续盐析工序调试完毕，一直实现稳定运行，5 月 25 日项目实现每天 30 吨的处理能力。7 月 7 日，中国有色学会组织对该工艺进行专家技术评审会，一向以严谨著称的中国科学院院士段宁罕见地没有提出任何技术疑点，专家组一致认为该工艺技术达到国际领先水平。当然，锡矿山本来就是世界锑都，在锑都这片土地上，再诞生一项世界领先的砷碱渣治理技术合乎常理，也势在必行。仅仅几天后的 7 月 12 日，湖南省省长毛伟明到访，这位上任后就一直主张"不断厚植绿色环境、绿色文化、绿色产业、绿色制度之美，加快建设绿色湖南"的新任省长，一直重视环保科技和环保产业，他寄语锑都公司的年轻人，进一步完善治理措施，加快砷碱渣治理步伐。湖南黄金集团主要负责人当日组织召开现场会议，要求落实省长调研指示精神。2021 年 8 月下旬我到锑都公司采访时，但见车间清洁干净，被新工艺淘汰的燃煤锅炉已经拆卸完毕，原先五颜六色的砷碱渣物料经系统处理后，形成的碳酸氢钠和高砷产物都以产品形式呈现，整整齐齐地码在车间。湖南省科技厅技术审查团队已经进场，全票通过技术验收。日产 30 吨的处理能力将于年内扩产到 50 吨。秉承愚公移山的精神，有了核心技术的加持，囤积在锡矿山的十几万吨砷碱渣终于得到安全处置，百年老矿的环境安全隐患终于得以消除。

涅槃

2021 年 8 月，正在修建中的冷水江—锡矿山公路依旧凹凸不平，很多人都在吐槽这条两年前已就动工修筑的公路。满是泥泞的道路上不时传来汽车底盘的刮擦声，无论司机还是行人都必须保持十二分的小心；公路东侧沿涟溪河一带，多处可见成堆成堆的废渣，不知道其成分，也不知道其年代。在很多未知的背后，作为专业人士的我已经注意到，一波一波的环境应急人员赶到了冷水江，资江干流已经出现了锑浓度超标。干流污染物浓度超标尤其是重金属浓度超标，在现在属于突发环境事件。2007 年国家实施新的饮用水标准，资江干流锑超标事件被摆到我们这些职能部门的桌面，湖南首次实施了资江流域全部涉锑企业停产整治，并参照国内外相关规定出台了锑排放的省级地方标准，我本人就参与了这次环境事件处置。新的一次资江干流锑浓度超标，又激起我对往事的追溯与回忆，也足见锡矿山的历史包袱是如何沉重，并时时刻刻影响着我们的今天，搅乱了当下的生活。尽管已经在这里进行了地质环境恢复，尽管沿着清丰河、涟溪河先后建成了 14 个污水处理站，拥有了近 3 万吨的污水处理能力，但污染物和各种生态灾害总会以不同的方式继续侵害着我们，譬如说地质灾害。锡矿山长达 130 年的开采历史上，最早的开采都是采富弃贫，也没有任何矿石回填，20 世纪 80 年代对新一轮民采虽然有了矿山回填的要求，但是也没有认真实施。因此整个矿山，地底的采空和地面的满目疮痍，共同构成了锡矿山的地质环境破坏，地面塌陷、山体滑坡、房屋开裂等各种地质灾害频发，其中宝大兴等很多地方房屋地质沉陷很深，往下挖不到一米的地方就是成片的采空区，在采空区上生活和工作，就像是大象在蛋壳上跳舞，随时都有生命危险。20世纪30年代最早的地质塌陷就在这里的陶塘街、谭家村和肖家湾一带。当年的洪记锑矿公司地面塌陷，在山顶形成一个长逾百米、深10米的大坑，伤亡300人。也许是塌方过一次后，人们觉得不会再次塌方，此后锡矿山山上的集市移到山脚，在长龙界—陶塘这一狭长区域形成热闹的街区。这种灾害性事件一直在锡矿山上演：2002年8月20—22日，连日暴雨形成的山洪使飞水岩雨水暴涨，致使下方飞水岩河河床两度塌陷，山洪倒灌入井下窿道，闪星锑业公司南矿浅部中段巷道被冲下的矿石堵塞，造成生产设备严重破坏。事发9年后，我在狮子山锑矿邂逅了当年参与救援工作的闪星锑业公司南矿总工程师钟纪胜，他回忆此事时依然觉得惊恐不已，如果500人在这场地质灾害中被包了饺子，这样的责任任何人都无法承担。2011年8月1日，在经过长时间无序的采矿和冶炼后，锡矿山南矿上方多家炼厂长年累月堆积的废渣在雨水的冲击下，形成的巨大泥石流直逼当时还在生产的南炼厂，企业厂房和机械岌岌可危。2013年发生在矿山中学的一起塌楼事件更是让时任校长石建终生难忘：那天他按照多年形成的习惯日常检查校舍安全时，发现二楼一间教室屋顶木质结构变形，这已经是一个存在重大安全隐患的显著信号，他连忙安排30多名学生迅速撤离，第二天这间教室就在全校师生眼前轰然倒塌，每一个撤离出来的孩子都体会到了什么叫惊魂一刻。

地表的自然环境破坏更是强烈地刺激和震撼着我们，单就8%的森林覆盖率，在山清水秀、森林覆盖率接近 60% 的湖南就是一个极端的存在，很少见过如此荒凉的山岭、如此横陈的废石和如此暗淡的颜色。好在人们追求绿色的梦想从来就未曾消失过，对矿洞的回填和修复，早已成为国土资源保护最基本的政策。矿山回填不仅是法律的要求，减少废石出洞和就地填埋也是降低矿山成本、提高企业效益的根本要求。统一为闪星锑业公司和狮子山锑矿两家采矿权后，闪星锑业公司不仅实现全部废石回填，近年来还在持续降低尾矿库存，将原本存放在龙王山的尾砂回填至地下窿道，既增强了地质稳定性，也降低了尾矿堆积对坝体的安全威胁。

针对地质环境灾害的搬迁避险工作也在大力推进。青丰河河畔的锡矿山矿山中心学校，一爿崭新的建筑群已经建成并在 2018 年迎接新生，这里是锡矿山地区建筑标准最高的学校，埋在孩子们心头的恐惧消失了，洋溢在脸上的是安全幸福的微笑；资江河畔冷水江街道办事处俩塘居委会 2018 年迎来来自宝大兴采空区的第三批安置户，尽管还有人抱怨房价高了点，但这已经是一级政府能够作出的最大让步了，毕竟一百多年矿山开采的历史包袱全部压过来，任何政府都难招架。政府和公众共同背负和分担历史的包袱，为过去的负债一起买单，才是应有的态度。如今的陶塘街、肖家湾早已人去楼空，仅剩下稀疏的几处门面，让人很难想起当年百家洋行的鼎盛，也很难联想起 1935 年在这里为红军筹集 5 万银圆的壮举。繁华的锡矿山在这里连同山下的羊牯岭碉楼一起，共同留下一个远逝的背影。

除地底下的这些工作外，地面的矿石环境恢复则以林业部门植树造林、自然资源部门山水林田湖和环保部门生态修复为主，全社会各方面力量协同推进。2018 年 6 月 26 日，娄底市启动锡矿山区域环境综合治理攻坚 2018—2020 年三年行动计划，确立了矿山环境污染治理、独立工矿区改造搬迁、产业转型升级、土地整理和地质恢复、矿山风貌改造、民生基础配套设施建设和全域植树复绿七大工作目标，建立了锡矿山环境综合整治项目清单，这意味着娄底市和冷水江市各级各部门最广泛的社会力量已经调动起来。

提高森林覆盖率的工作一直都在开展，从 2002 年开始，冷水江市就与中南大学、湖南有色金属研究院和湖南省林业科学院结成产学研联盟，在锡矿山地区共同开展土壤重金属评价、抗污染树种选择和生态修复技术研究。但最初的树木总是无法栽种成活，有时移栽过来的树木本来长得好好的，但因空气中二氧化硫等有害气体的浓度实在太高，一阵风来便全部被熏死。那时除了闪星锑业开始采用鼓风炉加反射炉炼锑外，数以百计的炼锑企业，全都采用焙烧炉，大气污染处于无组织的排放状态。闪星锑业拓展的炼锌生产同样属于高排放，至今在鹰嘴崖，依然留有闪星锑业公司锌厂和南炼厂粗大的烟囱，这些能让石头都腐蚀、脆化的废气，焉能让植物这样脆弱的生命体苟存？以至于原本有着不错生物多样性的锡矿山，到 20 世纪 80 年代末，猛禽猛兽趋于绝迹，常见兽禽数量锐减，仅少数与现代生态环境相适应的种类幸存。人们戏称，一只白色的鸟飞过锡矿山上空，一定会被染成黑色。如此艰难的生存环境，使得锡矿山境内仅存的哺乳动物只有 8 目 33 种，鸟类只有 14 目 52 种，爬行动物仅有 3 目 17 种，即使是地球上数以百万计的昆虫，这里也只有 17 目 317 种。进入 21 世纪后，环境综合整治的成效慢慢地显现出来，特别是南炼厂关闭后，闪星锑业公司和整合保留下来的民营企业一道，按照排放值 400 毫克/立方米的标准开展了一轮二氧化硫综合治理。提高了锑行业排放标准后，锡矿山的大气质量才得以好转，构树、臭椿、翅荚木、大叶女贞、楸树和草本植物苎麻等防污抗污树种得以筛选出来。林业部门最先在七里江居委会区域 10 亩地实施生态修复与植被恢复示范项目，然后扩大到 500 亩的试验。通过小规模项目建设，摸索大规模植树造林的途径。2011 年开始，当地林业部门采取连村建绿、整治养绿、无人机播种等方式，连续十年在锡矿山植树造林 3 万亩。

自然资源部门投入 3 亿元的资金，实施山水林田湖草生态修复项目，通过林地修复、耕地修复、引水工程、搬迁避让等工程，极大地改善了锡矿山地区的生态环境。冷水江市自然资源局局长曾国良是一位饱含激情的人，不仅在办公室与我畅谈山水林田湖草系统工程建设的 3.0 版，而且与我相约到开满鲜花、铺陈新绿的锡矿山一起走走。在曾国良看来，锡矿山矿山生态恢复的目标就是要走向第三代：第一代就是矿山修复最初几年，主要是疏通沟渠、拦沙筑坝、砌坎护坡，满足治灾防灾工程最基本的功能需求；第二代采用生态修复技术，项目建设要满足功能需要，还要讲究工程观感，让大家觉得好看；而第三代也就是 3.0 版，则是在工程建设中更进一步，结合实际、因地制宜和顺应自然，以锡矿山的历史内涵和地质文化为依托，把它们融入工程建设之中，让当地文化给工程建设注入灵魂，让工程建设为当地文化阐述内涵。这样项目既有美感，让人心旷神怡，还有底蕴，让人有所得。至于如何创造出具有灵魂和内涵的生态环境，则是 8 月底一个平常的日子，由他在锡矿山上慢慢向我揭示和诠释的。

从锑都环保和振强公司下来，我们赶到老江冲一处典型的地质遗迹点，它是一处裸露的硅化石板，纵横的裂纹记录着地质的演变，上面还有锑矿石结晶形成的锑花。实际上在整个锡矿山，类似这样显于地表的锑矿已经并不多见。曾国良充满自豪地介绍，锡矿山不仅是已知的世界上最大的锑矿床，还有老江冲这么一个很小的地方，却是湖南最为典型的地质遗迹集群，它既有典型的地质剖面，还有各种岩石节理，并且在很小的范围内就囊括了地球岩石的全部三大类型：岩浆岩、变质岩和沉积岩。他指着远处那些带白色的石头告诉我，那叫沉积岩；指着路边那些黄色岩石告诉我，这叫作变质岩。然后告诉我，身前的煌斑岩就是岩浆岩，因此老江冲这个地方可以称为地质学上的满汉全席，非常有意义。而且，湖南最大的一处煌斑岩带就在我们脚下，它大概在 1.2 亿年前成形，比相邻的属于泥盆纪的石头晚 2 亿多年。正是亿年前伴随着煌斑岩涌起的地质构造运动，造就了锡矿山独一无二的锑矿带，锑矿带绵延十多公里，可以说锡矿山的"龙脉"就在这里。说到动情处，曾国良感慨万千，他说煌斑岩就被包裹在灰白色锑矿中间四米宽的地方，好似地球伸出热情的双手在欢迎我们，那么我们更应该伸出手来与它相牵，与它相拥，共同许下让地球变得更加美好的祝愿，也必然能够心想事成。由于煌斑岩颜色褐黄，形如猛虎，远看就像一只老虎蹲于岗上，而旁边坡上连绵的石脉更似一条白龙盘踞于山间，所以在项目建设时将这个地方称为"卧虎藏龙"。越过煌斑岩继续往前走，山尽头处建有一六角木亭。当年红军来到锡矿山，这里是扼守锡矿山的东大门，所以老百姓把这个亭子叫作红军亭。曾国良指着亭畔林秀溪深的峡谷告诉我们，新中国成立前，起源于北矿和南矿的两条青石板故道在船山村会合，然后翻过山林出樊家村，便是湘江水系，最先的锡矿山锑矿，便是沿着这条青石板路，肩挑手提，绵绵延延，经新涟河、涟水入湘江，最终进入长沙南门外华昌炼锑厂，成就了湖南近现代史上最早的锑冶炼工业，其中的汗水与艰辛，由此可见一斑。船山峡谷作为锡矿山风景最优美的地方，是整个锡矿山采石和冶炼的上游区域，也是历史上锡矿山地区未受污染的净土。当地政府正准备在此新建水库，进一步改善锡矿山的生态环境。

车沿着山脊行驶在新辟的公路上，曾国良把我们带到不远处的鹰嘴崖。过去来锡矿山都要经过下方的矿山公路，如今，站在鹰嘴崖顶，颇感神清气爽，朝东北望去，远处青山含黛，近处山田或隐或现，更近处是写满旧社会记忆的羊牯岭碉楼、忆苦窑和象征大解放的锡矿山革命烈士纪念碑，眼前飞水岩一带则是新中国成立 70 年以来的工业遗址，也是锡矿山资源开发强度最大的地方。不过曾经的喧嚣现在已是归于平静，只留下志荣、光荣和艳山少数几家整合过来的炼锑厂仍在运行，山脚下是 2008 年停产的南炼厂和 2016 年停产的锌厂，如今的斑斑锈迹尽显沧桑，但当地人似乎并没有将它们立即拆除的意思，一项新的动议是连同山坡上几根粗大的烟囱一起，作为工业遗址保留下来。我们脚下的鹰嘴崖，过去一直都是锡矿山最缺乏生命体征的山顶，如今纵横交错的石灰岩中已经长出了青草绿树，有着溶蚀槽、贝壳化石等丰富的海洋地质遗迹，它的东侧是"玫瑰爱琴海"——一片种植了大量玫瑰的生态环境修复项目。转身朝西南看，则是一片万马奔腾的景象：原本怪石嶙峋的石灰岩，正极有规律地沿着山势铺陈，人们在实施山水林田湖项目建设时，没有破坏一块山石，甚至有意挖除石头周边的泥土，让石块更加突显，然后在整个石林中种上杜鹃翠柏，构成了一幅美丽动人的画卷，显现出一派万马奔腾、虎啸龙吟的大千气象，既代表湖南人奔腾不止、追求进步的精神，更让人想起《锑都之歌》："手挽雪峰，脚踏资江，锡矿山美，传遍四方。……"在曾经地面千疮百孔、地下矿窿纵横交错的鹰嘴崖，我们见证了农耕文明、工业文明和生态文明的历史交会，也看到了一个孕育着新生命、新希望的锡矿山正在涅槃重生。

湘江治理大事记

1895 年，清末湖南巡抚陈宝箴在湖南推行"新政"，开办水口山铅锌矿、锡矿山锑矿等官办矿局，开启近代湖南工业。

1925 年，毛泽东《沁园春·长沙》描写湘江：漫江碧透，百舸争流。鹰击长空，鱼翔浅底。

1935 年，我国地质学家孟宪民在香花岭发现锡矿。

1953 年，国家安排"一五"期间 156 个工业项目，湖南株洲被定为全国八大工业重点建设城市，清水塘工业区建设起步。

1956 年，位于长沙市灵官渡的湖南农药厂发生污染事故并致 6 人死亡。

1957 年，湘江水质总体良好。

1958 年，兴建湘潭钢铁厂和湘潭电化厂，岳塘和竹埠港开始工业起步。

1961 年 12 月，锡矿山砷污染事件。

1966 年，湘江检出铬、铅、锰、锌、砷等有毒物质。

1971 年 11 月，湘江流域首次在衡阳市因水质重金属超标停止供水数天。

1972年，第一次人类环境会议召开，湖南省建设委员会下设"三废"治理组，这是湖南最早的环境保护管理机构。

1977年10月，国家下达第一批环境污染治理限期项目，株洲冶炼厂锌系统废水返回使用、橘子洲天伦造纸厂搬迁等项目列入。

1978年，中科院地理研究所提交湘江重金属污染专题报告，中共中央79号文件指示"治理水域污染，湘江要先行一步"。

1979年，湖南省革委会颁布《湘江水系保护暂行条例》。

1980年，湘江污染综合防治的研究列入全国重大科研项目。

1981年，湖南首次在湘江流域实行"项目限期治理制度"。

1982年，湖南首次在湘江流域实行"企业环境影响评价制度"。

1983—1986年，国家环保局组织"湘江水环境背景值""湘江谷地土壤环境背景值"调查研究，列入国家"六五"科技攻关计划。

1987年，湖南省国民经济发展规划中首次专门编制了"湘江流域污染防治规划"。

1988年，湖南着手引进日元贷款治理湘江污染。

1998年8月，颁布《湖南省湘江流域水污染防治条例》。

2004年，湖南上收从湘江干流衡阳松柏到长沙月亮岛沿岸20公里范围内所有产生水污染的项目审批权。

2005—2007年，实施湖南省环境保护三年行动计划，先后完成了株冶锌烟气脱汞治理等重金属污染防治等92个项目。

2006年1月6日，湘江流域镉污染事件发生，超标范围跨株洲、湘潭和长沙三市湘江干流。

2006 年 9 月，颁布《湖南省人民政府关于落实科学发展观切实加强环境保护的决定》。

2006 年 9 月 8 日，湘江支流岳阳新墙河砷污染事件。

2006 年，湖南省"十一五"减排规划中，在国家二氧化硫和氨氮任务基础外，增设砷、镉减排 25% 的目标。

2006 年 12 月，湖南省人民政府印发《长株潭环境同治规划（2006—2010）》和《长株潭区域产业发展环境准入和退出规定》。

2007 年 4 月，湖南省人民政府印发《湘江流域"十一五"镉污染防治专项规划》。

2007 年，湘江流域关停 24 家炼铟企业，株洲清水塘地区完成 25 口水塘的镉污染治理；启动锡矿山涉锑企业环境整治，关闭 82 家涉锑企业。

2007—2010 年，湖南通过全国污染源普查、土壤污染调查等基础性工作，再次全面摸清湘江污染现状。

2007 年 12 月，长株潭城市群两型社会试验区建设试点获国务院批准。

2008 年 4 月 9 日，湖南省政府常务会议专题研究湘江流域水污染综合整治，成立省长挂帅的湘江流域水污染综合整治委员会，通过了《湖南省人民政府湘江流域水污染综合整治实施方案》。

2008 年 6 月 2 日，湖南省政府召开湘江流域污染综合整治工作会议，正式启动为期三年的"千里湘江碧水行动"，首次提出"将湘江打造成东方的莱茵河"。

2009 年初，湖南省委、省人民政府向国务院汇报湘江流域综合治理工作情况。

2009年2月，环保部牵头组织8个部委的领导和专家赴湘江流域实地考察调研，湘江纳入国家大江大河治理规划取得了实质性进展。

2009年3月全国"两会"期间，张春贤书记和周强省长专程到环保部，争取环保部对湖南"两型社会"建设、湘江综合整治的大力支持。

2009年4月18日，"湘江论坛"在长沙橘子洲举行，环保部与省政府签署《共同推进长株潭城市群"两型社会"建设合作框架协议》，湘江流域重金属污染整治列入部省合作重要内容。

2009年7月13日，国家批复湖南省负责编制湘江重金属污染专项治理规划。

2009年7月，浏阳湘和化工厂镉污染事件发生。

2009年7月31日，国家正式启动湘江流域重金属污染治理专项规划编制。

2009年8月，湖南开展重金属环境安全隐患大排查。

2009年9月9日，国家发改委、环保部、财政部、科技部、国土部等国家部委和单位，组织召开了湘江重金属污染治理方案编制工作会议，听取湖南省人民政府《关于湘江流域重金属污染治理有关情况的汇报》。

2009年9月21日，国家发改委、环保部领导和专家组再次赴郴州三十六湾、衡阳水口山等湘江流域重金属污染的重点区域考察和调研。

2009年11月，《湘江水环境重金属污染整治关键技术研究与综合示范实施方案》列入"国家水体污染控制与治理科技重大专项"。

2009 年 11 月 26 日，湖南正式提交关于《湘江流域重金属污染治理实施方案》。

2010 年，中央投入 5.2 亿元资金用于湘江流域重金属污染治理项目。

2011 年 3 月，经国务院同意，国家发改委、环保部正式批准《湘江流域重金属污染治理实施方案》，批复湖南在全国第一个对重金属污染河流进行试点。

2011 年 5 月 27 日，湖南省政府常务会议原则通过《关于推进"两型社会"建设，促进有色金属产业可持续发展的决定》。

2011 年 7 月 22 日，湖南省政府常务会议部署湘江流域重金治理工作。

2011 年 8 月 5 日，湘江流域重金属污染治理全面启动。

2012 年 10 月 29 日，长沙湘江航电枢纽工程库区清污工程启动。

2012 年 9 月 27 日，湖南省第十一届人民代表大会常务委员会第三十一次会议通过《湖南省湘江保护条例》。

2012 年 12 月，湖南省政府提出建设十大环保工程，湘江流域重金属污染治理列入十大环保工程之首。湘江流域列入十大环保工程中的还有重点湖库水环境保护工程、长株潭大气污染联防联控工程、湘江长沙综合枢纽库区清污工程等。

2013 年 9 月，湖南省成立湘江保护协调委员会、湘江重金属污染治理委员会，由湖南省人民政府省长杜家毫任委员会主任。

2013 年 9 月 22 日，湘江流域重金属污染治理联席会议，决定将湘江流域重金属污染治理列入省政府"一号重点工程"。

2013年10月11日，湖南省人民政府省长杜家毫在《湖南日报》发表署名文章《为子孙后代留下一江清水》。

2013年11月3日至5日，习近平总书记考察湖南，视察中南大学国家重金属污染防治工程技术研究中心，作出"真正把生态系统的一山一水、一草一木保护好"的重要指示。

2013年11月15日，湖南省人民政府印发《湘江污染防治第一个"三年行动计划"实施方案》。

2014年4月14日，湖南省人民政府省长杜家毫主持召开湘江保护和治理委员会第一次会议。

2014年8月25日，湖南省人民政府常务副省长陈肇雄在衡阳市主持召开湘江流域治污现场会，部署五大重点区域和畜禽养殖污染治理。

2014年9月5日，全国重金属污染治理部级会议在北京召开，陈肇雄常务副省长作典型发言。

2014年9月10日，国家发改委、环保部、财政部印发《水质较好湖泊生态环境保护总体规划（2013—2020）》，湘江流域东江湖、水府庙水库、铁山水库纳入治理项目。

2014年9月26日，湖南省人民政府省长杜家毫主持召开湘江保护和治理委员会2014年第二次会议。

2014年9月30日，湘潭电化集团拉闸停产退出竹埠港，标志竹埠港化工企业全部退出。

2014年12月29日，《湖南省湘江流域生态补偿（水质水量奖罚）

暂行办法》出台。

2015年2月12日，湖南省人民政府省长杜家毫主持湘江保护与治理委员会2015年第一次会议。

2015年1月，湖南省政府印发《湖南省环境保护工作责任规定（试行）》，随后省委办公厅、省政府办公厅联合印发《湖南省重大环境问题（事件）责任追究办法（试行）》。

2015年4月2日，国务院出台《水污染防治行动计划》，简称"水十条"，同年底湖南印发《湖南省贯彻落实〈水污染防治行动计划〉实施方案（2016—2020年）》的通知。

2016年4月，湖南省人民政府办公厅关于印发《湘江污染防治第二个"三年行动计划"实施方案（2016—2018年）》的通知。

2016年11月15日，湖南省第十一次党代会提出：要以湘江保护和治理"一号重点工程"为突破口，"四水"协同，"江湖"联动，筑牢"一湖三山四水"生态屏障。

2017年初，印发《湖南省水污染防治行动计划2017年度实施方案》，推进省"一号重点工程"向"一湖四水"延伸，列入湘江治理项目290个。

2017年4月，中央第六环保督察组进驻湖南，向我省反馈包括湘江流域在内76个生态环境问题。

2017年10月30日，湖南省人民政府省长许达哲签署第1号总河长令《关于开展河长巡河行动的通知》。

2018年4月25日，习近平总书记在岳阳考察，殷殷嘱托要"守护好一江碧水"。

2018 年 5 月 11 日，中共湖南省委十一届五次会议通过《中共湖南省委关于坚持生态优先绿色发展深入实施长江经济带发展战略大力推动湖南高质量发展的决议》。

2018 年 6 月 5 日，纪念六五环境日首次国家主场活动在长沙市举办。

2018 年 6 月 18 日，湖南省人民政府印发了《湖南省污染防治攻坚战三年行动计划（2018—2020 年）》。

2018 年 7 月 19 日，湖南省第十三届人大常委会第五次会议表决通过《关于加快推进生态强省建设的决定》。

2018 年 12 月 31 日，株洲冶炼厂退出清水塘，标志清水塘重化工企业全部退出。

2020 年 9 月，习近平总书记来湘考察，要求湖南牢固树立"绿水青山就是金山银山"的理念，在生态文明建设上展现新作为。

2021 年 7 月，湘江保护协调委员会、湘江重金属污染治理委员会，整合为湘江保护和治理委员会。

2021 年 11 月 25 日，湖南省委书记张庆伟在省第十二次党代会报告中指出：湖南"一江一湖四水"（长江、洞庭湖、湘江、资江、沅江、澧水）综合治理深入推进……蓝天白云渐成常态，绿水青山随处可见。